GUÍA DE LAS ESTRELLAS

W. WIDMANN • K. SCHÜTTE

GUÍA DE LAS ESTRELLAS

Con 60 cartas estelares, 10 fotografías en color
y una carta lunar desplegable

Nueva edición puesta al día por
DAVID GALADÍ-ENRÍQUEZ
DOCTOR EN FÍSICA
UNIVERSIDAD DE BARCELONA

EDICIONES OMEGA, S.A.
Plató, 26 - 08006 Barcelona

Las fotografías de las láminas en color son del Dr. med. H. Seifert y del Observatorio Hale. Todas las láminas en color, salvo la fotografía de la corona solar y la fotografía en blanco y negro de la página 75:
© 1972 California Institute of Technology y Carnegie Institution of Washington. Cartas estelares de H. y B. von Römer, München.

Ilustraciones del texto de K. Porupsky y Hans-Hermann Kropf.

Fotografía de la cubierta: Nebulosa del Cangrejo en el Toro, del Observatorio Hale.

La tabla para determinar la carta estelar a utilizar en cada caso se halla en la página 37.

Las cartas estelares de la presente guía están diseñadas para una latitud de 50° y rigen para las 22 horas (hora europea) a una longitud de 10° al este de Greenwich. Para cada grado de longitud adicional hacia el oeste a partir de los 10° al este de Greenwich el horario de las cartas estelares debe retrasarse en 4 minutos y para cada grado adicional hacia el este desde la citada longitud el horario debe adelantarse en 4 minutos.
Para latitudes distintas de los 50° no existen variaciones horarias, pero evidentemente las estrellas y constelaciones se verán más altas o más bajas de como figuran en las cartas según nos hallemos más al norte o más al sur, respectivamente, de la citada latitud.

La edición original de esta obra ha sido publicada en alemán con el título

WELCHER STERN IST DAS?

Traducido por **Joan Ayala**

Diseño de la cubierta **Cèlia Vallès**

ISBN 84-282-0843-3
Depósito Legal: B. 51.240-1998
Printed in Spain
EGS - Rosario, 2 - Barcelona

Índice de materias

Prefacio

Este libro permite conocer las maravillas del firmamento sin que sea necesaria una gran preparación en la materia. Contiene mapas celestes de fácil comprensión, orientados en secciones con base en los puntos cardinales. Se muestran cinco mapas celestes para cada mes, cuatro de los cuales presentan las constelaciones de las regiones norte, este, sur y oeste del firmamento hasta 70° de latitud celeste. El quinto mapa, una calota cenital, presenta las constelaciones situadas en un punto del firmamento que corresponde verticalmente al punto de la Tierra donde se encuentra el observador. Todos los mapas son válidos para una latitud terrestre de 50° (Alemania Central) y una longitud terrestre de 10° E, para el primer día de cada mes, a las 22 horas (MEZ: Mitteleuropäicher Zeit: Hora en Europa Central); pero estos datos también pueden extrapolarse a otras horas y otras fechas.
En el margen de los mapas celestes aparecen los números 1-12. Éstos indican el mes para el que son válidos los mapas, concretamente a las 22 horas. Si se quiere contemplar el firmamento a otra hora, entonces debe utilizarse la tabla de la pág. 37.
Los mapas celestes contienen sólo las constelaciones de más importancia y unos pocos nombres de estrellas para poder obtener una visión global clara. En las págs. 19-30 se encuentran las constelaciones con los nombres de todas las estrellas brillantes en la sección «Conceptos elementales sobre las constelaciones». El trazado de buenos mapas conlleva muchas dificultades. La bóveda del firmamento se parece a una semiesfera. En cambio, el mapa celeste constituye una representación en un plano. Esto implica distorsiones, muy notables de modo especial en los márgenes de las cartas.
En los cuatro mapas principales correspondientes a cada mes, se encuentran todas las estrellas de la misma latitud celeste en una línea horizontal. Además, la escala comprendida entre 5° y 5°, presente en el margen de cada carta, permite la lectura de la latitud celeste (declinación) y de la longitud celeste (ascensión recta) de cada estrella. Los datos sólo son válidos para una latitud terrestre de 50°. Los datos obtenidos desde otros puntos pueden presentar desviaciones de unos pocos grados. Sobre la eclíptica, incluida en estos mapas, se desplaza el Sol, y a ella se acercan las estrellas y la Luna. Comoquiera que los planetas cambian continuamente de posición, no han sido representados. Los datos de más importancia se encuentran en las tablas de las págs. 160, 161 y 170. Los datos exactos sobre planetas y eclipses se encuentran en los «Anuarios» correspondientes.
Esperamos que este libro estimule y satisfaga a todos los aficionados a contemplar las estrellas, ya sean personas mayores y con cierta experiencia en la observación del firmamento, o personas jóvenes e inexpertas.

Conceptos fundamentales que deben conocer los aficionados a la observación de las estrellas

Cuando contemplamos el firmamento desde la Tierra, parece como si nuestro planeta fuera una lámina, por encima de la cual estuviese situada la bóveda del firmamento, que podría compararse con un vidrio de reloj. Pero la Tierra es tan sólo un objeto celeste redondo y pequeño, entre millares de millones de cuerpos situados en el universo. Y el firmamento no tiene en realidad forma semiesférica, sino que rodea a la Tierra por todos lados. Cuando equiparamos el horizonte con una lámina circular y el firmamento como una semiesfera, falseamos la realidad.

La Tierra gira una vez alrededor de su eje en aproximadamente 24 horas y ello provoca el paso del día a la noche y viceversa. Si se contemplase desde una estrella lejana, la Tierra no se mostraría como un cuerpo brillante, puesto que se trata de un astro pálido que no radia luz propia al universo, sino que recibe todo su brillo del Sol. La Tierra es una *estrella errante* o un *planeta* que describe órbitas alrededor del Sol junto con otras estrellas errantes. Una vez que el lector esté acostumbrado a usar las cartas estelares de este libro, a veces observará una o varias estrellas brillantes en el firmamento que no figuran en ninguna carta estelar. En este caso se trata de un planeta, de una estrella errante hermana de nuestra Tierra. Como las estrellas errantes cambian de trayectoria, es decir, modifican su posición respecto a las demás estrellas, no pueden aparecer en las cartas estelares.

Aun teniendo tan poca importancia en relación con los demás cuerpos celestes, para los humanos la Tierra constituye su «mundo». Pero el universo de las estrellas sólo puede observarse de noche, cuando la luz solar no impide la contemplación y en el firmamento brillan millares de puntos luminosos pequeños. En cambio, de día sólo vemos la Tierra, iluminada por el Sol y que muestra sus bellezas gracias a los efectos lumínicos. La Tierra es casi una esfera con 12 756 km de diámetro y unos 40 000 km de perímetro en el ecuador. Debido a la rotación alrededor de su eje, nuestro planeta está algo achatado en los polos, por lo que el diámetro en los polos es unos 40 km menor que en el ecuador. La línea recta imaginaria que une los polos norte y sur de la Tierra es el *eje terrestre*. Si se prolonga este eje hacia la esfera celeste, entonces se obtiene el *eje celeste*. Así como la Tierra tiene un polo norte y un polo sur, también pueden asignarse dichos polos a la esfera celeste. Estos polos se encuentran en los puntos de intersección del eje celeste con la esfera celeste. El *ecuador terrestre* divide a la Tierra en una semiesfera norte y una semiesfera sur, y discurre de modo perpendicular con respecto al eje terrestre. Si se ensancha el plano del ecuador terrestre hasta la esfera celeste, entonces se obtiene el *ecuador celeste*.

En aproximadamente 365 días la Tierra describe una órbita alrededor del Sol. Para los humanos, parece como si el Sol describiera órbitas alrededor de la Tierra. La trayectoria circular aparente del Sol en la esfera celeste en el curso de un año recibe el nombre de *eclíptica*. El ángulo de separación entre la eclíptica y el ecuador celeste es de aproximadamente 23,5°.

Por encima del polo norte terrestre, casi exactamente siguiendo una línea perpendicular, se encuentra una estrella, denominada *estrella Polar* debido a su situación. En la práctica se halla al Norte y puede utilizarse para determinar las regiones del firmamento en las noches estrelladas.

Cuando los astrónomos hablan de la esfera celeste, saben muy bien que el universo no es una esfera, si bien lo parece. En realidad el universo es muy grande, aunque no ilimitado. Si partiésemos de la Tierra con una nave espacial y viajásemos por el universo durante millones de años, sólo muy de tarde en tarde pasaríamos delante de una estrella y nunca llegaríamos a alcanzar el límite del universo.

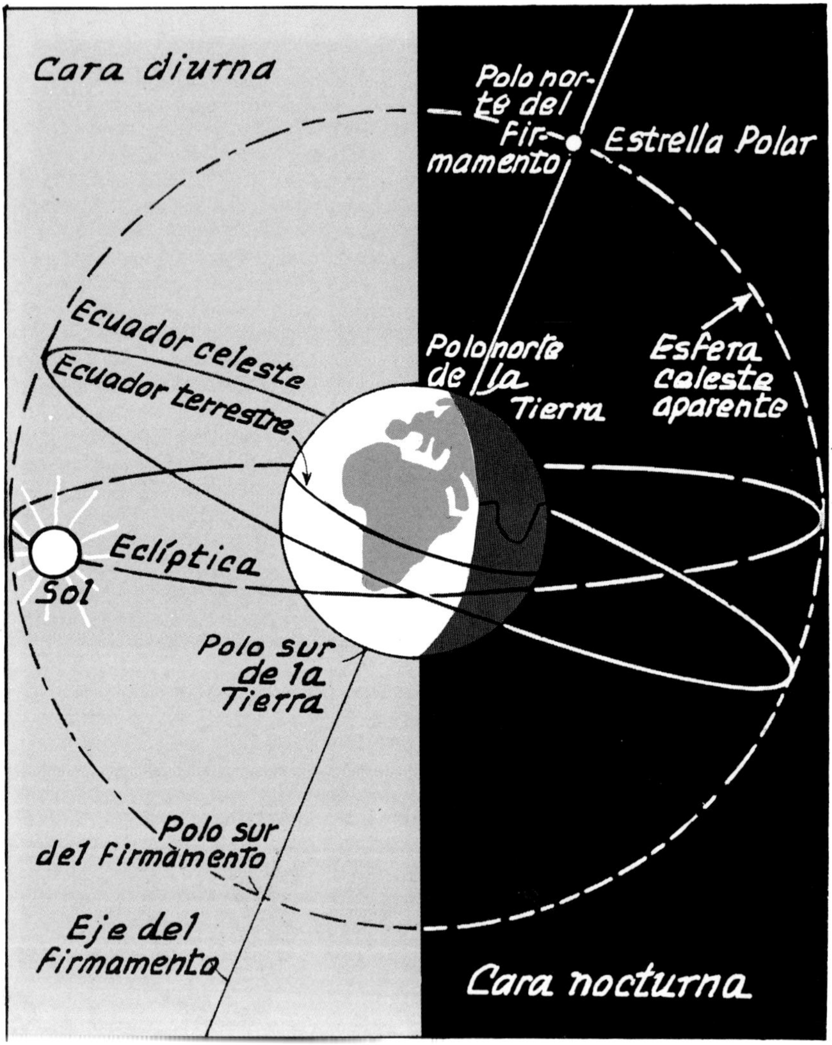

Esfera terrestre y esfera celeste.

¿Cómo es posible orientarse en el firmamento de día y noche?

De día: con ayuda de un reloj de bolsillo

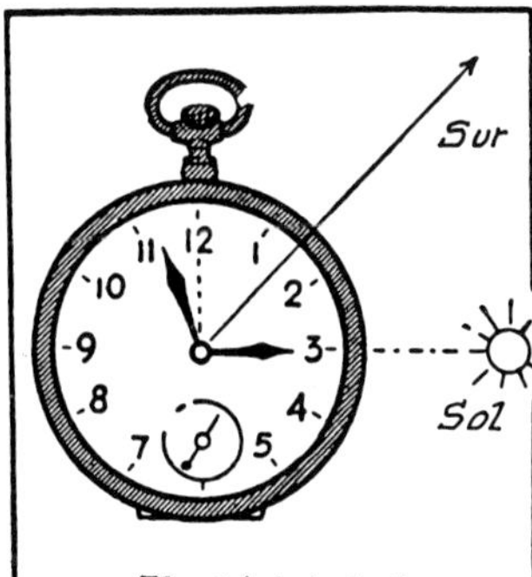

El reloj de bolsillo como brújula

Las cartas estelares de este libro están clasificadas en base a los cuatro puntos cardinales del firmamento. Por tanto, antes de iniciar la observación del firmamento, es necesario determinar la región en la que se encuentran las estrellas que se quieren estudiar. Esta determinación es muy fácil utilizando una brújula, instrumento que posee todo amante de la naturaleza. Sin embargo, en este caso es aconsejable conocer también la declinación magnética, que varía de un lugar a otro. En caso de necesidad, de día y cuando brilla el sol, un reloj de bolsillo o un reloj de pulsera pueden desempeñar las funciones de la brújula. Para determinar con el reloj la dirección sur, se coloca el reloj de manera que el minutero esté orientado hacia el Sol. Si se divide por la mitad el ángulo comprendido entre el número 12 y el minutero, se obtiene entonces el Sur. En la dirección opuesta se encuentra el Norte, hacia la izquierda el Este y hacia la derecha el Oeste. Por tanto, de día también es posible determinar los puntos cardinales del cielo desde el punto donde se encuentra el observador y por la tarde se puede consultar la carta adecuada.
Esta regla, con ayuda de un reloj de bolsillo y del Sol, sólo sirve para determinar el Sur de un modo aproximado. Se trata sólo de una regla empírica. En nuestras latitudes, los errores pueden alcanzar unos 8° y en la segunda mitad del año incluso unos 24°.

De noche: la estrella Polar como brújula

Utilizando las estrellas, la determinación de los puntos cardinales del firmamento es mucho más fácil y mucho más exacta. Como se dijo con anterioridad, la estrella Polar se encuentra situada casi exactamente en una perpendicular por encima del polo norte de la Tierra. A efectos prácticos nos indica con una exactitud suficiente, de 1°, el punto Norte del cielo. Es fácil encontrar la estrella Polar a partir de la constelación de la Osa Mayor (o del Gran Carro de ésta). Si se prolonga la línea que forman las dos últimas estrellas del Gran Carro hacia arriba hasta aproximadamente una quinta parte de su longitud, se encuentra una estrella bastante conspicua en una región que no se distingue por su brillo y bastante pobre en estrellas. Ésta es precisamente la estrella Polar.
La figura de la pág. 12 indica claramente cómo puede encontrarse la estrella Polar a partir del

A partir del Gran Carro es fácil encontrar la estrella Polar, que está situada por encima del polo norte de la Tierra. Si se traza una vertical hacia abajo desde la estrella Polar, ésta intersecta con el punto cardinal N de la Tierra y por tanto se tiene la dirección N exacta.

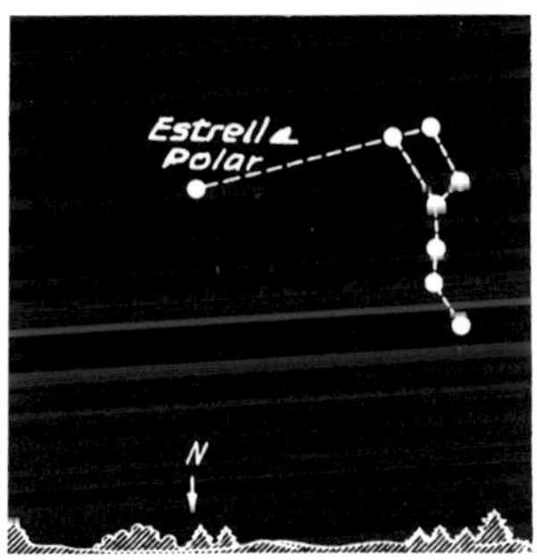

Gran Carro. Sin embargo, esta figura también pone de manifiesto que el Gran Carro no se encuentra siempre en la misma posición. La posición del Gran Carro depende de la época del año y de la hora en que se realiza la observación; es decir, no es la misma en primavera, verano, otoño o invierno, a las 22 horas, a medianoche o por la mañana. Pero la prolongación de la línea que forman ambas estrellas siempre indica la posición de la estrella Polar.
Por ejemplo, hacia medianoche, en otoño el Gran Carro se encuentra en su punto más bajo y en primavera en su punto más alto, cerca del zenit.
La estrella Polar a cualquier hora de la noche indica la posición del polo norte celeste. Si el observador tiene delante de él a la estrella Polar, entonces a su izquierda se encuen-

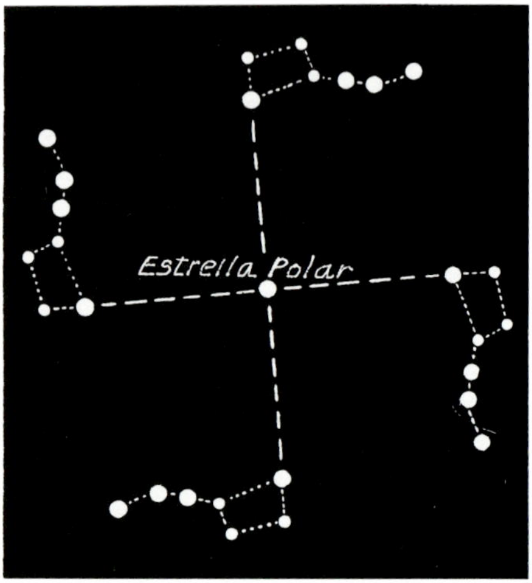

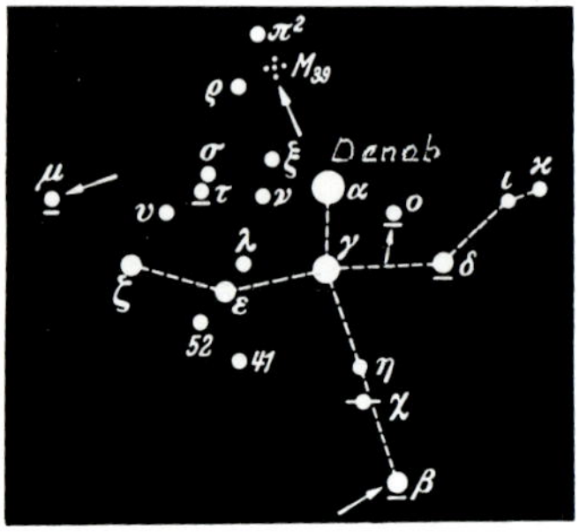

Las estrellas fijas forman constelaciones.

El Gran Carro no siempre ocupa la misma posición, pero puede verse a lo largo de todo el año. La prolongación de la línea que une las dos últimas estrellas del Gran Carro siempre indica la estrella Polar.

tra el oeste, a su derecha el este y a sus espaldas el sur. A la persona que desee conocer las estrellas y las constelaciones, se recomienda que empiece buscando en el firmamento la estrella Polar, hasta que ya no le suponga ninguna dificultad encontrarla en cualquier momento. Con la ayuda de esta estrella, es fácil determinar los puntos cardinales del firmamento. Además esta estrella constituye el punto de partida para poder orientarse en el firmamento.
En sentido estricto, la estrella Polar se encuentra aproximadamente a 1º del polo norte, pero esta cantidad carece de importancia a efectos prácticos. Para nosotros es suficiente como polo norte. En cambio, los astrónomos en sus observaciones siempre tendrán en cuenta las mínimas diferencias y desviaciones. Los astrónomos saben que la estrella Polar y el polo norte celeste se van aproximando y que hacia el año 2100 su separación será mínima. En la actualidad esta separación es de 28' (minutos), lo que equivale a la amplitud de la luna llena. Pero el polo norte celeste se irá aproximando lentamente a la estrella Polar y al cabo de 26 000 años se encontrará en la posición actual. Dentro de este período otras estrellas desempeñarán el cometido de la estrella Polar. Por ejemplo, en el año 4100 representará este papel una estrella de Cefeo y más tarde la estrella brillante Deneb del Cisne. Hacia el año 14 000 este papel pasará a la estrella más brillante del hemisferio septentrional, Vega, de la Lira, y unos 12 000 años más tarde la posición del polo norte celeste coincidirá con la actual. Entonces, los habitantes de la Tierra podrán orientarse de noche otra vez utilizando la estrella Polar.

¿Qué cuerpos celestes distingue el astrónomo?

Antes de que el lector se dedique a la observación de las estrellas propiamente dicha, es aconsejable que se familiarice con algunos conceptos del lenguaje técnico de la astronomía. Sólo cuando conozca los términos más importantes, obtendrá placer de la contemplación del firmamento, y podrá percibir, siguiendo un proceso paulatino, las bellezas del universo.

Estrellas fijas

Las estrellas fijas son los elementos integrantes de las constelaciones. Los pueblos antiguos asignaban el nombre de estrellas fijas a la mayoría de las estrellas que siempre ocupaban la misma posición unas respecto a otras. En la actualidad, se sabe que las estrellas fijas presentan sus propios movimientos en el espacio sideral, pero la distancia entre la Tierra y las estrellas fijas es tan enorme, que serían necesarios milenios para percibir a simple vista un cambio de posición. Es decir, teniendo en cuenta la duración de nuestra vida, podemos considerar que su posición es fija. Cuando se utiliza un telescopio y se realizan medidas muy exactas, entonces es posible descubrir los «movimientos propios» de muchas estrellas fijas. Datos exactos sobre los movimientos propios de las estrellas fijas se encuentran en la pág. 108.
Las cartas estelares de este libro contienen todas las estrellas fijas brillantes de importancia del hemisferio norte y asimismo las estrellas brillantes del hemisferio sur visibles desde nuestro hemisferio.
En el firmamento hay una gran cantidad de estrellas que parecen simples a simple vista, pero que las observaciones telescópicas revelan que están constituidas por dos estrellas. Estas estrellas reciben el nombre de dobles. Hasta la actualidad se conocen aproximadamente 64 000 estrellas dobles. Éstas se pueden dividir en dobles reales (físicas) y dobles aparentes (ópticas). Las dobles reales presentan una relación muy estrecha entre sí y sus componentes describen órbitas una alrededor de otra. Para los astrónomos las dobles aparentes presentan una contigüidad sólo aparente, es decir, derivada de la perspectiva, pero en realidad su distancia de separación es enorme. Se encuentran por casualidad en la misma línea de visión al ser observadas desde la Tierra, pero la distancia sideral que las separa es considerable.

La Vía Láctea

Es una franja de brillo tenue que se extiende por el firmamento. En tiempos antiguos resultaba imposible explicar la presencia de la Vía Láctea en el cielo. Pero desde el descubrimiento del telescopio se sabe que la Vía Láctea es una agrupación de estrellas, parecidas a nuestro Sol, que también pertenece a la Vía Láctea. Estas estrellas están tan alejadas de la Tierra, que a simple vista sólo parecen una franja descolorida y de brillo mate. Las numerosas estrellas

La Vía Láctea en la región del Toro y del Cochero.

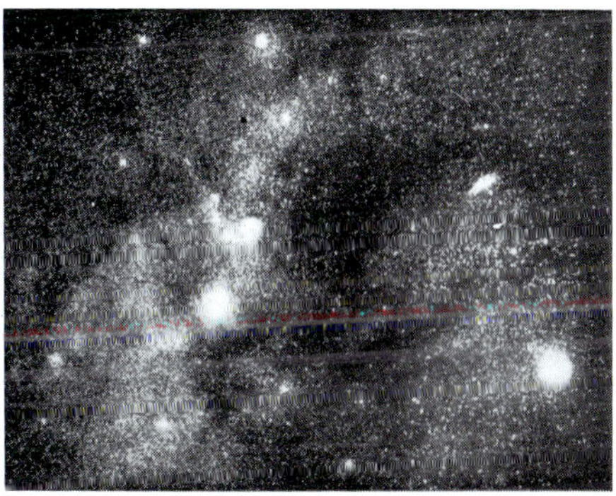

que pueden reconocerse a simple vista están situadas en el entorno del Sol y por tanto pertenecen al sistema de la Vía Láctea. Quien examine con detenimiento la Vía Láctea encontrará regiones oscuras notables en las que están presentes muy pocas estrellas. En la actualidad se sabe que en estas regiones se encuentran materiales reducidos a polvo que dan lugar a nubes, delgadas pero enormes, que debilitan la luz de las estrellas situadas detrás de ellas.
El espacio situado entre las estrellas no está vacío sino más o menos lleno de polvo y de masas gaseosas, pero el enrarecimiento es inconcebible, de modo que supera al vacío máximo que puede obtenerse en el laboratorio.

Nebulosas

En diversas regiones del firmamento se perciben a simple vista (y mucho mejor con el telescopio, claro está) nubes débilmente iluminadas, parecidas a nieblas. Los exámenes físicos más detallados de estas formaciones han demostrado que en realidad no todos los objetos parecidos a nebulosas son nebulosas. Sólo un número pequeño de estas formaciones son realmente nebulosas, en concreto las nebulosas de gas, en tanto que la mayoría de las nebulosas, las llamadas «nebulosas espirales», son en realidad agrupaciones de estrellas. Estas agrupaciones de estrellas se encuentran muy alejadas y no pueden considerarse como estrellas aisladas. En nuestra época se ha logrado por vez primera resolver a la mayor de las nebulosas espirales, la conocida *nebulosa de Andrómeda*, utilizando telescopios modernos. Se trata de una aglomeración de probablemente miles de millones de estrellas, de un sistema parecido al de la Vía Láctea.
La *nebulosa de Orión*, perteneciente a la constelación de invierno más conocida, Orión, es en cambio una nebulosa de gas real, que además está situada cerca de nuestro planeta (puede percibirse a simple vista) y claro está, pertenece a la Vía Láctea.

Gran Nebulosa de Andrómeda.

Por la forma las nebulosas pueden clasificarse en nebulosas espirales, nebulosas anulares, nebulosas planetarias, etc. Las nebulosas espirales en la actualidad suelen denominarse galaxias.
La ilustración contigua muestra el ejemplo más conocido de nebulosa espiral, la gran nebulosa de Andrómeda, que en condiciones favorables puede percibirse a simple vista como una nubecilla lechosa.

Cúmulos estelares

Cuando muchas estrellas fijas están situadas muy cerca unas de otras, constituyen *cúmulos estelares*. Algunos de ellos se perciben con prismáticos. Según la forma de los cúmulos y la concentración de las estrellas, los cúmulos pueden ser *globulares* y *abiertos*. Los cúmulos abiertos presentan relativamente pocas estrellas, mientras que en los cúmulos globulares la concentración de estrellas es tal en el centro que resulta imposible resolverlas. El número de estrellas de un cúmulo globular puede evaluarse en como mínimo algunas centenas de millares. Se conocen unos 1100 cúmulos abiertos y unos 150 cúmulos globulares. Estos últimos dan lugar al armazón envolvente del sistema de la Vía Láctea.

Cúmulo globular M 13 de Hércules.

Estrellas variables

El examen más detenido de las estrellas ha puesto de manifiesto que algunas de ellas no siempre presentan el mismo brillo. Estas estrellas se denominan «variables». Entre las estrellas brillantes perceptibles a simple vista, sólo una pocas son variables. Incluyendo las más débiles, se conocen en la actualidad más de 40 000 estrellas variables o sospechosas de variabilidad.

Cometas

En ocasiones en el cielo aparece una estrella provista de cola larga, un cometa. Durante cierto tiempo es visible pero luego desaparece en el espacio sideral. En tiempos antiguos la aparición de un cometa constituía un presagio de guerra y hambre. La astronomía contemporánea ha hecho que la gente descarte estas ideas. Se sabe que los cometas son cuerpos de estructura deshilachada. Están integrados por una cabeza a la que está unida una cola. La cola se forma en las proximidades del Sol y siempre está dirigida hacia él. La cola surge de la nube de gas que rodea a la cabeza o núcleo, en donde incide la presión lumínica de los rayos del Sol, que arrastran a los materiales de la cabeza. La densidad de gas de la cola es muy escasa. Esto permite contemplar las estrellas más pálidas a través de la cola que se extiende a lo largo de muchos millones de kilómetros por el firmamento.
Algunos cometas presentan una trayectoria elíptica muy característica. Por tanto deben volver a aparecer al cabo de un lapso de tiempo determinado y calculable. Estos cometas se denominan *cometas periódicos,* para diferenciarlos de los que sólo aparecen fugazmente y luego desaparecen sin dejar huella en el espacio sideral. El cometa periódico más interesante es el cometa Halley. El astrónomo inglés Halley descubrió en 1705, al calcular la trayectoria de diversos cometas, que los cometas de 1531, 1607 y 1682 habían descrito la misma trayectoria. Halley pensó que en todos los casos se trataba del mismo cometa. Fue el primer astrónomo que previó el regreso del cometa para 1758 o 1759. Y de hecho el cometa apareció en el período previsto. Desde entonces ha acudido puntual a su cita, las últimas ocasiones en 1910 y en 1985/86. Se prevé su regreso para el año 2061.

Meteoros o estrellas fugaces

El observador que contempla con frecuencia el firmamento nocturno, ya habrá visto meteoros o estrellas fugaces. Penetran en gran número en nuestra atmósfera y de ordinario dejan tras de sí un rastro luminoso.
Se trata de fragmentos pequeños de materia que penetran a gran velocidad en la atmósfera de la Tierra. La emisión de luz se produce cuando estos meteoros chocan a una gran altura contra moléculas de aire; entonces las moléculas de aire y algunas moléculas del meteoro se excitan y emiten luz. En este caso muchas moléculas se ionizan

y el resultado final es un rastro luminoso. Los meteoros que llegan a la superficie de la Tierra se denominan meteoritos. Sólo una pequeña parte de los meteoros son restos de cometas; la mayoría de los meteoros proceden de las profundidades del espacio sideral. En la pág. 171 se encuentra una tabla de las lluvias de meteoros de más importancia.

Estrellas errantes o planetas

Las estrellas errantes o planetas constituyen el caso opuesto a las estrellas fijas. Los planetas erran entre las estrellas fijas y, como la Tierra, describen órbitas alrededor del Sol. Puede incluirse una parte de la trayectoria de los planetas en una carta estelar, pero en caso de querer usar de modo continuo esta carta, se aconseja omitir la trayectoria de los planetas. Cuando el observador encuentra en el firmamento una estrella conspicua que no figura en las cartas estelares, entonces probablemente debe tratarse de uno de los 4 planetas brillantes perceptibles a simple vista. Estos planetas son *Venus* ♀, *Marte* ♂, *Júpiter* ♃ y Saturno ♄. También puede percibirse a simple vista el planeta *Mercurio* ☿, pero éste nunca presenta un brillo conspicuo y su posición es siempre baja, cerca del horizonte. Todos los planetas reciben la luz del Sol, en vez de brillar con luz propia. Por regla general su luz es mucho menos intensa que la de las estrellas fijas.

Satélites

Nuestro planeta no es el único que tiene un satélite verdadero, la Luna. Algunos de los restantes planetas también poseen satélites. *Marte* presenta 2 satélites, *Júpiter* 16, *Saturno* 18, *Urano* 17, *Neptuno* 8, *Plutón* 1. Por tanto, en el sistema solar se conocen en total 63 satélites, aunque no puede descartarse el descubrimiento de más en un futuro cercano. Todos estos satélites carecen de luz propia, pero reflejan una parte de la luz que reciben del Sol.

Los 4 satélites brillantes de Júpiter son notablemente mayores que la Luna. Asimismo Titán, el satélite más brillante de Saturno, y Tritón, el satélite más interno de Neptuno, son mayores que la Luna. Todos los demás satélites son notablemente menores que la Luna. Entre los satélites de menor tamaño tenemos los de Marte, con 22,5 y 13,5 km de diámetro.

Luz zodiacal

La luz zodiacal es una pirámide de luz débil que puede contemplarse cuando no hay luz de luna en febrero y marzo después del ocaso del Sol en el firmamento occidental, y en septiembre y octubre en el firmamento matinal a lo largo de la eclíptica. Esta pirámide de luz está causada por una capa que rodea al Sol, formada por materia reducida a polvo fino, capa que llega hasta la trayectoria de la Tierra. El *«Gegenschein»*, una mancha luminosa que está situada en la eclíptica frente al Sol, y los «puentes de luz» que conectan el «Gegenschein» con las luces vespertina y matutina, en nuestras latitudes sólo son perceptibles en condiciones favorables.

Conceptos elementales sobre las constelaciones

Los pueblos antiguos consideraban que el firmamento estrellado era una semiesfera, en cuya parte interna estaban las estrellas luminosas cuya contemplación es tan agradable. Estos pueblos unían las estrellas brillantes mediante líneas finas y establecían grupos de estrellas. Estos pueblos asignaron a estos grupos de estrellas figuras procedentes de sus mitos y leyendas, y de esta forma surgieron las constelaciones. Los nombres de la mayoría de las constelaciones son muy antiguos, y su denominación se remonta en parte hasta el siglo II antes de J.

Las estrellas más brillantes presentan numerosos nombres, en su mayoría procedentes del árabe. Esto se explica por cuanto en la Edad Media los árabes se dedicaron sobre todo a la astronomía y nos dejaron observaciones y nombres que en la actualidad sólo conocemos en parte. En la bibliografía correspondiente el lector puede encontrar nombres de estrellas y constelaciones escritos de distintas maneras, pero no debe desconcertarse. Los astrónomos de todos los países escriben los nombres de las estrellas en latín, por ejemplo: «Hercules», «Cassiopeia», «Castor». En el texto de este libro pueden aparecer los nombres comunes, pero en las cartas estelares se utilizan los nombres internacionales.

Los astrónomos designan a las estrellas más brillantes de las constelaciones mediante letras griegas y también en algunos casos mediante letras latinas y asignan a todas las estrellas pálidas números. Por regla general, se asigna a la estrella más brillante de una constelación la primera letra del alfabeto griego: α; a la segunda estrella en orden de brillo se asigna la segunda letra: β, y así sucesivamente.

Letras del alfabeto griego

α	Alfa	ν	Nu *o* Ny
β	Beta	ξ	Xi
γ	Gamma	o	Ómicron
δ	Delta	π	Pi
ϵ	Épsilon	ϱ	Rho
ζ	Zeta	σ	Sigma
η	Eta	τ	Tau
ϑ	Theta	υ	Úpsilon
ι	Iota	ϕ	Phi
$\varkappa$	Kappa	χ	Ji
λ	Lambda	ψ	Psi
μ	Mu *o* My	ω	Omega

Desde la antigüedad el hombre divide a las estrellas perceptibles a simple vista en 6 grandes órdenes de magnitud y asigna a la estrella más brillante la magnitud 1, a la siguiente la magnitud 2 y así sucesivamente, de modo que el último grupo de estrellas, apenas perceptible a simple vista, presenta la magnitud 6. Cuando la magnitud de una estrella es intermedia entre las magnitudes 1 y 2, en la actualidad se dice que tiene la magnitud 1,5 y se escribe mag 1,5. Nuestras cartas incluyen todas las estrellas hasta mag 4,5 y también algunas estrellas más pálidas, de suerte que en total contienen 650 estrellas distintas (además de 40 cúmulos y nebulosas); mediante estas estrellas es posible orientarse en todas las constelaciones del firmamento.

En la actualidad se considera que en el cielo existen 88 constelaciones, cuyos límites, anteriormente arbitrarios, quedaron fijados en 1928 mediante un acuerdo internacional.

Antes de ilustrar y describir brevemente las constelaciones, deben enumerarse utilizando sus nombres científicos y vulgares, pero descartando las que no son visibles desde nuestro hemisferio o que debido a su posición muy meridional apenas aparecen por encima del horizonte. Entonces quedan las 54 constelaciones siguientes:

Acuario	Aquarius
Águila	Aquila
Andrómeda	Andromeda
Balanza	Libra
Ballena	Cetus
Boyero	Bootes
Caballito	Equuleus
Cabellera de Berenice	Coma Berenices
Can Mayor	Canis Major
Can Menor	Canis Minor
Cangrejo	Cancer
Capricornio	Capricornus
Carnero	Aries
Casiopea	Cassiopeia
Cefeo	Cepheus
Cisne	Cygnus
Cochero	Auriga
Copa de Baco	Crater
Corona Boreal o del Norte	Corona Borealis
Cuervo	Corvus
Delfín	Delphinus
Dragón	Draco
Eridano o el Río	Eridanus
Escorpión	Scorpius
Escudo	Scutum
Flecha	Sagitta
Gemelos	Gemini
Hércules	Hercules
Hidra o Serpiente de Mar	Hydra
Jirafa	Camelopardalis
Lagarto	Lacerta
León (Mayor)	Leo
León Menor	Leo Minor
Liebre	Lepus
Lince	Lynx
Lira	Lyra
Nave de Argo	Argo
Ofiuco o Serpentario	Ophiuchus
Orión o el Cazador	Orion
Osa Mayor	Ursa Major
Osa Menor	Ursa Minor
Paloma	Columba
Peces	Pisces
Pegaso	Pegasus
Perros de Caza	Canes Venatici
Perseo	Perseus
Pez del Sur	Piscis Austrinus
Sagitario	Sagittarius
Serpiente	Serpens
Toro	Taurus
Triángulo	Triangulum
Unicornio	Monoceros
Virgen	Virgo
Zorra	Vulpecula

A excepción del Unicornio, la Flecha y el Escudo, las constelaciones restantes, 51 en total, aparecen ilustradas a continuación. La forma de las constelaciones que aparece en este libro es exacta, pero las relaciones de tamaño entre las constelaciones no han podido ser reproducidas por falta de espacio en este libro, pero se ha procurado indicar con exactitud las magnitudes de las estrellas.
En estas ilustraciones de las constelaciones se han añadido los nombres de todas las estrellas, pero estos nombres no aparecen en las cartas estelares a fin de que su comprensión resulte fácil, cosa que no sucedería si estuviesen demasiado llenas de leyendas. Las variables están indicadas mediante una línea transversal y las dobles interesantes mediante una línea situada inmediatamente debajo de ellas. Los cúmulos y las nebulosas importantes siempre están incluidos en las cartas. Todas las estrellas importantes que aparecen en las constelaciones figuran en las cartas y viceversa. No están indicadas todas las dobles contenidas en una constelación. Las dobles incluidas en las cartas no siempre pueden percibirse con instrumentos pequeños (véase pág. 164).
La superficie total del firmamento abarca 41 253 grados de ángulo sólido. Las constelaciones de mayor tamaño son la Serpiente de Mar, la Virgen y la Osa Mayor, con una superficie de 1303, 1294 y 1279 grados de ángulo sólido, respectivamente.
Las constelaciones que no desaparecen a lo largo de todo el año o que sólo lo hacen en parte se denominan circumpolares (véanse págs. 33, 34), o parcialmente circum polares, respectivamente. Sus límites están indicados en la ilustración de la pág. 34 para las latitudes septentrionales de 45°, 50° y 55°. En las descripciones siguientes, las denominaciones circumpolar o parcialmente circumpolar se basan en la latitud 50° N.

Acuario. Es una constelación bastante inconspicua de la eclíptica situada entre Pegaso y el Pez Austral. Cerca de su estrella más brillante, β, se encuentra el cúmulo globular M 2, que en condiciones favorables es perceptible a simple vista. ψ_1 es una doble bella perceptible con prismáticos; ζ es perceptible con instrumentos de 3-4 pulgadas.

Águila. El nombre de esta constelación aparece ya en el año 1000 antes de J. en las inscripciones babilónicas. Es fácil comparar su forma con un águila en vuelo. La estrella más brillante, α, tiene el nombre de *Atair* (águila voladora); para nosotros es la estrella con la máxima velocidad de rotación: 200 km/seg. En esta región la Vía Láctea es muy brillante y al ser observada con unos prismáticos muestra su riqueza de estrellas. Debajo de la estrella λ de esta constelación, se encuentra una constelación pequeña, el Escudo. También es muy conocida la variable η.

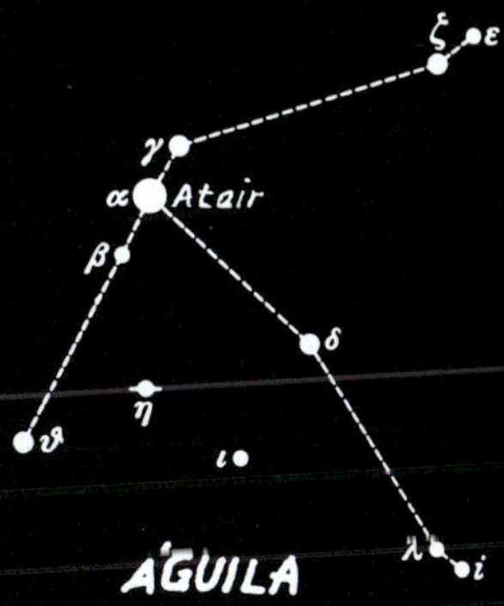

Andrómeda (parcialmente circumpolar). Andrómeda fue la hija del rey Cefeo y de su esposa Casiopea. Las 4 estrellas brillantes forman una bella cadena, y la estrella oriental γ (*Alamak*) es una doble bella que con un telescopio pequeño se resuelve en una estrella de color amarillo rojizo y una segunda estrella, más pálida, de color blanco azulado. Lo más conocido de esta constelación es la famosa *nebulosa de Andrómeda* (M31), un sistema de la Vía Láctea parecido al nuestro que puede observarse a simple vista en la prolongación de las estrellas β y μ en forma de una nubecilla lechosa. Se encuentra a unos 2 400 000 años-luz de distancia y pertenece al sistema vecino más próximo a nuestra Vía Láctea (véase la ilustración de la pág. 14). Cerca de la estrella γ se encuentra el gran cúmulo abierto 752.

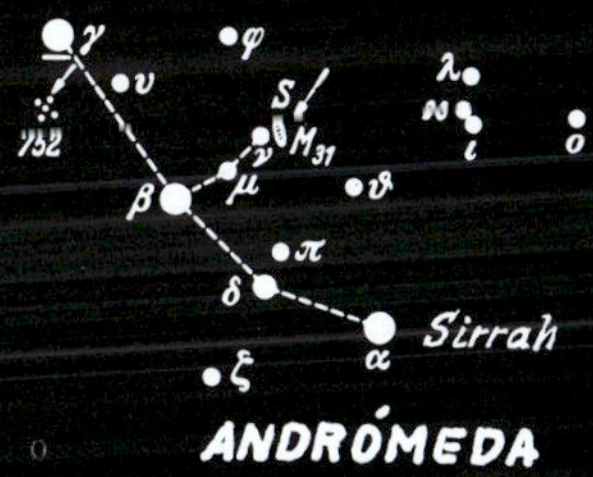

Balanza. Entre la Virgen y el Escorpión se encuentra la Balanza, cuya estrella brillante α (*Zuben-el-dshenubi*) está situada en la eclíptica y es una doble con componentes muy separadas (230'', gemelos de teatro)

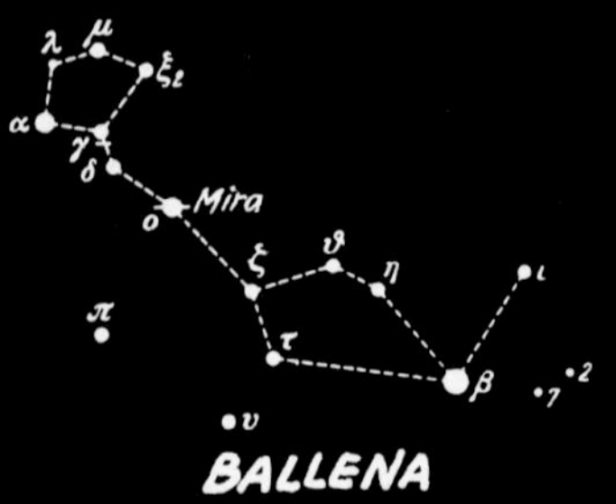

Ballena. Acuario está situada junto a la Ballena, que por su parte está enclavada muy por debajo de la eclíptica y en el firmamento invernal se encuentra por debajo de los Peces. α (*Menkar*) constituye la cabeza y β (*Deneb Kaitos*) la cola de la Ballena. La estrella o, que también se llama *Mira*, es la primera variable que se descubrió (1596). En un intervalo de 331 días varía entre las magnitudes 2,0 y 10, es decir su brillo disminuye más de 1000 veces. En la actualidad se conocen más de 3000 variables que experimentan el mismo tipo de cambio.

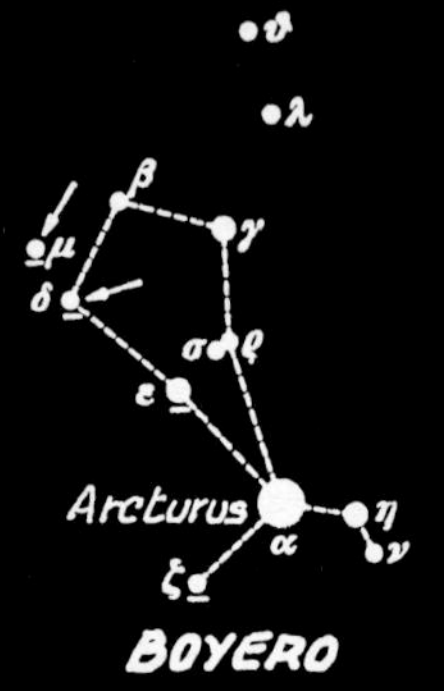

Bootes (Boyero) (parcialmente circumpolar). Si se prolonga la limonera del Gran Carro (Osa Mayor) hacia abajo, se encuentra una estrella brillante de color amarillo rojizo, de magnitud 1, la estrella más brillante del Boyero. Esta estrella es *Arcturus*, que viene a significar «vigilante del oso». El nombre de Bootes se remonta a una leyenda griega. El Boyero contiene algunas dobles bellas, de las que suelen nombrarse δ y μ, perceptibles con prismáticos. En ambos casos las estrellas compañeras son de 2 a 4 órdenes de magnitud más pálidas que las estrellas principales.

Caballito. Un poco por debajo del Delfín, hacia Acuario, se encuentra una constelación inconspicua y pequeña, el Caballito, en donde cuatro estrellas forman un rectángulo pequeño. δ es una doble con componentes poco separadas.

Cabellera de Berenice. Esta constelación se extiende entre la Virgen y los Perros de Caza, está integrada por estrellas pálidas y es conocida por la nebulosa espiral perceptible sólo con telescopio. Como doble sólo destaca la estrella 24, en tanto que 35 y 42 son dobles con componentes poco separadas. Es notable la nebulosa espiral M 100 (al sur de la estrella 11) y también el cúmulo globular M 53, perceptible con prismáticos.

Can Mayor. El Can Mayor, con *Sirius*, la estrella más brillante del cielo, está situado junto a Orión y es conocido por todos los observadores del firmamento invernal. La constelación contiene todavía una serie de estrellas brillantes, inconspicuas debido a su baja posición. Sirius es conocida y famosa como estrella doble, aunque su compañera, debido a la diferencia de brillo de 10 órdenes de magnitud, sólo puede percibirse con grandes instrumentos. La compañera es una de las enanas blancas conocidas de gran densidad. Sirius es una de las 10 estrellas próximas al Sol. A unos 5° por debajo de ésta, se encuentra el cúmulo abierto M 41, que todavía puede percibirse a simple vista.

CAN MAYOR

Can Menor. Entre Sirius y Gemini, pero en el otro lado de la Vía Láctea, se encuentra el Can Menor, con la estrella brillante conspicua *Proción*, cuya compañera, como en el caso de Sirius, es más pálida en 10 órdenes de magnitud que la estrella principal y asimismo es una de las enanas blancas, tan raras. Sólo está un poco más alejada que Sirius del Sol. El Can Mayor y el Can Menor acompañan a Orión (véase pág. 26).

CAN MENOR

Cangrejo. Esta constelación inconspicua pertenece a las constelaciones situadas en la eclíptica. En ella se encuentran las estrellas dobles ι y ζ, la primera de las cuales es perceptible con prismáticos y la segunda es un sistema triple famoso. Además se encuentra a simple vista cerca de la estrella δ el cúmulo abierto *Praesepe* (M 44), o Pesebre, y el cúmulo estelar débilmente apiñado M 67, perceptible con prismáticos.

CANGREJO

Capricornio. Es una de las constelaciones conspicuas de la eclíptica situadas en posición baja. Cabe mencionar las estrellas dobles con componentes muy separadas α_2 y β, y el cúmulo globular M 30 (prismáticos).

CAPRICORNIO

Carnero. Esta constelación, de nombre tan conocido, está situada debajo del Triángulo y presenta sólo 4 estrellas de brillo moderado. γ es una doble conocida, perceptible con instrumentos de 2 pulgadas.

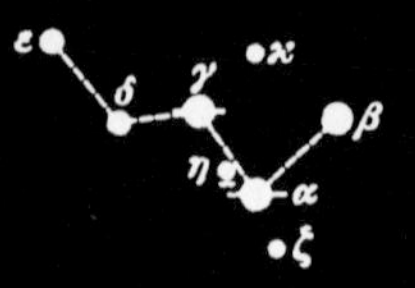

CASIOPEA

Casiopea (circumpolar). Cuando se prolonga la línea que va desde el centro de la Osa Mayor hasta la estrella Polar, pero en sentido contrario, se encuentra la W conspicua de Casiopea, integrada por cinco estrellas brillantes. Casiopea es según la leyenda griega la esposa de Cefeo. En esta constelación apareció en 1572 una nueva estrella (una supernova), que durante breve tiempo fue tan brillante como Venus. De las cinco estrellas brillantes α y γ son variables. η es una estrella doble, que puede resolverse con instrumentos de 2 pulgadas, con un período de revolución de 480 años.

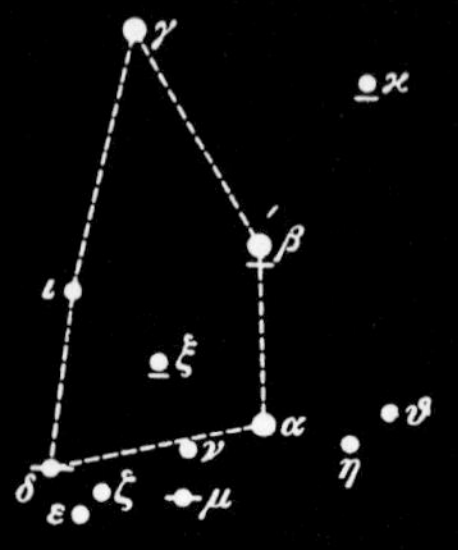

CEFEO

Cefeo (circumpolar). Según la leyenda griega, Cefeo fue el esposo de Casiopea y el padre de Andrómeda. Cinco estrellas no muy brillantes forman un pentágono manifiesto, que se encuentra entre Casiopea y la Osa Menor. Es preciso mencionar dos variables muy conocidas: δ, cuyo brillo varía cada 5,37 días entre mag 3,6-4,2 y la estrella granate μ, que es una variable irregular (mag 4,0-4,8). β y ξ son dobles perceptibles con instrumentos de 2 pulgadas.

CISNE

Cisne (parcialmente circumpolar). Es una de las constelaciones más espléndidas de nuestro firmamento estival y se encuentra entre la Lira, Pegaso, Cefeo y la Zorra. No es difícil formar con las estrellas más brillantes la figura de un cisne en vuelo, como hicieron los pueblos antiguos. La estrella más brillante, α (*Deneb*) es la cola, la estrella β (*Albireo*) forma la cabeza del Cisne. Tres dobles brillantes β, μ, o_2 pueden observarse mediante prismáticos; o_2 es un sistema triple. La estrella χ es una variable del tipo Mira, que en un intervalo de 413 días modifica su brillo en 10 órdenes de magnitud. Esta constelación está situada dentro de la parte más bella de la Vía Láctea, pero también se observan regiones oscuras, sin estrellas, cuando nubes de materia cósmica finamente dividida impiden penetrar en las profundidades siderales. Cabe mencionar el cúmulo abierto M 39 situado por encima de Deneb (prismáticos).

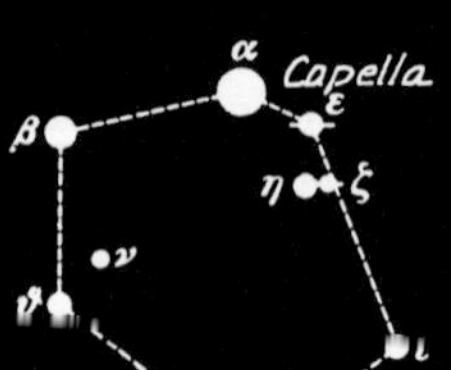

COCHERO

Cochero (parcialmente circumpolar). La gran constelación del Cochero, con la estrella gigante, de magnitud 1, *Capella* (Cabrito), es fácil de encontrar. La constelación se dibujaba antes en forma de pentágono, y en la actualidad en forma de rectángulo, puesto que la estrella inferior se asigna al Toro. La única estrella doble, con componentes poco separadas, es ϑ (puede resolverse con instrumentos de 4 pulgadas), en tanto que ϵ y ζ son dos variables de oposición interesantes, con períodos de 9883 y 972 días respectivamente. ϵ Aurigae presentó un mínimo en 1983 y se espera el próximo para el 2010.

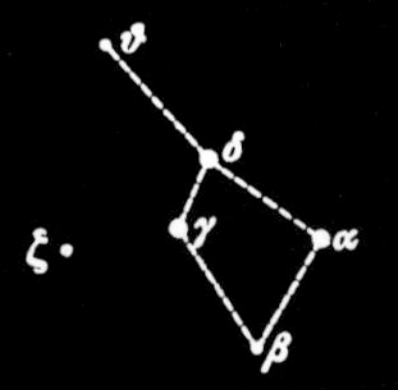

COPA DE BACO

Copa de Baco. Se trata de una constelación inconspicua, situada muy al sur, entre la Serpiente de Mar y la Virgen. Cuatro de sus estrellas pálidas forman un rectángulo irregular.

CORONA

Corona Boreal o del Norte. Se trata de una constelación pequeña y muy característica, cuyas estrellas más brillantes forman una corona. Está situada a la izquierda del Boyero, entre esta constelación y Hércules. La estrella más brillante, α, se denomina *Gemma* (gema). ζ es una doble conocida con una separación de 6'' entre sus componentes y perceptible con un instrumento de 2 pulgadas. (También hay la Corona Austral o del Sur.)

CUERVO

Cuervo. Debajo de la Virgen, entre Spica y la Copa de Baco, se encuentra esta constelación pequeña, integrada por cinco o seis estrellas brillantes. Aun siendo su posición siempre muy baja, es más conspicua que la Copa de Baco.

DELFÍN

Delfín. Constelación pequeña y conspicua formada por cinco estrellas situadas muy cerca unas de otras. Esta constelación está enclavada entre el Águila, Acuario, Pegaso y el Cisne (o la Zorra). γ es una doble perceptible con un instrumento de 2 pulgadas.

DRAGÓN

Dragón (circumpolar). Entre la Osa Mayor y la Osa Menor se encuentra el Dragón, integrado por muchas estrellas, normalmente débiles. Su garganta abierta está orientada hacia Hércules y su cola hacia la estrella Polar. Es muy conocida la estrella doble ν, integrada por dos estrellas igualmente brillantes de magnitud 5, que pueden resolverse mediante gemelos de teatro. Las otras dos dobles, ϵ y η presentan componentes menos separadas y debido sobre todo a la gran diferencia de brillo estas componentes sólo pueden resolverse mediante instrumentos de 3 a 4 pulgadas.

Eridano. Esta constelación se denomina también el Río. Empieza a los pies de Orión junto a la estrella Rigel y se extiende formando un arco amplio hasta por debajo del horizonte meridional. La estrella principal brillante *Achernar* (el final del río) está situada para nosotros debajo del horizonte.

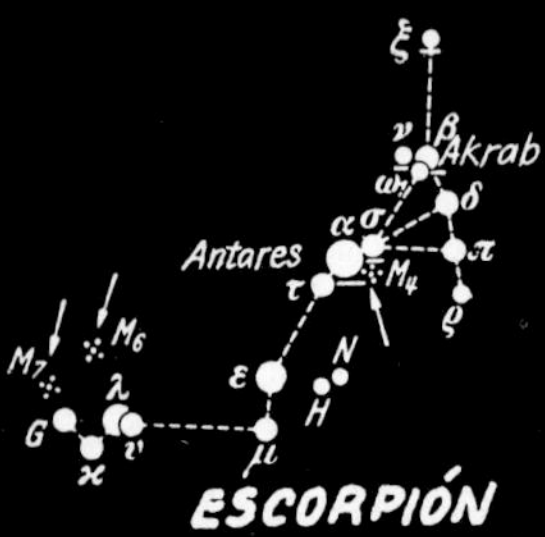

Escorpión. Es otra de las constelaciones cuyo nombre también aparece en las inscripciones babilónicas. La constelación es rica en estrellas brillantes, pero debido a su baja posición no atrae nuestro interés. La estrella más brillante, α, la rojiza *Antares*, es una supergigante con más de 300 veces el diámetro y más de 2000 veces el brillo del Sol. Es una estrella doble, cuya estrella compañera, más pálida, está a una distancia de 3''. La constelación contiene otras muchas dobles, entre las que cabe mencionar ξ, apropiada para instrumentos de 2 pulgadas. Cerca de Antares se encuentra el cúmulo globular brillante M 4 y unos pocos grados más abajo, sobre el aguijón del Escorpión se encuentran los cúmulos galácticos, es decir pertenecientes a la Vía Láctea, M 6 y M 7 (prismáticos).

Gemelos. Una de las configuraciones más antiguas, relacionada con numerosos mitos, es la de los Gemelos. *Cástor* y *Pólux* fueron según la leyenda griega los hijos de Zeus y Leda. Son además las estrellas más brillantes de la constelación y de las estrellas más próximas a la Tierra (distancias de separación de 45 y 33 años-luz). α (Cástor) es un sistema séxtuple, cuyas estrellas principales, de las magnitudes 2,0 y 2,8, describen una órbita, una alrededor de otra en 420 años. Pueden resolverse con instrumentos de 2 pulgadas. Pero ambas componentes han resultado ser dobles espectroscópicas; además a su alrededor describe órbitas una quinta estrella, pálida, que es una variable de ocultación. M 35, un bello cúmulo abierto de unas 120 estrellas, puede percibirse a simple vista en condiciones favorables. Cabe mencionar las variables ζ y η.

Hércules (parcialmente circumpolar). Es una de las constelaciones más extensas y posee numerosas estrellas. Está situada entre la Corona Boreal y la Lira y se extiende hasta la cabeza del Dragón y el Serpentario. Debe mencionarse la estrella variable α (*Ras Algethi*, mag 3,1-3,9) la más brillante de las estrellas de esta constelación, una estrella gigante de color rojo amarillento, cuyo diámetro es 300 veces superior al del Sol. También puede encontrarse una estrella doble, cuya compañera tiene magnitud 5,4 y está separada 4,6''. (La estrella principal es amarillo rojiza y la compañera azul.) Son muy interesantes los cúmulos globulares M 13 y M 92, el primero de los cuales es el más brillante del firmamento septentrional; pueden verse a simple vista en condiciones favorables. Las estrellas δ, μ, ϱ y γ son también objetos atractivos para los instrumentos de 2 pulgadas.

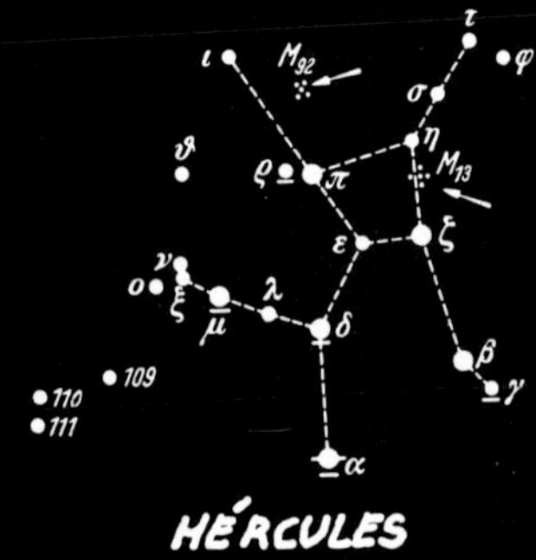

Jirafa (circumpolar). La Jirafa, que comienza entre el Cochero y Casiopea, está dotada de muchas estrellas pálidas y se extiende hasta la estrella Polar. De las dobles dibujadas en esta constelación, β puede observarse con prismáticos, en tanto que 19 H requiere un instrumento de 3-4 pulgadas.

Lagarto (parcialmente circumpolar). Constelación pequeña y poco conspicua entre Andrómeda y el Cisne.

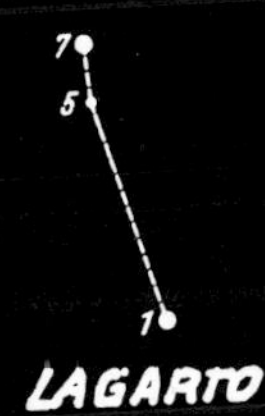

León (Mayor) y León Menor. No es difícil asignar la figura de un león yacente a las estrellas brillantes de esta constelación. La estrella más brillante, α, *Regulus* (estrella real), se encuentra en la eclíptica. γ y 54 son dobles conocidas perceptibles mediante instrumentos de 2 pulgadas. (γ presenta un período de revolución de 620 años). Cerca de Regulus está situada la nebulosa espiral M 96, perceptible mediante prismáticos. Por encima del León (Mayor) se extiende el León Menor hacia la Osa Mayor, y sólo presenta tres estrellas con un brillo superior a la mag 4,5.

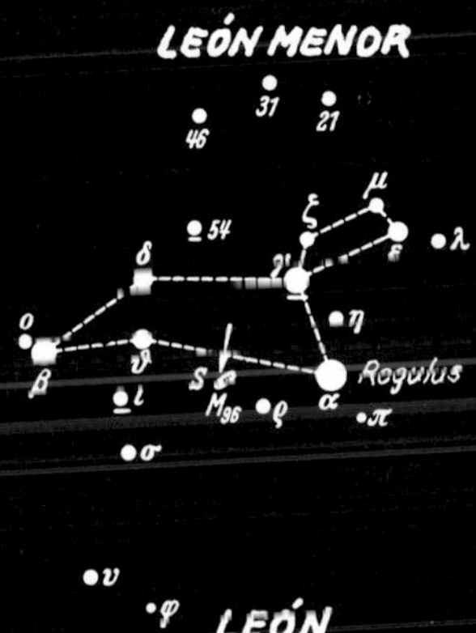

Liebre. Por debajo de Orión (el Cazador) es fácil encontrar la Liebre; está situada a la derecha de Sirius, a la misma latitud, en un meridiano, y constituye una constelación conspicua, aunque no contiene ninguna estrella muy brillante.

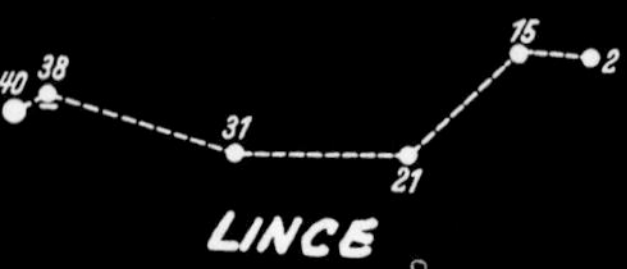

Lince (circumpolar). Una serie de estrellas que se extienden de modo irregular entre el Gran Carro, el Cochero, el Cangrejo y los Gemelos forman la constelación inconspicua del Lince. Hace falta tener una vista de lince para distinguir sus estrellas pálidas. Las estrellas 38 y 15 son dobles con bastante separación entre sus componentes (38 puede percibirse con instrumentos de 3-4 pulgadas).

Lira (circumpolar). La Lira pertenece a las constelaciones pequeñas pero muy conspicuas y contiene la estrella más brillante del firmamento septentrional, *Vega*. Junto con ϵ y ζ Vega forma un triángulo equilátero pequeño. ϵ es una doble con amplia separación entre sus componentes (208''); se puede ver con una vista muy aguda. ζ y β son dobles con amplia separación entre sus componentes, perceptibles con prismáticos. β es un ejemplo muy conocido de estrella variable. La *nebulosa de Anillo*, muy famosa, de la Lira, se encuentra aproximadamente en la mitad de la línea que une las estrellas β y γ, tiene una magnitud 8,7 y sólo es perceptible con telescopio (véase la lámina de color de la pág. 134). Está a una distancia de 2200 años-luz. La estrella R también es variable.

Nave de Argo. Debajo del Can Mayor, contigua a ella, se encuentra la Nave de Argo, que en el firmamento meridional se extiende hasta debajo del horizonte. Su baja posición hace que apenas la observemos. Cabe mencionar los dos cúmulos irregularmente dispersos M 46 y 2422 (prismáticos) que tienen la misma latitud de apogeo que Sirius.

Orión. Es la constelación más bella del firmamento invernal. Posee 7 estrellas brillantes y es ampliamente conocida. La estrella más brillante se encuentra en el hombro izquierdo del Cazador (Orión) y es α Betelgeuse, una gigante amarillo-rojiza, con un diámetro 500 veces superior al Sol. Es una variable irregular, y su brillo varía en un orden de magnitud. En el pie derecho se encuentra β (*Rigel*), cuya intensidad lumínica supera a la de Betelgeuse en unas 15 000 veces. Las tres estrellas del cinturón, ζ, ϵ y δ forman la conocida *vara de Jacob*, que desde la estrella más superior δ se extiende hasta cerca del ecuador. Entre el gran número de estrellas dobles cabe mencionar: Perceptibles con gemelos de teatro y prismáticos: ϑ_1, ϑ_2 y δ. Con instrumentos de 2 pulgadas: ϑ_1, la primera componente de la estrella del Trapecio, que es un sistema cuádruple; con instrumentos de mayor tamaño: ι, λ, σ y β. Lo más importante de Orión es la famosa *nebulosa de Orión* (M 42), el ejemplo más conocido de nebulosa brillante difusa. Se observa debajo del cinturón en las noches claras y sin luna en forma de nubecilla apagada. Tiene una extensión de 89 años-luz y se encuentra a una distancia de aproximadamente 1700 años luz (véase la lámina en color de la pág. 100).

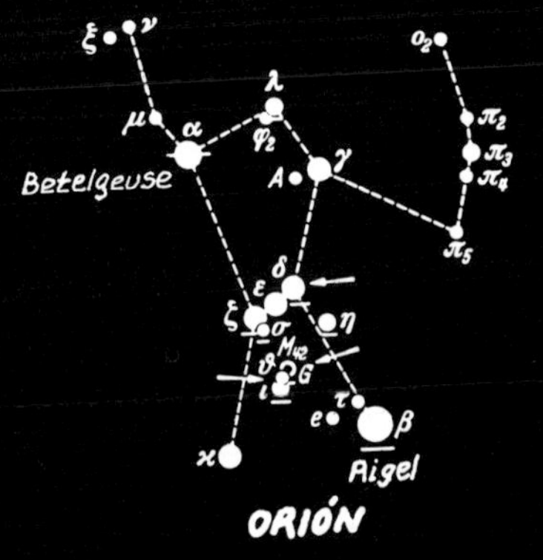

Osa Mayor (circumpolar). La Osa Mayor, en la que está incluido el Gran Carro, forma parte de las constelaciones más antiguas; es asimismo una de las constelaciones más conocidas, porque permanece en el firmamento a lo largo de todo el año, aun cuando cambia de posición. Cuatro estrellas brillantes forman un rectángulo, que junto con las 3 estrellas brillantes de la limonera dan lugar a un carro. En caso de que en la constelación se vea una osa, entonces el carro constituye el cuerpo y la limonera forma la cola de la osa. La cabeza y las patas están indicadas por diversas estrellas pálidas. Resulta muy conocida la estrella doble ζ (*Mizar*), presente en la limonera, cuya compañera *Alcor* (jinetillo), separada 11', es de magnitud 4, y que todavía puede percibirse con una vista aguda. Con un instrumento de 2 pulgadas se observa que Mizar es una doble.

Osa Menor (circumpolar). Aun cuando la Osa Menor está integrada por pocas estrellas conspicuas, también puede compararse a un carro y la última estrella de la limonera es la estrella Polar, que sólo está separada 1º del polo celeste. Alrededor de ésta parecen girar todas las demás estrellas. La *estrella Polar* se denomina también estrella del Norte, por cuanto la prolongación del eje de la Tierra casi la interseca y para nosotros esta estrella siempre está en el

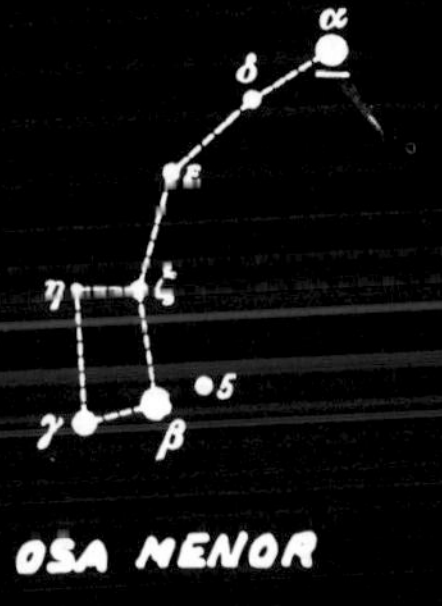

Norte. La separación entre la estrella Polar y el polo no siempre es la misma. Se irán acercando lentamente hasta el año 2102 y luego se irán separando otra vez. La estrella Polar es una doble (sus componentes están separadas 18''), pero como la diferencia de brillo entre sus componentes es del orden de 7 magnitudes, sólo puede resolverse mediante un instrumento de 2 pulgadas.

Paloma. Entre las constelaciones meridionales que en nuestro hemisferio sólo alcanzan pocos grados de latitud, se encuentra la Paloma, por debajo de la Liebre.

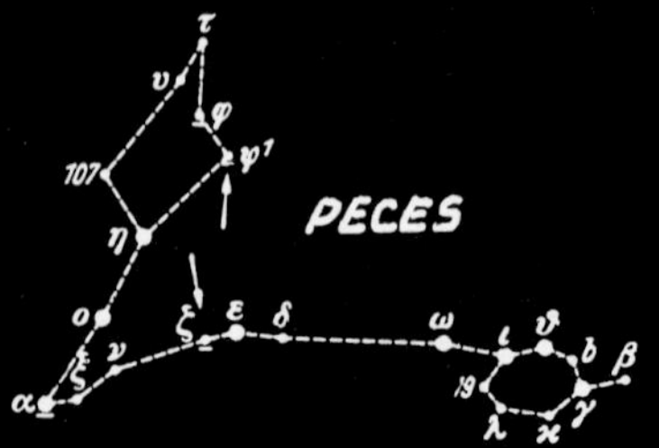

Peces. Constelación poco conspicua, que empieza al sur de Pegaso, llega hasta la Ballena y luego asciende hasta Andrómeda. ψ_1 y ζ son dos dobles fáciles de resolver y también debe mencionarse α y φ, perceptibles mediante instrumentos ópticos mayores.

Pegaso. Esta constelación, muy antigua, es fácil de encontrar. Las estrellas principales forman un rectángulo grande, situado delante del de Andrómeda. Si se prolonga la línea que une α Sirrah (α Andromedae) y Algenib se llega al punto vernal. Esta constelación no presenta ni variables brillantes ni dobles fáciles de observar. Cerca de la estrella ϵ se encuentra el cúmulo M15, uno de los cúmulos globulares más brillantes.

Perros de Caza (parcialmente circumpolar). Debajo de la limonera del Gran Carro (de Osa Mayor), se encuentran los Perros de Caza, con muchas estrellas pálidas, pero con sólo tres estrellas con un brillo superior a la magnitud 4,5. La estrella más brillante, 12, es una doble conocida por los que utilizan instrumentos de 2 pulgadas. Por debajo de la estrella 25 se encuentra uno de los cúmulos globulares más brillantes, M 3, perceptible a simple vista en condiciones favorables. Al otro lado de la estrella 25 se encuentra la nebulosa espiral M 51, que no puede percibirse mediante instrumentos pequeños.

Perseo (parcialmente circumpolar). Entre Andrómeda y el Cochero, en el centro de la Vía Láctea, se encuentra Perseo, una de las constelaciones más ricas en estrellas. La estrella más importante es la variable β, *Algol* (Diablo), cuya luz cambia, como la de un faro giratorio, con un período de 2 días, 20 horas, 48,9 minutos. Es de las llamadas variables de ocultación y hace 300 años que es conocida. En estas estrellas, la estrella compañera oscura describe órbitas regulares alrededor de la principal, de suerte que la oscurece parcialmente. La luz de Algol pasa de mag 2,2 a 3,5. Además del par de ocultación, a este sistema pertenecen todavía 2 estrellas, que hasta ahora sólo han podido ser estudiadas indirectamente. Directamente debajo de Algol se encuentra la estrella ϱ, cuya luz también es variable. Con instrumentos de 2 pulgadas pueden resolverse las estrellas ϵ, ζ y η. Son muy interesantes los espléndidos cúmulos abiertos h y χ, que a simple vista aparecen en forma de una mancha lechosa.

Pez Austral o del Sur. En posición muy meridional, debajo de Acuario, se encuentra el Pez del Sur, con la estrella brillante *Fomalhaut* (boca del pez, en árabe), de magnitud 1.

Sagitario. Se encuentra en la posición más baja de la eclíptica, junto al Escorpión. En esta dirección se busca el centro del sistema de la Vía Láctea, cubierto parcialmente de nubes cósmicas oscuras. No presenta dobles o variables notables, pero sí cúmulos interesantes, sobre todo los globulares brillantes M 22 y M 55. Además cabe mencionar M 8, una nebulosa de gas, galáctica y difusa. Diversas estrellas brillantes y apagadas aparecen en esta nebulosa de gas. M 22 es después de M 13 (situado en Hércules) el cúmulo globular visible más bello.

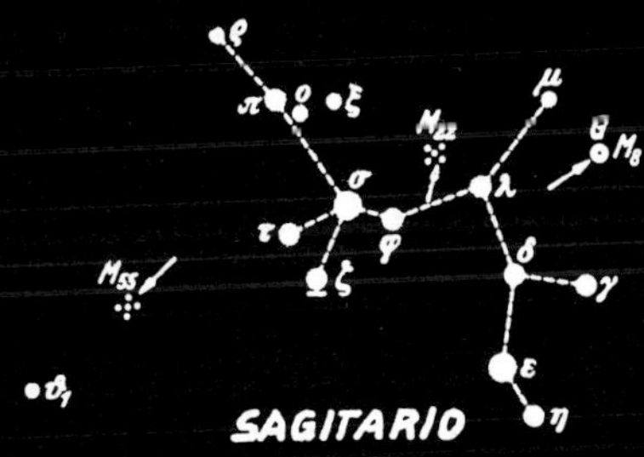

Serpiente y Serpentario. Entre Hércules y el Escorpión se encuentran las dos extensas constelaciones Serpiente y Serpentario, difíciles de separar. De las tres estrellas dobles brillantes de la Serpiente la estrella caudal ϑ puede percibirse con prismáticos. En el Serpentario es muy conocida la estrella 70; sus dos componentes, de color amarillo y rojizo respectivamente describen una órbita una alrededor de otra en 88 años y pueden observarse con un instrumento de 2 pulgadas. Las dos constelaciones son ricas en cúmulos, el más brillante es el cúmulo globular M 5, situado cerca de α de la Serpiente y perceptible a simple vista. Son más pálidos los globulares M 10, M 12 y M 19 del Serpentario y el galáctico abierto 6633, situado cerca de la estrella caudal de la Serpiente (prismáticos).

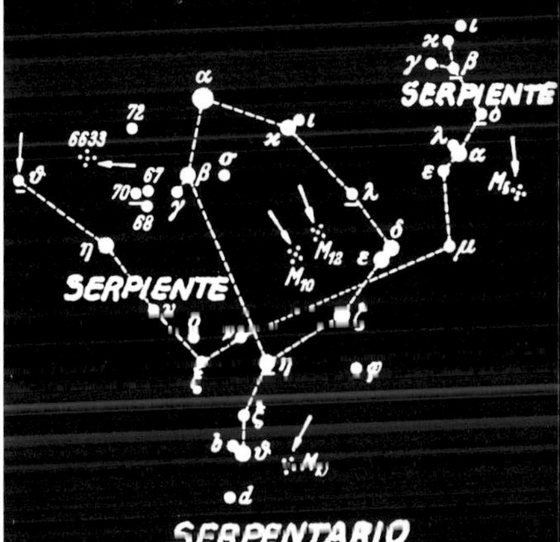

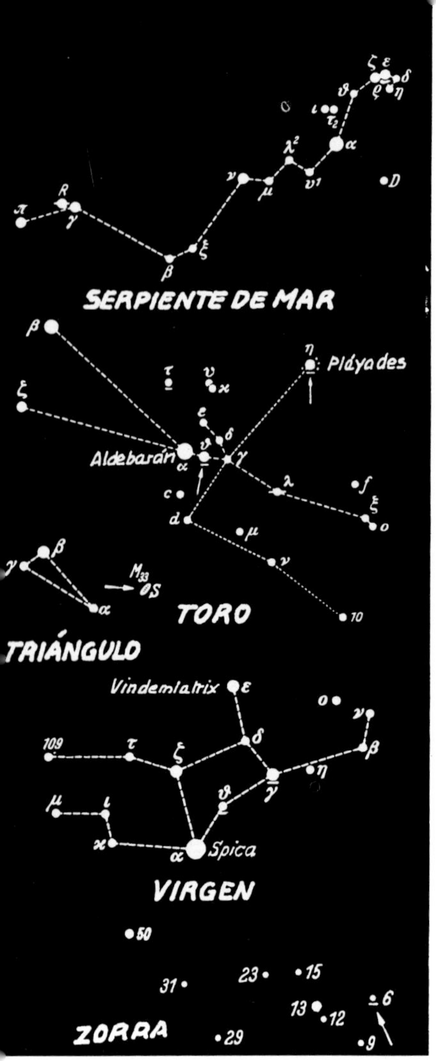

Serpiente de Mar. La cabeza de esta constelación extensa se encuentra debajo de la del Cangrejo. Luego llega hasta por debajo de la Copa de Baco, el Cuervo y la Virgen. Cabe mencionar la estrella brillante α (*Alphard*) en el primer tercio situado bajo la cabeza. R es una variable del tipo Mira con un período de 442 días.

Toro. La estrella roja y brillante *Aldebarán* es conocida casi por todo el mundo y constituye el ojo del Toro. Es además la estrella principal del grupo en forma de V integrado por α, ϑ, γ, δ y ϵ, que se llaman las *Híadas* (estrellas de la lluvia). ϑ es una doble con componentes muy separadas y perceptible a simple vista. τ es un objeto para los prismáticos. Las Híadas son un grupo de unas 50 estrellas que recorren el firmamento con velocidad uniforme. También es muy conocido el grupo de las *Pléyades*; una vista aguda puede percibir de 6 a 8 de estas estrellas. La estrella más brillante η (*Alción*) es una doble con componentes ampliamente separadas. Con prismáticos el número de estrellas de las Pléyades aumenta de 20 a 30 y en la placa fotográfica obtenida con telescopio se incrementa hasta 100. La estrella λ es una variable de ocultación con un período de casi 4 días. Muy cerca de ζ en el Toro se encuentra la pálida *nebulosa del Cangrejo* (M 1), una de las fuentes más intensas de radioondas (véase la lámina en color de la pág. 133).

Triángulo. Constelación inconspicua situada entre el Carnero y Andrómeda, pero conocida desde muy antiguo. Es famosa la nebulosa espiral M 33 situada en las proximidades de la estrella α; este astro puede percibirse en condiciones favorables con un instrumento pequeño y constituye una de las nebulosas espirales más cercanas.

Virgen. Esta constelación ya era conocida por los babilonios. La estrella más brillante, de magnitud 1, α, *Spica* (espiga), casi se encuentra en la eclíptica. Algo por encima de la eclíptica se tiene a la conocida doble, γ, cuyas componentes igualmente brillantes, de magnitud 3,6, son perceptibles con instrumentos de 2 pulgadas (período de revolución 172 años).

Zorra. Esta constelación se encuentra entre el Cisne y el Águila, estando integrada por muchas estrellas pálidas y situada en el centro de la Vía Láctea. La estrella 6 es una doble óptica de componentes muy separadas (400'') cuyas magnitudes son 4,4 y 5,7. Es preciso citar la *nebulosa del Dumbbell* (M 27, NGC 6853), nebulosa planetaria de mag 7,0 con un diámetro de 4', situada a una distancia de 975 años-luz. Con las estrellas 12 y 13 forma un triángulo casi equilátero en la dirección de la estrella 29.

El cometa 1942 g (Whipple-Fedtke) en el día 27 de enero de 1943. (Fotografía tomada desde el observatorio del Vaticano).

¿Qué se entiende por Zodíaco?

El término *Zodíaco* se aplica a una zona estrecha, situada a ambos lados de la eclíptica, dentro de la cual se mueven el Sol, la Luna y los planetas. Desde tiempos antiguos el Zodíaco se ha dividido en 12 signos del mismo tamaño. Empieza donde la eclíptica se interseca con el ecuador celeste. El círculo celeste es de 360° y por tanto cada signo del Zodíaco abarca 30°. El nombre de estos signos deriva de 12 constelaciones por las que se desplazaba el Sol en el curso de un año. En la actualidad los signos *no* coinciden con las constelaciones, por cuanto el plano del ecuador ha cambiado de posición. El *punto vernal*, el punto de intersección del ecuador celeste con la eclíptica, se desplaza lentamente hacia atrás, de suerte que actualmente no se encuentra en el primer signo, el Carnero, sino en los Peces. Por tanto, *no* deben confundirse las constelaciones con los signos del Zodíaco.

Los signos del Zodíaco son:

Aries (♈), Tauro (♉), Gemini (♊), Cancer (♋), Leo (♌), Virgo (♍), Libra (♎), Scorpius (♏), Sagittarius (♐), Capricornius (♑), Aquarius (♒) y Pisces (♓). Los símbolos de los signos del Zodíaco están situados entre paréntesis. Se encuentran impresos en los calendarios.

Del este al oeste

El movimiento diario en el cielo

Todo el mundo sabe que el Sol sale por el este, de modo que hacia el mediodía alcanza su posición más alta en el sur, y se pone en el oeste. Al decir «este» y «oeste» no se indica exactamente los puntos cardinales este y oeste del horizonte, sino que se trata de orientaciones aproximadas.
También las estrellas salen en el este, alcanzan exactamente en el sur su máxima posición y se ponen en el oeste. Es un ciclo constante que va del este por encima del sur hacia el oeste. En una noche de invierno larga y clara, al dirigir nuestra mirada hacia el sur, podemos seguir muy bien este ciclo. Hay estrellas que salen exactamente por el este, otras por el nordeste y otras por el sudeste. Lo mismo es válido para el ocaso en el oeste. De la situación del punto de salida depende la posición en cuanto a latitud alcanzada en el sur. Cuanto más hacia el nordeste salga una estrella, más alta será su posición al alcanzar su punto culminante. Cuanto más al sur salga una estrella, más baja permanecerá durante su curso diario (en este punto, háganse comparaciones con el dibujo de abajo). Las relaciones descritas aquí sólo son válidas para latitudes medias del hemisferio norte.
Las constelaciones no se observan en la misma posición a lo largo de todo el año. En primavera, verano, otoño e invierno se ven distintas constelaciones al contemplar el mismo punto a la misma hora. Esto puede comprobarse observando atentamente el firmamento en diversas noches. Entonces se descubre que ciertas estrellas cada día salen cuatro minutos más temprano. Este tiempo es tan escaso que apenas resulta perceptible de un anochecer a otro. Al cabo de una semana esta anticipación supone aproximadamente media hora. El tiempo transcurrido entre dos salidas de una estrella se llama día estelar. El día estelar es aproximadamente 4 minutos más corto que el día solar y esta diferencia hace que cambie notablemente la posición de las constelaciones en el curso de los meses. Cuando se comparan las cartas pertinentes, por ejemplo la carta de enero con la de febrero y marzo, se ve claramente que ha cambiado la posición de las constelaciones al observarlas siempre a la misma hora. Las constelaciones siempre se desplazan hacia el oeste. Pero al cabo de un año alcanzan la

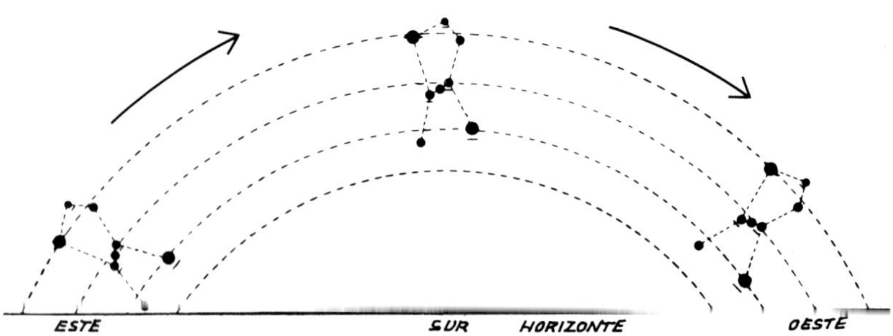

Todas las estrellas alcanzan en el sur su posición más alta. La latitud sobre el horizonte depende de su punto de partida, como se observa en el dibujo. El movimiento tiene lugar desde el este por encima del sur hasta el oeste.

posición original, por cuanto la diferencia diaria de aproximadamente 4 minutos da lugar al cabo de un año a 24 horas. Por consiguiente un año está formado por 365 «días solares», pero por 366 «días estelares».

Constelaciones que pueden observarse a lo largo de todo el año

Hay toda una serie de constelaciones que se observan en el cielo durante toda la noche en cualquier época del año, ya sea en primavera, verano, otoño o invierno. El principiante debe familiarizarse con estas constelaciones, que se denominan *circumpolares*. Estas constelaciones deben constituir el punto de partida para buscar nuevas constelaciones desconocidas para el principiante. Que una configuración sea circumpolar

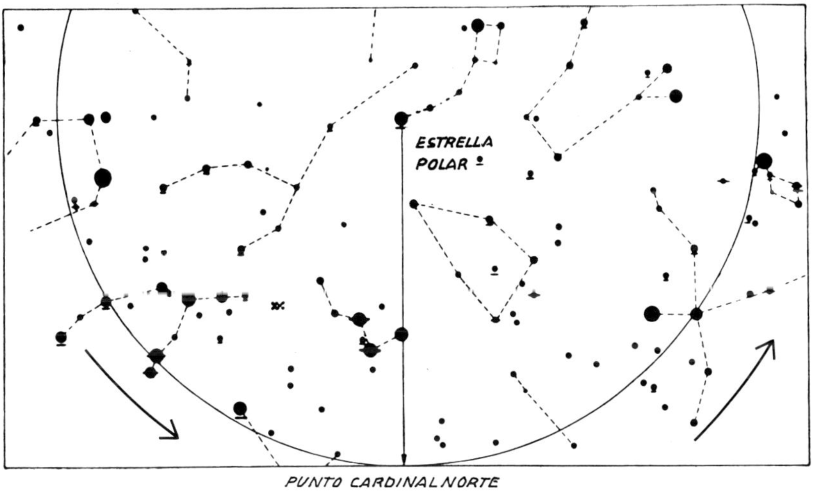

Todas las estrellas fijas que no están más separadas que la estrella Polar del punto norte se observan en el cielo a lo largo de todo el año. (Este dibujo es válido para 50° de latitud como punto de observación y muestra las posiciones aproximadas para el 1 de mayo a las 22 horas MEZ.)

depende sólo de la latitud geográfica del punto de observación. Por ejemplo, desde el Cabo Norte, son circumpolares muchas más constelaciones que desde el sur de Italia. A partir del Gran Carro, muy conocido, se busca la estrella Polar. Si a partir de esta estrella se traza una vertical hacia abajo, en el punto de intersección con el horizonte se obtiene el norte. *Todas las estrellas, cuya distancia respecto a la estrella Polar no es superior a su separación respecto al norte, contenidas en un círculo imaginario cuyo radio es la distancia entre la estrella Polar y el norte pueden observarse durante la noche en cualquier época del año, y son circumpolares.* Pero cambian de posición, como se comprueba en el caso del Gran Carro, con la época del año y la hora de contemplación.

La ilustración superior muestra una parte de las estrellas circumpolares para una latitud de 50°.

Se deduce de esta ilustración que Vega, la estrella fija más brillante del firmamento

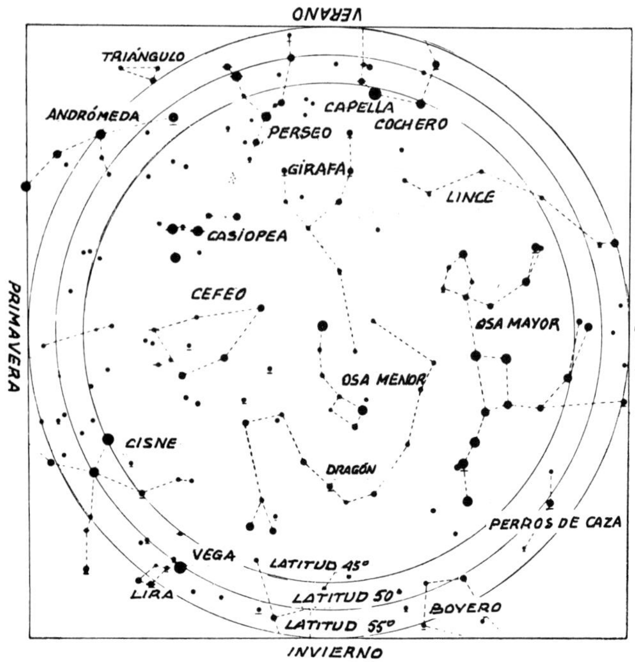

Las estrellas situadas dentro de los tres círculos pertenecen a las constelaciones circumpolares para las latitudes de 45°, 50° o 55° respectivamente. Debe cogerse el libro de manera que la leyenda que indica la época del año esté situada debajo. Entonces la carta estelar muestra la posición aproximada de las constelaciones circumpolares en la época del año correspondiente a las 22 horas cuando se dirige la mirada hacia el norte.

septentrional, a latitudes inferiores a 50° desaparece del cielo, mientras que a latitudes superiores a 51° pertenece a las estrellas circumpolares.

Todas las estrellas parecen girar alrededor de la estrella Polar. Pero esto también es una ilusión como el movimiento aparente del Sol alrededor de la Tierra. Las estrellas no giran alrededor de la estrella Polar, lo que sucede es que la Tierra gira alrededor de su eje. Como la prolongación del eje terrestre indica la estrella Polar, se produce la ilusión de que las estrellas giran alrededor de la estrella Polar fija.

La carta estelar de esta página muestra las constelaciones más importantes que son circumpolares para distintas latitudes (45°, 50° y 55°). La carta presenta en sus márgenes leyendas que indican la época del año. Si se coloca la carta de manera que la época del año correspondiente esté situada hacia abajo, entonces indica la posición aproximada de las constelaciones circumpolares a las 10 horas de la noche (22 horas MEZ: Mitteleuropäischer Zeit: Hora en Europa Central) al observar el firmamento hacia el norte.

¿Qué contienen las cartas estelares y cómo se leen?

La representación de la esfera sobre un plano no es posible sin ciertas distorsiones. Mediante la distribución en cinco secciones y mediante la elección de una proyección adecuada puede lograrse que las distorsiones sean mínimas. Las cartas orientadas hacia los cuatro puntos cardinales llegan hasta 70° de latitud y presentan en su margen una

escala de latitud comprendida entre 5° y 5° y asimismo una escala de longitud comprendida entre 5° y 5°. Dos cartas contiguas presentan cierto solapamiento en los márgenes, de manera que las estrellas del margen derecho de una carta se encuentran en el margen izquierdo de la carta contigua.
En particular es preciso tener en cuenta lo siguiente para comprender las cartas:
Las estrellas están indicadas con círculos de distinto diámetro según su brillo:

Brillo superior a la mag 0,5	3,0 mm de diám.
Brillo entre las mags 0,5 y 1,5	2,5 mm de diám.
Brillo entre las mags 1,5 y 2,5	2,0 mm de diám.
Brillo entre las mags 2,5 y 3,5	1,5 mm de diám.
Brillo entre las mags 3,5 y 4,5	1,0 mm de diám.
Brillo menor a la mag 4,5	0,5 mm de diám.

Para que esto sea más fácil de apreciar, los círculos aparecen con la magnitud exacta.

En las cartas aparecen estrellas cuya visión o contemplación tienen un interés particular. En este punto, hay que decir lo siguiente:

Estrellas variables. Del gran número de variables sólo se indican las que pueden percibirse a simple vista y cuyo brillo máximo es superior a la mag 4,5. Estas estrellas, unas 20, se indican mediante — • — (véase la tabla de la pág. 163).

Estrellas dobles. Todas las estrellas indicadas mediante el símbolo • son estrellas dobles. Si además presentan una flecha, entonces esto significa que pueden observarse a simple vista o con prismáticos. Entre el gran número de estrellas dobles se han escogido unos 110 objetos. Todas las estrellas dobles sin flecha exigen (con ciertas excepciones) como mínimo un instrumento de 2 pulgadas para ser resueltas (véase la tabla de las págs. 164-166).

Cúmulos estelares. Están incluidos siempre y cuando puedan percibirse a simple vista o con prismáticos, y están indicados mediante flecha. Se trata de unos 14 cúmulos globulares y 19 cúmulos abiertos (véase la tabla de las págs. 167-168).

Nebulosas espirales. Se han incluido 5 nebulosas espirales perceptibles a simple vista o con prismáticos e indicadas mediante flecha (véase la tabla de las págs. 167-168).

Nebulosas de gas (nebulosas difusas). Se han incluido 2 nebulosas de gas, perceptibles con telescopio e indicadas mediante flecha (véase la tabla de las págs. 167-168).
Es necesario tener en cuenta que: *Todos los objetos indicados mediante una flecha son perceptibles a simple vista o con prismáticos.*
Además, las flechas sirven para indicar a qué constelación pertenece un objeto.
En total aparecen en las cartas: 656 estrellas distintas, entre ellas unas 110 dobles y 20 variables. Además 14 cúmulos globulares, 19 cúmulos abiertos, 5 nebulosas espirales y 2 nebulosas de gas.
Además se indica con una línea de puntos y rayas el contorno aproximado de la *Vía Láctea* y mediante una línea punteada la *eclíptica*, que es muy valiosa para la identificación de los planetas, por cuanto éstos se encuentran cerca de ella.

¿En qué carta se encuentra una constelación?

Cuando sólo aparece una parte pequeña de la constelación en una carta, en esta tabla no se menciona sin que esto sea válido para el Unicornio, la Flecha y el Escudo.

Constelación	Norte	Este	Sur	Oeste	Zenit
Acuario			9, 10, 11	12	
Águila		6, 7	8, 9	10, 11	
Andrómeda	7	8, 9, 10		1, 2, 3	11, 12
Balanza			5-7	8	
Ballena		10	11, 12		
Boyero		3, 4, 5		7, 8, 9, 10	6, 7
Caballito		7, 8	9, 10	11, 12	
Cabellera Berenice		2-4	5, 6	7, 8, 9	
Can Mayor		12	1-3	4	
Can Menor		1, 12	2, 3	4, 5	
Cangrejo		1, 2, 12	3, 6	5, 6	
Capricornio			8-10	11	
Carnero		9-11	12	1-3	
Casiopea	2-8	9			11, 12
Cefeo	1-8, 11, 12				10
Cisne		6, 7, 8		11, 12	8, 9, 10
Cochero	6, 9	10-12		3, 4, 5	1, 2
Copa de Baco ..			3, 4, 5, 6		
Corona Boreal ..		3-5		8-10	7
Cuervo			4-6	7	
Delfín		6, 7, 8	9, 10	11, 12	
Dragón	1-4, 10, 11, 12				
Eridano		11	1, 2, 12		
Escorpión			6, 7, 8		
Gemelos		1, 11, 12	2	4, 5	
Hércules		4, 5, 6		9, 10, 11	7, 8
Jirafa	3-10, 11, 12				
Lagarto	2, 3, 5, 6	7, 8		1, 12	9, 10, 11
León		1, 2, 3	4, 5	6, 7	
León Menor		1-3		5, 6, 7	4
Liebre		12	1-3		
Lince	4, 8, 10, 11	1, 12		4, 5, 6	2, 3
Lira	1, 4	5, 6, 7		10-12	8, 9
Nave de Argo ...			3		
Orión		11, 12	1, 2	3, 4	
Osa Mayor	1-8, 9-12	2, 3		7	4, 5, 6
Osa Menor	1-12				
Paloma			1, 2		
Peces		9, 10	11, 12	1	
Pegaso		7, 8, 9	10, 11	1, 12	
Perros de Caza .	1, 10	2-4		7, 8, 9	5, 6
Perseo	5, 6, 7, 8	9, 10, 11		2, 3, 4	1, 12
Pez del Sur			9, 10, 11		
Sagitario			7, 8, 9		
Serpentario		5	7, 8	9	
Serpiente		5	6, 7, 8	9	
Serpiente de Mar		2	3, 4, 5	6	
Toro		10, 11, 12	1, 2	3, 4	
Triángulo		8-11		1-4	12
Virgen		3, 4	5, 6, 7	8	
Zorra		5, 6, 7	8, 9	10-12	

¿Qué carta estelar es necesaria?

Las cartas estelares siguientes presentan el aspecto del cielo estrellado para 50° de latitud en cada uno de los meses del año a las 10 horas de la noche (= 22 horas MEZ), subdividido con base en los 4 puntos cardinales y provisto de una calota zenital. Por ejemplo, si se quieren contemplar las constelaciones del firmamento occidental en abril a las 10 horas de la noche, debe consultarse la carta «4 Oeste» (ya que abril es el 4° mes). La zona negra con los números blancos situada en el margen de las cartas hace posible que el lector encuentre la carta. Todas las horas aparecen expresadas en MEZ (Mitteleuropäischer Zeit: Hora en Europa Central). En época estival se cumple: Hora estival menos 1 hora = MEZ.
Quien desee observar el firmamento a una hora distinta de las 10 puede deducir de la tabla siguiente la carta que debe considerar. El número que aparece en las casillas, determinadas por las coordenadas de fecha y de hora redondeada de la tabla, indica la carta correcta. Según la orientación del firmamento que contemple el observador, deben consultarse las cartas del norte, del este, del sur o del oeste y también la carta zenital correspondiente al número.
Si en la casilla no aparece ningún número, las estrellas todavía no se perciben o ya no pueden ser percibidas, porque el firmamento todavía es demasiado claro o vuelve a ser demasiado claro. Entonces se debe consultar la carta precedente o siguiente y colocar un poco oblicuas las cartas del libro para que coincidan aproximadamente con el aspecto del cielo.

El número que aparece en las casillas según la fecha y la hora indica la carta.

HORA MEZ	18^h	19^h	20^h	21^h	22^h	23^h	24^h	1^h	2^h	3^h	4^h	5^h	6^h	7^h
Fecha														
1. Enero			12		1		2		3		4		5	
15. "		12		1		2		3		4		5		6
1. Febrero			1		2		3		4		5		6	
15. "		1		2		3		4		5		6		
1. Marzo			2		3		4		5		6		7	
15. "		2		3		4		5		6		7		
1. Abril			3		4		5		6		7			
15. "				4		5		6		7				
1. Mayo					5		6		7		8			
15. "				5		6		7		8				
1. Junio					6		7		8					
15. "						7		8		9				
1. Julio					7		8		9					
15. "						8		9		10				
1. Agosto					8		9		10		11			
15. "				8		9		10		11				
1. Septiembre			8		9		10		11		12			
15. "		8		9		10		11		12				
1. Octubre			9		10		11		12		1		2	
15. "		9		10		11		12		1		2		
1. Noviembre	9		10		11		12		1		2		3	
15. "		10		11		12		1		2		3		
1. Diciembre	10		11		12		1		2		3		4	
15. "		11		12		1		2		3		4		

Las cartas están ordenadas de modo que es fácil pasar de un mes al precedente o al siguiente. Cuando se desee conocer el aspecto del cielo *antes* o *después* de un mes determinado, sólo es necesario consultar las cartas anteriores o posteriores respectivamente.

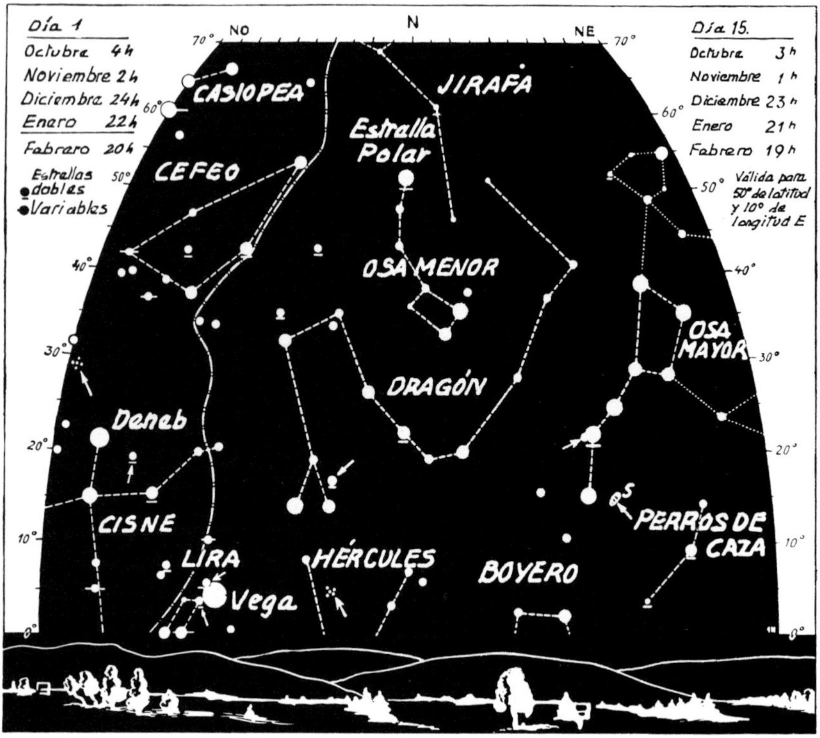

Lo que muestra la carta estelar

Es fácil orientarse cuando el punto de partida es la constelación de la *Osa Mayor*. Ésta se encuentra en nuestra carta en el NE a una latitud media. Si se prolonga la línea que une las estrellas superiores del *Gran Carro*, hacia la izquierda en cinco veces su longitud, se encuentra la *estrella Polar*, a su alrededor parece girar la bóveda celeste por lo que siempre se observa casi en la misma posición. Casi perpendicularmente debajo de la estrella Polar se extiende la *Osa Menor*. Entre ambas serpentea el *Dragón*, cuya cabeza se encuentra en N-NO en *Hércules*. A la izquierda de la estrella Polar, hacia el NO, se encuentra *Cefeo*, y sobre ésta, a mayor latitud, son visibles estrellas de *Casiopea*. A unos 20° de latitud, en el NO, brilla *Deneb*, la más brillante del *Cisne*. A la derecha y por debajo del *Cisne* es perceptible *Vega*, la estrella más brillante de todo el firmamento septentrional, a sólo 5° de latitud.
La *Vía Láctea* asciende desde el NO a través del *Cisne* y *Cefeo* hasta *Casiopea*.

A una latitud superior a los 10° se encuentran los siguientes objetos notables:

Variables perceptibles a simple vista: R en la Lira (encima de Vega), δ y μ en Cefeo, en el NO y por encima de ellas γ en Casiopea.
Estrellas dobles: A simple vista: ζ (Mizar-Alcor) en la Osa Mayor. Prismáticos: ν en el Dragón, o_2 en el Cisne (sistema triple). Instrumentos de 2 pulgadas: β y ξ en Cefeo, ζ en la Osa Mayor, α en la Osa Menor (estrella Polar). Instrumentos de 3-4 pulgadas: $\varkappa$ en Cefeo, ϵ y η en el Dragón, 19 H en la Jirafa, δ en el Cisne.
Cúmulos y nebulosas: Prismáticos: Cúmulo M 39 en el Cisne (por encima de Deneb), nebulosa espiral M 51 en los Perros de Caza.

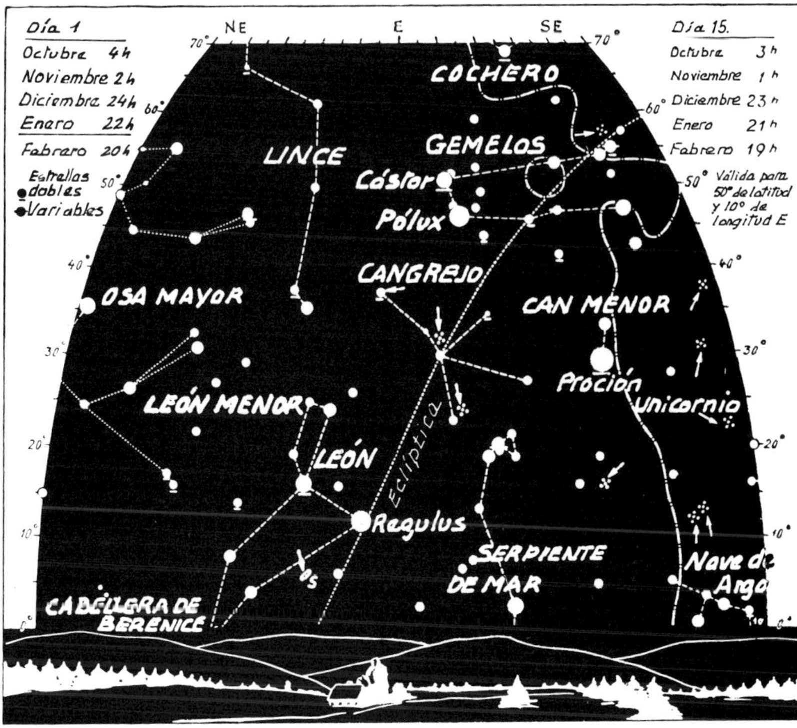

Lo que muestra la carta estelar

El firmamento oriental está totalmente dominado por tres constelaciones provistas de muchas estrellas brillantes. Se encuentran en posición baja en el E el *León*, con la estrella brillante *Regulus* en la eclíptica, en el SE, a 30° de latitud aproximadamente, el *Can Menor* con *Proción*, y en posición algo más alta, a la izquierda, por encima de *Proción*, *Cástor* y *Pólux* con los *Gemelos*. Las demás constelaciones quedan en segundo término ante las siguientes: cerca del centro de la carta el inconspicuo *Cangrejo*, por encima de los *Gemelos* algunas estrellas del *Cochero*, en el NE, a mayor latitud, parte del *Lince*, las estrellas más pálidas de la *Osa Mayor* y el *León Menor*. Debajo del *Cangrejo* se encuentra la cabeza de la *Serpiente de Mar*. La *Vía Láctea* en el SE asciende de modo empinado a través de la *Nave de Argo*, el *Unicornio* y los *Gemelos*. La *eclíptica* empieza algo por debajo de *Regulus*, y a través de las anteriores constelaciones y de la parte central del *Cangrejo* llega hasta los *Gemelos*.

A más de 10° de latitud se encuentran los siguientes objetos notables:

Variables perceptibles a simple vista: Las conocidas variables ζ y η de los Gemelos. Dobles: A simple vista: Ninguna. Prismáticos: ι en el Cangrejo. Instrumentos de 2 pulgadas: ζ en el Cangrejo (sistema triple), 54 y γ en el León, α en los Gemelos (Cástor sistema múltiple), λ en los Gemelos. Instrumentos de 3-4 pulgadas: ϵ en la Serpiente de Mar, δ y $\varkappa$ en los Gemelos, 38 en el Lince, ι, ξ, ν en la Osa Mayor. Cúmulos y nebulosas: A simple vista: Praesepe en el Cangrejo. Prismáticos: M 35, cerca de η de los Gemelos, M 67 en el Cangrejo (debajo de Praesepe), 4 cúmulos abiertos en el Unicornio, 2 cúmulos abiertos difusos en la Nave de Argo.

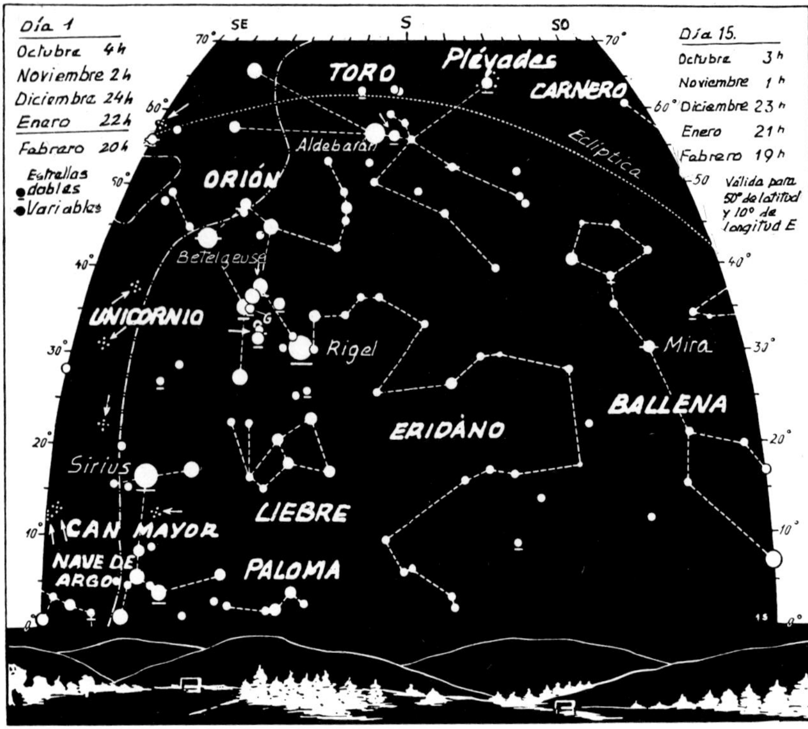

Lo que muestra la carta estelar

El lado izquierdo del firmamento meridional está totalmente dominado por las 7 estrellas brillantes de *Orión*, situadas a una latitud media. Por encima se encuentra la estrella rojiza *Aldebarán*, en el *Toro*, casi exactamente en el sur. Bajo el pie de *Orión* se encuentra la *Liebre* en una posición casi más alta, y debajo de ésta, cerca del horizonte, tenemos a la *Paloma*. En el SE se encuentra *Sirius* a 15° de latitud y por encima tenemos una parte del *Unicornio* en el campo de la carta.
En la mitad derecha sólo hay estrellas más pálidas, sobre todo de la constelación extensa *Eridano*, que empieza en *Rigel* y se extiende casi hasta el punto cardinal sur. En el SO se encuentran casi toda la *Ballena* y también parte de los *Peces* y del *Carnero*. La *Vía Láctea* asciende en el SE por el *Can Menor*, el *Unicornio* y *Orión*; la *eclíptica* forma un arco alto desde los *Gemelos* por encima de *Aldebarán* hasta los *Peces*.

A más de 10° de latitud se encuentran los siguientes objetos notables:

Variables perceptibles a simple vista: α en Orión (Betelgeuse), variable de ocultación λ en el Toro; en el margen izquierdo la estrella η de los Gemelos, Mira en la Ballena.
Dobles. A simple vista: ϑ en el Toro (fácil de percibir). Prismáticos: ϑ_1, ϑ_2 y δ en Orión. Instrumentos de 2 pulgadas: β en el Unicornio (triple), β, ι, λ, σ, ϑ_1 en Orión. Instrumentos de 3-4 pulgadas: α en los Peces, $\varkappa$ en la Liebre, ζ en Orión, γ en la Ballena.
Cúmulos y nebulosas: A simple vista: Las Pléyades y la nebulosa de gas M 42 en Orión, el cúmulo abierto M 41 en el Can Mayor (debajo de Sirius). Prismáticos: 3 cúmulos abiertos difusos en el Unicornio, 2 cúmulos abiertos difusos en la Nave de Argo.

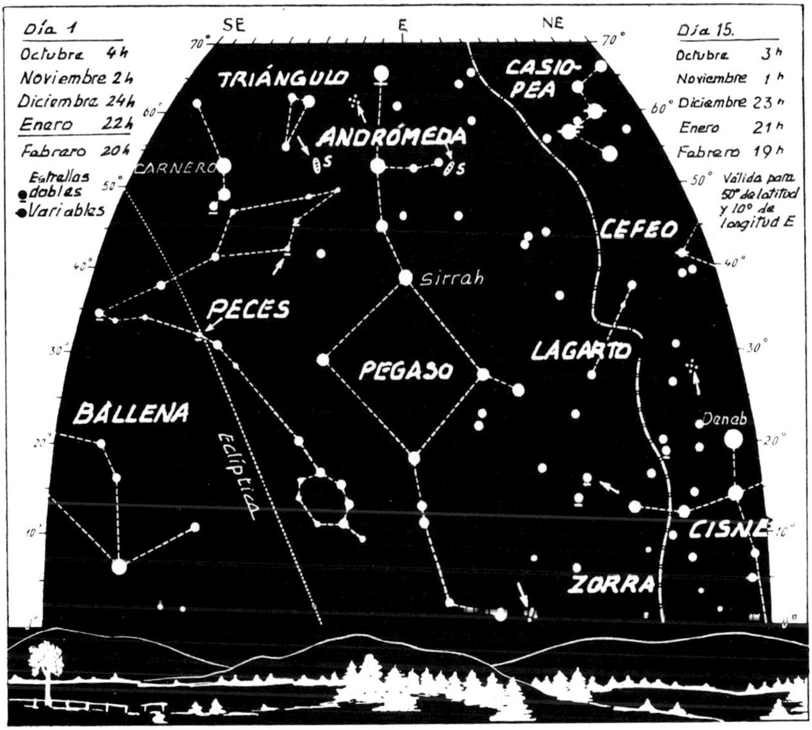

Lo que muestra la carta estelar

El firmamento occidental está totalmente dominado por el Cuadrado de *Pegaso*, situado a una latitud media, y por *Andrómeda*, situada debajo del cuadrado. En posición alta en el NO se observa la W conspicua de *Casiopea*, y debajo de ella aparecen algunas estrellas de *Cefeo* y del *Lagarto*. Por encima del horizonte NO brilla una parte del *Cisne*, y *Deneb* se encuentra a una latitud de 20°. A partir del punto cardinal oeste se encuentran al otro lado de *Pegaso* los *Peces*, que se extienden desde cerca del horizonte hasta una latitud de casi 50°. Sobre los *Peces* se encuentran las configuraciones gráciles del *Carnero* y del *Triángulo*. En posición baja en el SO la *Ballena* se dirige hacia su ocaso.
La *Vía Láctea* asciende de modo empinado desde el margen NO de la carta a través del *Cisne, Cefeo* y *Casiopea*, en tanto que la eclíptica asciende a través de los *Peces*.

A más de 10° de latitud se encuentran los siguientes objetos notables:

Variables perceptibles a simple vista: α y γ en Casiopea, además la conocida variable δ en Cefeo, que da nombre a una clase entera.
Dobles: A simple vista: Ninguna. Prismáticos: ζ y ψ_1 en los Peces, μ en el Cisne. Instrumentos de 2 pulgadas: γ en Andrómeda, η en Casiopea, γ en el Carnero. Instrumentos de 3-4 pulgadas: α y φ en los Peces.
Cúmulos y nebulosas: A simple vista: En condiciones favorables se observa la conocida nebulosa espiral M 31 de Andrómeda. Es una de las nebulosas del sistema de la Vía Láctea. Prismáticos: los cúmulos 752 en Andrómeda (cerca de la estrella γ) y M 39 en el Cisne, encima de Deneb; además en condiciones favorables la nebulosa espiral M 33 en el Triángulo.

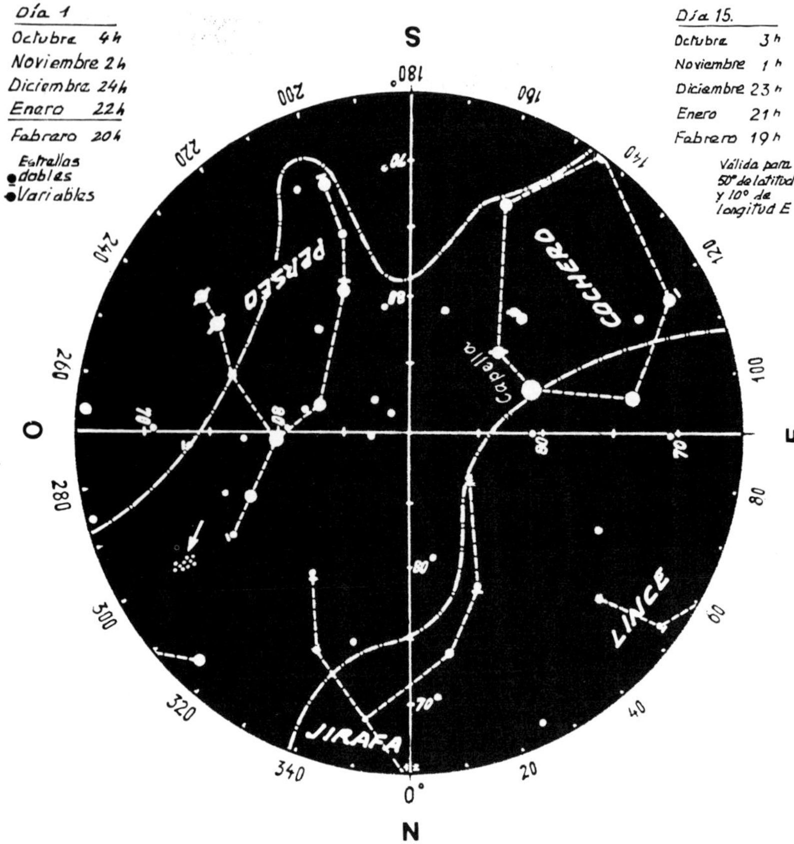

Lo que muestra la carta estelar

Las calotas zenitales que vienen a continuación de las cartas principales contienen todas las estrellas situadas a más de 70° de latitud, por lo que en ellas figuran las estrellas contiguas situadas hasta 65°, a fin de poder encontrar las conexiones con las cartas principales.

En el norte se extiende la mayor parte de la *Jirafa* hasta casi el zenit. En el NE se encuentra una parte pequeña del *Lince*; el SE está totalmente ocupado por el *Cochero*, con la estrella brillante *Capella* a 80° de latitud. A partir del sur casi todas las estrellas de *Perseo* rellenan el cuadrante hasta el firmamento occidental.

La *Vía Láctea* se extiende a través del *Cochero, Perseo* y la *Jirafa*, y llega al zenit.

Variables perceptibles a simple vista: A 80° de latitud las variables de ocultación ϵ y ζ del Cochero. Cabe añadir Algol y ϱ en Perseo.

Dobles: A simple vista: Ninguna. *Prismáticos:* Ninguna. *Instrumentos de 2 pulgadas:* ϵ, ζ y η en Perseo. *Instrumentos 3-4 pulgadas:* ϑ en Perseo.

Cúmulos y nebulosas: Cúmulos de estrellas dobles h y χ en Perseo.

Horas de salida y puesta del Sol (MEZ) para +50° de latitud y 10° de longitud E

	1 enero	11 enero	21 enero
Salida	8.19	8.16	8.08
Puesta	16.28	16.40	16.55

La Luna, compañera de la Tierra

A una distancia de aproximadamente 384 400 km de la Tierra describe su órbita la Luna. Como todas las estrellas errantes, recibe la luz del Sol sin tener luz propia, y refleja una parte de la luz recibida ($^1/_{14}$). La luz viaja a una velocidad de 300 000 km por segundo. Necesita sólo 1 $^1/_3$ segundos para ir de la Luna a la Tierra. La Luna describe órbitas alrededor de la Tierra y para cada órbita necesita unos 27 días. En un año la Luna describe 13 órbitas alrededor de la Tierra. El diámetro de la Luna es de 3476 km, lo que supone $^1/_4$ del diámetro de la Tierra (12 756 km).
Según la posición del Sol, la Luna y la Tierra, se ve más o menos la Luna cuando brilla el Sol. Esto hace que la Luna presente cuatro fases: luna nueva, cuarto creciente, luna llena, cuarto menguante. La Luna es un cuerpo muerto y yermo, sin agua ni aire. Por faltarle atmósfera, no tiene ni crepúsculos ni temperaturas moderadas. En las regiones donde inciden los rayos del Sol, la temperatura es muy alta y en las zonas oscuras muy fría, helada. Un observador situado sobre la Luna podría ver, cerca del Sol y de día, las estrellas, puesto que no hay atmósfera que disperse la luz solar.
Al describir órbitas alrededor de la Tierra, la Luna a veces se sitúa entre el Sol y la Tierra. Entonces observada desde la Tierra parece recubrir el Sol: se trata de un *eclipse solar.* Los eclipses solares sólo pueden producirse en luna nueva; pero cada luna nueva no produce un eclipse solar. A veces la Tierra se sitúa entre el Sol y la Luna. Entonces la Luna no puede recibir más luz solar y se produce un *eclipse lunar.* Los eclipses lunares sólo tienen lugar en luna llena. Los eclipses lunares y solares suelen producirse relativamente pocas veces, por cuanto las trayectorias de la Luna y de la Tierra están situadas en planos distintos. Estos dos tipos de eclipses se producen uno a continuación de otro de modo irregular. Desde tiempos antiguos se conoce el llamado *ciclo de Saros* de 18 años y 11 días, que prevé la repetición de un eclipse, pero prescindiendo de los siglos.
Los eclipses lunares pueden observarse siempre que la Luna está sobre el horizonte. Los aficionados a la observación de las estrellas encuentran datos acerca de los eclipses en los anuarios correspondientes.

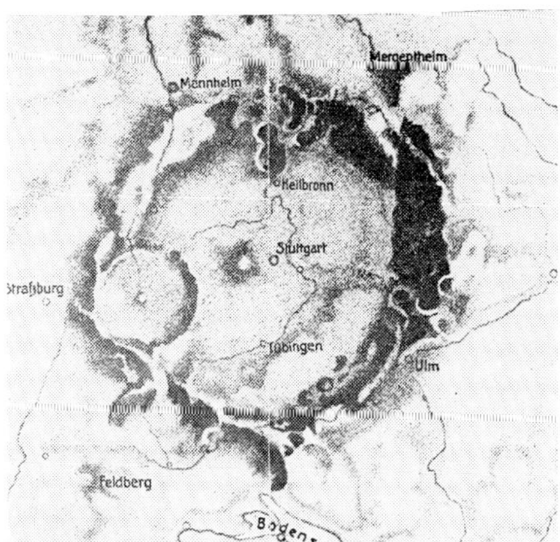

Esta ilustración muestra la magnitud de los cráteres lunares mediante la traslación del cráter Albategnius hasta el sur de Alemania.

Cómo se producen los eclipses.

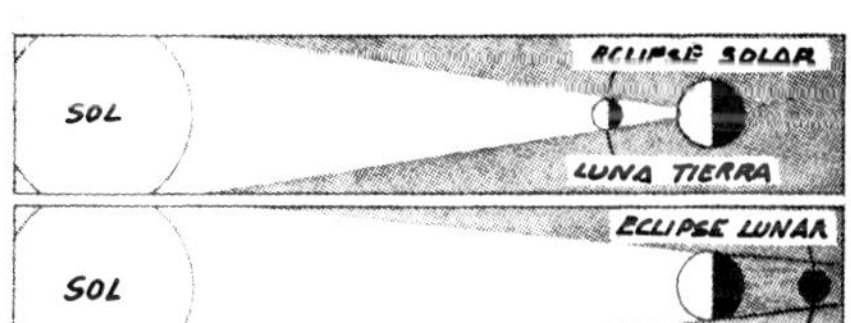

Conquista y exploración de la Luna

La Luna vista desde la Tierra

A lo largo de los siglos los hombres tuvieron que contentarse con la mera contemplación de la Luna. Pero desde el descubrimiento del telescopio intentaron descifrar el enigma de la Luna. Descubrieron regiones oscuras en este satélite, a las que llamaron mares. Pero no se trata de mares, ya que en la Luna no hay ni agua ni aire. Descubrieron también muchos cráteres y montes, cuya altura era fácil de calcular a partir de la longitud de las sombras producidas. También encontraron fisuras y radios.

Esta fotografía de la luna llena no muestra las peculiaridades de las formaciones superficiales, sino tan sólo una vista global de las llanuras oscuras y de las regiones montañosas brillantes. Destacan sobre todo los cráteres gigantes Copernicus, Kepler y Tycho, con sus sistemas de radios blancos, que se extienden por gran parte de la superficie lunar.

La posibilidad de llegar a la Luna con un avión o con un dirigible es nula por cuanto es necesaria una atmósfera para este viaje. El símil del avión a reacción que puede viajar a 1000 km/h nos permite imaginar la distancia de la Luna. Si se pudiese viajar a la Luna a una velocidad constante de 1000 km/h, serían necesarios 16 días para recorrer los 380 000 km que separan la Luna de la Tierra.

La Luna nos muestra siempre la misma cara. Esto no es ninguna casualidad, sino el resultado de un proceso muy largo e indica que el período de revolución alrededor de la Tierra coincide con el período de rotación alrededor del eje de la Luna. Pero como el plano de la órbita de la Luna está un poco inclinado con respecto al plano de la órbita de la Tierra y el movimiento de la Luna es algo irregular, desde la Tierra se puede ver algo más de la superficie lunar. Sólo $^4/_{10}$ de la superficie lunar son invisibles desde la Tierra.

Hay muchos datos interesantes sobre el único satélite de la Tierra, la Luna, que figuran en la Tabla de la pág. 169.

Con mediciones realizadas desde la Tierra puede determinarse indirectamente la temperatura de la superficie lunar. La temperatura más alta del día era +120° C y la más baja de noche —150° C. Además el día lunar dura aproximadamente 14 días terrestres y la noche lunar lo mismo. Estas grandes diferencias de temperatura son debidas principalmente a que la Luna no posee atmósfera; una consecuencia de ello es que vistos desde la Luna, el Sol y las estrellas son objetos brillantes sobre un fondo negro azabache. Todos estos factores hacen que sea imposible la vida en la Luna. Cuando los telescopios ya no pudieron revelar nada nuevo, la Luna se convirtió en un vecino poco interesante de la Tierra.

Paisaje lunar: Ptolomeus - Alphonsus - Arzachel - Rupes Longa - Polo Sur.
Fotografía de 300 mm tomada por Schiefspiegler, Anton Kutter/Prof. Dr. Anton Staus.
(1 de abril de 1944)

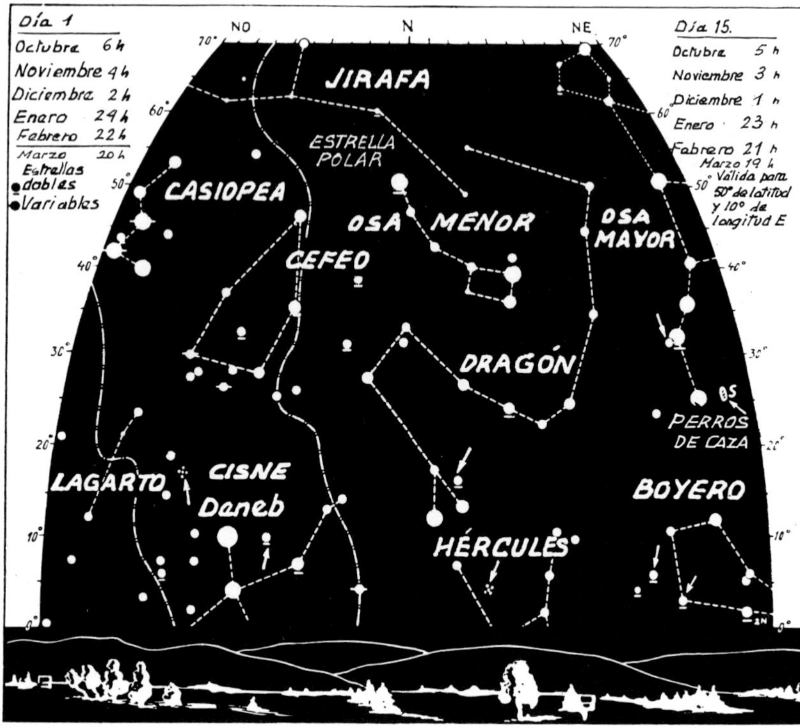

Lo que muestra la carta estelar

La *Osa Mayor* está a una latitud superior en el firmamento. Aparece en el margen NE del campo de visión. Sus dos estrellas brillantes β y α se encuentran a la misma latitud que la *estrella Polar*. Al prolongar la línea que une las dos estrellas de la *Osa Mayor* se encuentra la *estrella Polar*. La *Osa Menor* se extiende oblicuamente desde la *estrella Polar* hacia abajo, hacia el NE. De las constelaciones circumpolares aparecen enteras en la carta: el *Dragón* cuya cabeza casi se encuentra en el punto más bajo, *Cefeo* y *Casiopea*. Por encima de la *estrella Polar*, hacia el zenit, aparece gran parte de la *Jirafa*. A menor latitud se encuentra el *Lagarto* en el NO. Anticipándose a él se encuentra la mayor parte del *Cisne* debajo del horizonte, pero todavía puede observarse *Deneb*. Las estrellas superiores de *Hércules* están en posición alta y en la parte muy baja del NE se encuentran algunas estrellas del *Boyero* sobre el horizonte.
La franja de la Vía Láctea asciende de un modo empinado desde el *Cisne* hasta el N-NO.

A más de 10° de latitud se encuentran los siguientes objetos notables:

Variables perceptibles a simple vista: δ y μ en Cefeo, además de α y γ en Casiopea.
Dobles: A simple vista: ζ (Mizar-Alcor), en la Osa Mayor, sirve para demostrar buena vista. Prismáticos: ν en el Dragón, o_2 en el Cisne (o_2 triple). Instrumentos de 2 pulgadas: η en Casiopea, β y ξ en Cefeo, ζ en la Osa Mayor, α en la Osa Menor (estrella Polar).
Instrumentos de 3-4 pulgadas: $\varkappa$ en Cefeo, ϵ y η en el Dragón, 19 H en la Jirafa.
Cúmulos y nebulosas: Prismáticos: Cúmulo abierto M 39 en el Cisne, por encima de Deneb.

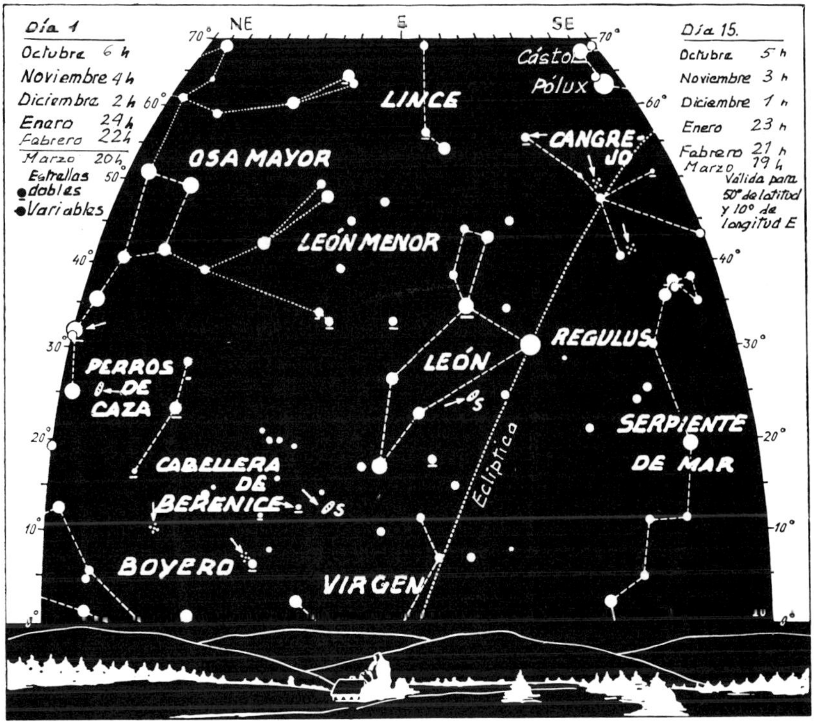

Lo que muestra la carta estelar

En el firmamento oriental presenta una posición dominante el *León*, con *Regulus*, en el centro de la carta. En el NE se extiende la *Osa Mayor* hasta lo alto. Por encima del *León*, exactamente en el este, asciende el *Lince*. En posición alta en el SE se encuentran *Cástor* y *Pólux* en el margen de la carta, debajo tenemos el *Cangrejo* y un poco más abajo la *Serpiente de Mar*, que baja hasta el horizonte SE.
En el horizonte NE es muy visible la *Cabellera de Berenice* y también lo son los *Perros de Caza*, mientras que del *Boyero* y de la *Virgen* se observa su salida.
La *Vía Láctea* no aparece y la *eclíptica* empieza casi exactamente en el punto cardinal E y se extiende a través de *Regulus* y del centro del *Cangrejo* hasta casi 60º de latitud.

A más de 10° de latitud se encuentran los siguientes objetos notables:

Variables perceptibles a simple vista: Ninguna.
Dobles: A simple vista: ζ (Mizar-Alcor), en la Osa Mayor, sirve para demostrar buena vista. Prismáticos: ι en el Cangrejo, 24 en la Cabellera de Berenice. Instrumentos de 2 pulgadas: 12 en los Perros de Caza, ζ en el Cangrejo (triple), γ y 54 en el León, ζ en la Osa Mayor, α en los Gemelos (Cástor, triple). Instrumentos de 3-4 pulgadas: ι, ξ y ν en la Osa Mayor, ϵ en la Serpiente de Mar, 38 en el Lince.
Cúmulos y nebulosas: A simple vista: Praesepe como nubecilla lechosa y mate en el Cangrejo. Prismáticos: Cúmulo globular M 3 en los Perros de Caza (a simple vista cuando la posición es favorable), cúmulo M 67 en el Cangrejo; nebulosas espirales: M 51 en los Perros de Caza, M 100 en la Cabellera de Berenice y M 90 en el León.

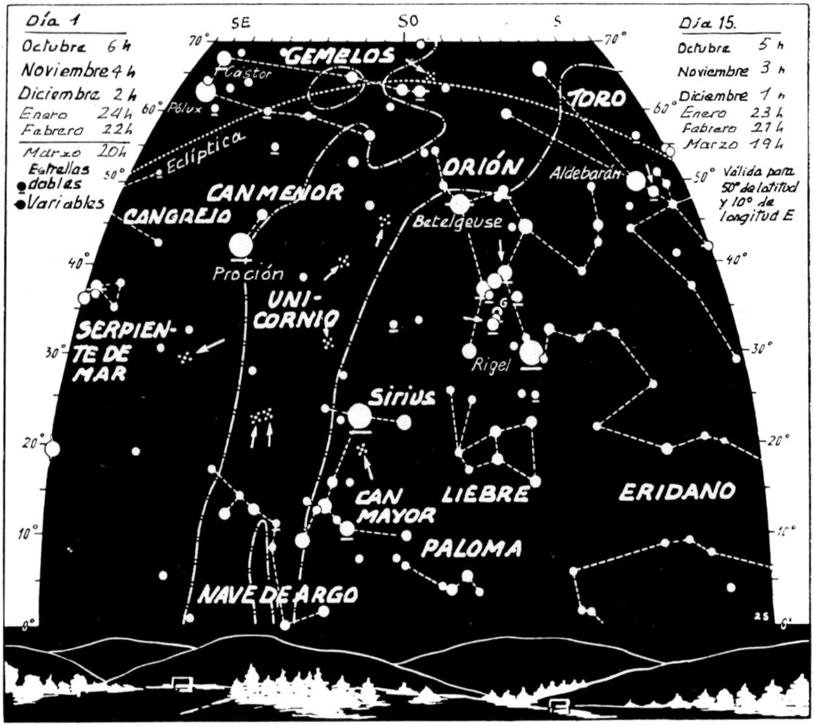

Lo que muestra la carta estelar

Las constelaciones invernales presentan su máximo esplendor. *Sirius* con el *Can Mayor* se encuentran antes de alcanzar el zenit. *Orión* con sus muchas estrellas brillantes ha superado el meridiano. A la misma latitud que *Betelgeuse* se encuentran en el SO *Aldebarán* y otra parte del *Toro*. Bajo el *Toro* serpentea *Eridano* desde *Rigel* hasta el horizonte SO. Bajo *Rigel* se observa claramente la *Liebre* y en caso de tener buena vista, en posición muy baja, la *Paloma*. En el SE domina *Proción* en el *Can Menor*. Entre el *Can Menor* y *Sirius* se encuentran las estrellas pálidas del *Unicornio*, y debajo de éstas una parte de la *Nave de Argo*, que todavía se extiende hasta por debajo del horizonte. Por encima de *Proción* casi se ven los *Gemelos* enteros.
La *Vía Láctea* asciende de modo empinado desde E-SE por encima del *Unicornio* y los *Gemelos* hasta el *Toro*.

A más de 10° de latitud se encuentran los siguientes objetos notables:

Variables perceptibles a simple vista: α en Orión (Betelgeuse), λ en el Toro, ζ y η en los Gemelos.
Dobles: A simple vista: ϑ en el Toro (fácil de percibir con buena vista). Prismáticos: ϑ_1, ϑ_2 y δ en Orión. Instrumentos de 2 pulgadas: β en el Unicornio (triple), β, ι, λ, σ, ϑ_1 en Orión, ζ en el Cangrejo, α en los Gemelos (Cástor, sistema múltiple), $\varkappa$ en la Nave de Argo. Instrumentos de 3-4 pulgadas: $\varkappa$ en la Liebre, ζ en Orión, δ y $\varkappa$ en los Gemelos, ϵ en la Serpiente de Mar.
Cúmulos y nebulosas: A simple vista: Nebulosa de gas M 42 en Orión, cúmulo abierto M 41 en el Can Mayor (debajo de Sirius). Prismáticos: 4 cúmulos abiertos dispersos en el Unicornio, 2 cúmulos abiertos informes dispersos en la Nave de Argo, cúmulo abierto M 35 en los Gemelos.

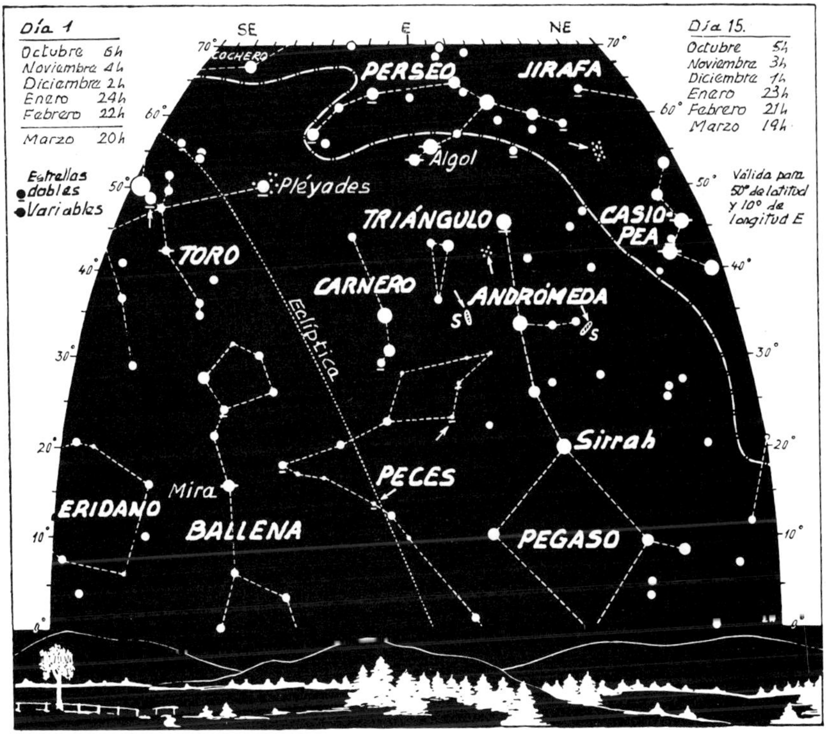

Lo que muestra la carta estelar

Pegaso ha desaparecido en parte en el NO, pero *Andrómeda*, situada por encima de él, muestra todavía todo su esplendor. Cerca de *Andrómeda*, en el margen NO se observa la W siempre conspicua de *Casiopea*. Al otro lado de *Andrómeda* se encuentran el *Triángulo*, pequeño, y el *Carnero* y debajo de ellos se extienden los *Peces* hasta el horizonte O. Por encima del *Carnero* y del *Triángulo* aparece a una latitud grande *Perseo* con sus muchas estrellas densamente aglomeradas. Junto a él se encuentra hacia el SO una gran parte del *Toro* con las *Pléyades*. *Aldebarán* aparece en el margen SO de la carta. Debajo del *Toro* una gran parte de la *Ballena* ya ha desaparecido del firmamento. La franja de la *Vía Láctea* se extiende por la derecha y por encima del margen de la carta a través de *Casiopea* y *Perseo*. La *eclíptica* principia muy cerca del punto cardinal O del horizonte y asciende de modo empinado a través de los *Peces* y el *Toro*.

A más de 10° de latitud se encuentran los siguientes objetos notables:

Variables perceptibles a simple vista: α y γ en Casiopea; en Perseo la variable de ocultación Algol y ρ; en el Toro λ, y Mira en la Ballena.
Dobles: A simple vista: ϑ, en el Toro, sirve para demostrar buena vista. Prismáticos: ζ y ψ_1 en los Peces. Instrumentos de 2 pulgadas: γ en Andrómeda, η en Casiopea, ϵ, ζ, η en Perseo. γ en el Carnero. Instrumentos de 3-4 pulgadas: α y ϕ en los Peces, ϑ en Perseo, γ en la Ballena.
Cúmulos y nebulosas: A simple vista: Las Pléyades, los cúmulos de estrellas dobles h y χ en Perseo; la nebulosa espiral M 31 (Andrómeda).
Prismáticos: M 33 (Triángulo) y cúmulo abierto 752 (Andrómeda).

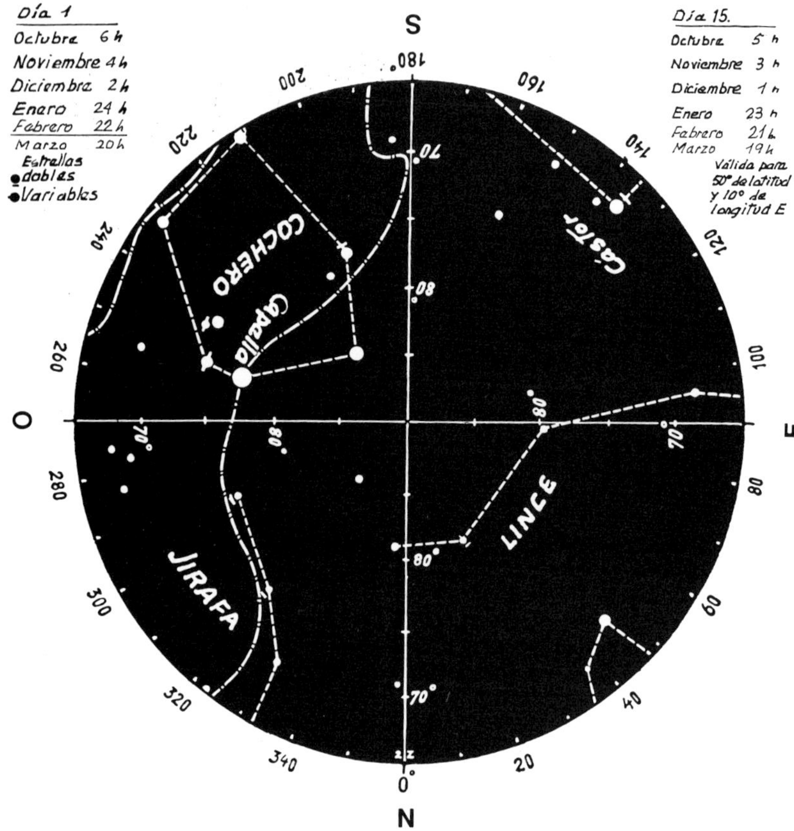

Lo que muestra la carta estelar

A partir del N se encuentran sólo estrellas pálidas de la *Jirafa* y de la *Osa Mayor* en la región zenital. En el E asciende de modo empinado el *Lince* con sus estrellas pálidas. En el SE *Cástor* con algunas estrellas de los *Gemelos* supera un poco la latitud de 65°. En cambio en el SO se encuentra el *Cochero* con la estrella brillante *Capella*. La *Vía Láctea* ya no alcanza el zenit y se extiende desde el *Cochero* por el SO hasta la *Jirafa* hacia el NO.

Variables perceptibles a simple vista: ϵ y ζ en el Cochero.

Dobles: A simple vista y con prismáticos: Ninguna. *Instrumentos de 2 pulgadas:* Cástor. *Instrumentos de 3 pulgadas:* Ninguna.

Cúmulos y nebulosas: Ninguno.

Horas de salida y puesta del Sol (MEZ) para +50° de latitud y 10° de longitud E

	1 febrero	11 febrero	21 febrero
Salida	7.55	7.40	7.21
Puesta	17.13	17.30	17.48

S

E

N

Paisaje lunar: Apeninos - Arquímedes - Alpes - Platón. Fotografía: 300 mm Schiefspiegler, Anton Kutter / Prof. Dr. Anton Staus (6 de febrero de 1949).

▲ Órbitas de la Tierra y la Luna alrededor del Sol durante un mes. La ilustración está realizada a escala y la órbita lunar aparece siempre curvada hacia un lado.

La Luna como meta de naves espaciales sin tripulación

Cuando el hombre descubrió que era posible alejarse de la Tierra con cohetes sondas espaciales y naves espaciales, no tardó mucho en pensar en la realización de viajes a la Luna. Las primeras sondas sin tripulación todavía no superaron a los satélites artificiales o incluso fueron peores. Pero cuando la sonda *Lunik 2* alunizó (el 13 de septiembre de 1959), y poco tiempo después (el 6 de octubre de 1959) la sonda *Lunik 3* envió a la Tierra fotografías de la cara oculta de la Luna, estos hechos causaron sensación en todo el mundo. La posibilidad de que 10 años más tarde pisasen la Luna los primeros hombres y de que luego regresaran a la Tierra, sólo podía ser concebida por pocas personas.

Los preparativos para el alunizaje de naves tripuladas exigieron años. Al principio, en los años 1964 y 1965, los americanos enviaron las sondas sin tripulación *Ranger* 7, 8, 9 a la Luna. Estas naves debían tomar de cerca, antes del alunizaje, miles de fotografías. Las fotografías mostraron siempre cráteres nuevos y cada vez más pequeños, de hasta $^1/_2$ m de diámetro.

Los rusos también participaron en estos preparativos, y el 3 de febrero de 1966 aterrizó de modo suave la primera nave rusa sin tripulación, la *Luna 9*, en el margen del *Oceanus Procellarum*. Las fotografías revelaron (en contra de lo que esperaban la mayoría de los astrónomos) que en la zona de alunizaje había poco polvo y que las rocas eran predominantemente de basalto. En el mismo año alunizó la nave *Luna 13*, que realizó sobre todo mediciones de la densidad y de la resistencia a la rotura del suelo lunar.

En parte al mismo tiempo que las sondas rusas, en 1966/67 se utilizaron los satélites lunares artificiales americanos *Lunar Orbiter*. Con el *Lunar Orbiter 5* se tomaron fotografías del 75% de la cara oculta de la Luna. Se obtuvieron fotografías de detalles inusitadas y aumentó considerablemente el número de cráteres de sólo unos centímetros de diámetro.

En mayo de 1966 empezaron los alunizajes suaves de las *sondas Surveyor* americanas. Cinco de ellas alunizaron en distintos puntos de la Luna y enviaron más de 85 000 fotografías. Dos de estas sondas realizaron análisis químicos del suelo lunar y su composición resultó ser la típica del basalto.

Los primeros hombres en la Luna

Entretanto los americanos habían preparado a conciencia desde el punto de vista técnico el *programa Apolo*. Cerca de la Luna debía desprenderse un módulo lunar de la nave principal, que debería alunizar de modo suave, ponerse en movimiento otra vez y regresar a la Tierra junto con la nave principal.

Por consiguiente, con el alunizaje de la nave Apolo 11 el 21 de julio de 1969 comienza la conquista de la Luna por los astronautas *Neil A. Armstrong* y *Edwin Aldrin*. El alunizaje se produjo a unos 6 km del punto previsto. Los dos astronautas, vestidos con traje espacial, permanecieron 2,5 horas sobre la superficie de la Luna; en este tiempo montaron aparatos de medición, tomaron fotografías y muestras de unos cuantos kilogramos de piedras, que más tarde trajeron a la Tierra. Se confirmó la estructura parecida al basalto de las piedras lunares; una parte del polvo lunar y las piedras no volcánicas contenían gases que deben considerarse rastros del viento solar. Una parte del polvo lunar estaba formada por perlas de vidrio tornasoladas.

Nunca ha habido agua en la superficie lunar y se calcula que la edad de la Luna es de como mínimo 4500 millones de años.

Esta fotografía fue tomada por la sonda americana Lunar Orbiter con un objetivo normal desde una distancia de 46 km. En el fondo se observa el cráter Copernicus, en primer plano aparece el cráter doble, en forma de cerradura, Fauth. En la línea visual que va del sur al norte se produce la salida del Sol para esta región lunar.

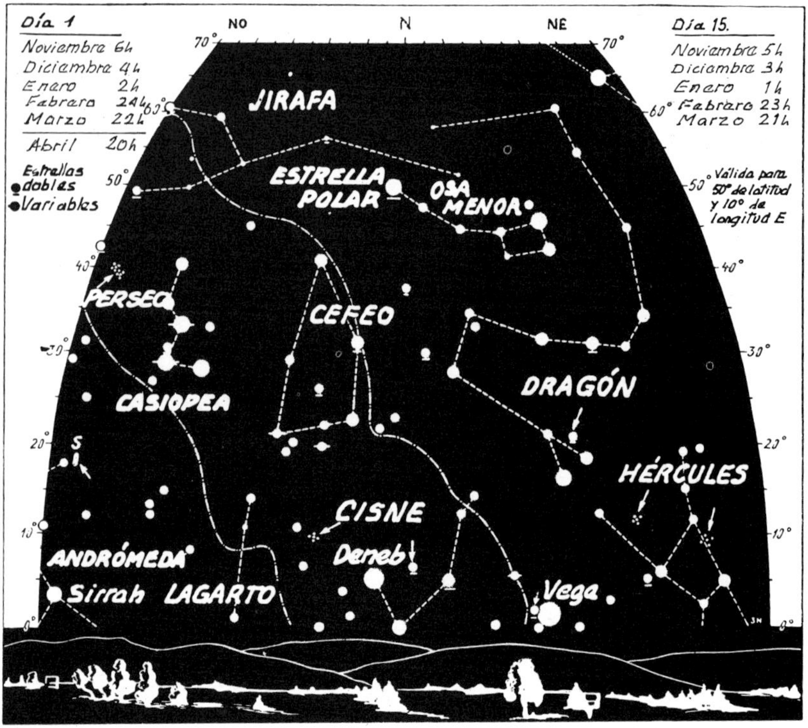

Lo que muestra la carta estelar

La *Osa Mayor* ha desaparecido del firmamento y la *Osa Menor* parece extenderse hacia el E casi horizontalmente a partir de la *estrella Polar*. Entre las otras constelaciones circumpolares el *Dragón* asciende de modo empinado en N-NE. En cambio *Cefeo* casi ha alcanzado su posición más baja. En la misma latitud media se observa la W de *Casiopea* hacia el NO. La *Jirafa*, inconspicua, que ahora aparece casi entera en la carta, se extiende permaneciendo casi a la misma latitud desde la *estrella Polar* hacia el NO. En posición muy baja en el NO se encuentran algunas estrellas de *Andrómeda* antes de ponerse, y por encima de éstas aparecen las primeras estrellas de *Perseo*. Cerca del horizonte septentrional se encuentran todavía las siguientes constelaciones o parte de ellas: el *Lagarto* (N-NO), el *Cisne* (N), *Vega* (N-NE), *Hércules* (NE).
La *Vía Láctea* se extiende a partir del punto cardinal N oblicuamente hacia el NO, ascendiendo a través de *Cefeo* y *Casiopea* hasta la parte inferior de la *Jirafa*.

A más de 10° de latitud se encuentran los siguientes objetos notables:

Variables perceptibles a simple vista: δ y μ en Cefeo en una posición casi muy baja pero todavía ventajosa. Entre 30 y 35° de latitud las variables brillantes α y γ de Casiopea.
Dobles: A simple vista: Ninguna. Prismáticos: ν en el Dragón. Instrumentos de 2 pulgadas: η en Casiopea, β y ξ en Cefeo, η en Perseo, α en la Osa Menor (estrella Polar). Instrumentos de 3-4 pulgadas: $\varkappa$ en Cefeo, ϵ y η en el Dragón, 19 H en la Jirafa.
Cúmulos y nebulosas: A simple vista: Cúmulos de estrellas dobles h y χ en Perseo, nebulosa espiral M 31 en Andrómeda. Prismáticos: Cúmulo globular M 92 en Hércules.

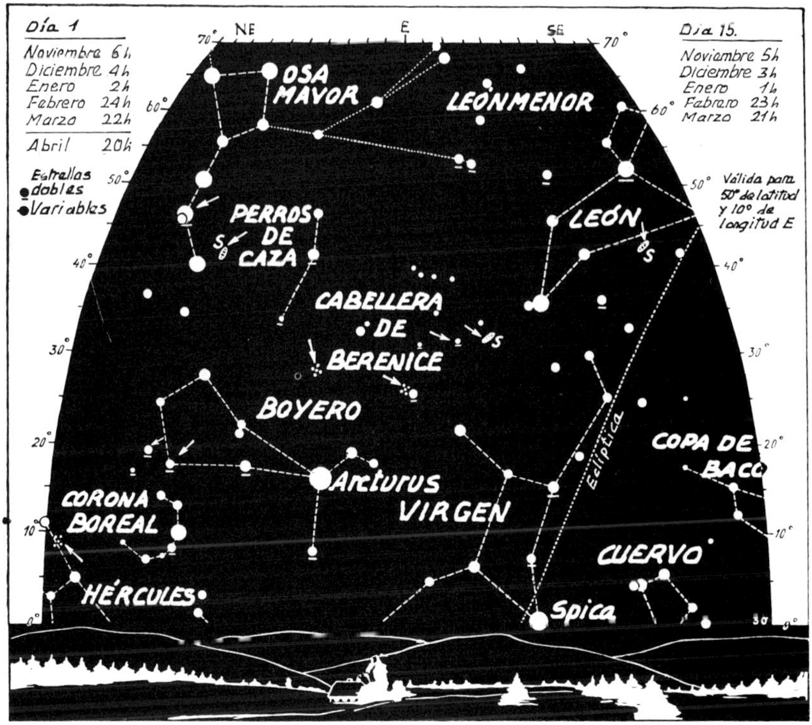

Lo que muestra la carta estelar

El *León* está ahora cerca del margen SE y *Regulus* no aparece en esta carta. El *Boyero* aparece en posición alta con la estrella gigante y brillante *Arcturus* y domina la parte inferior del campo. La parte central de la carta está ocupada por la *Cabellera de Berenice*, inconspicua, y por encima se encuentran los *Perros de Caza*, y en posición alta por el NE se extienden las estrellas principales de la *Osa Mayor* que forman el *Gran Carro.* Algo por encima del horizonte NE se ve claramente la *Corona Boreal*, grácil, en tanto que *Hércules* ha desaparecido en parte del horizonte. En el E se observa la mayor parte de la *Virgen*, pero *Spica* se encuentra al principio de su ocaso. Sólo se perciben partes del *Cuervo* y de la *Copa de Baco.*
La *Vía Láctea* no aparece en esta carta. La *eclíptica* se extiende oblicuamente desde *Spica* en el E-SE hasta *Regulus.*

A más de 10° de latitud se encuentran los siguientes objetos notables:

Variables perceptibles a simple vista: Ninguna.
Dobles: A simple vista: ζ (Mizar-Alcor), en la Osa Mayor, sirve para demostrar buena vista. Prismáticos: μ y δ en Bootes, 24 en la Cabellera de Berenice. Instrumentos de 2 pulgadas: 12 en los Perros de Caza, ζ en la Osa Mayor, ζ en la Corona Boreal, γ y 54 en el León, γ en la Virgen. Instrumentos de 3-4 pulgadas: μ y ϵ en el Boyero, ξ y ν en la Osa Mayor.
Cúmulos y nebulosas: Prismáticos: Cúmulo globular M 3 en los Perros de Caza, cúmulo globular M 53 en la Cabellera de Berenice, y las tres nebulosas espirales siguientes: M 51 en los Perros de Caza, M 96 en el León y M 100 en la Cabellera de Berenice.

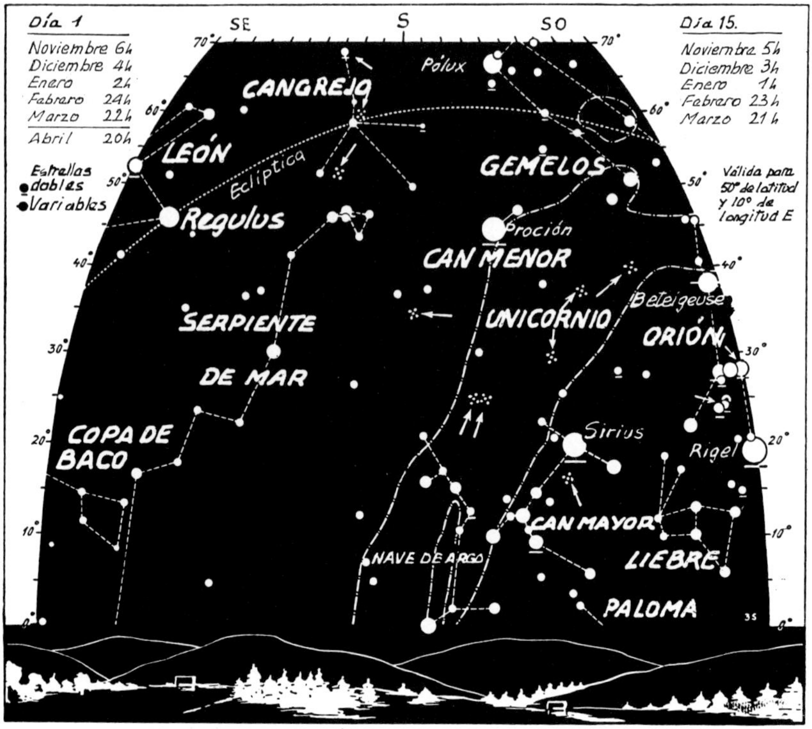

Lo que muestra la carta estelar

Debe tenerse en cuenta la abundancia de constelaciones invernales. *Orión* se encuentra ahora a 30° de latitud en el SO. Debajo de él todavía se observa la *Liebre* y a la misma latitud que *Rigel* se encuentra en el S-SO *Sirius* con el *Can Mayor*. El *Can Menor* con *Proción* y los *Gemelos* se encuentran todavía a mayor latitud en el SO. El *Cangrejo*, inconspicuo, está situado cerca en el S, y debajo de él la cabeza de la *Serpiente de Mar* casi ha alcanzado su posición más alta. En posición baja en el SE se encuentra la *Copa de Baco*, a una latitud media en el SE se ven el *León* y *Regulus*. Cerca del S las estrellas de la *Nave de Argo* casi han alcanzado su posición más favorable. La *Vía Láctea* se extiende desde el S a través de la *Nave de Argo*, el *Unicornio* y el *Can Menor* hasta los *Gemelos*. La *eclíptica* pasa a través de *Regulus* por su punto más alto en el sur y llega hasta los *Gemelos*.

A más de 10° de latitud se encuentran los siguientes objetos notables:

Variables perceptibles a simple vista: α en Orión (Betelgeuse), ζ en los Gemelos.
Dobles: A simple vista: Ninguna. Prismáticos: ϑ_1, ϑ_2 y δ en Orión, ι en el Cangrejo. Instrumentos de 2 pulgadas: β en el Unicornio (triple), ζ en el Cangrejo, γ en el León, β, ι, σ y ϑ_1 en Orión, $\varkappa$ en la Nave de Argo, λ en los Gemelos. Instrumentos de 0,1 pulgadas: $\varkappa$ en la Liebre, ζ en Orión, ϵ en la Serpiente de Mar, δ y $\varkappa$ en los Gemelos.
Cúmulos y nebulosas: A simple vista: Nebulosa de gas M 42 en Orión, cúmulo abierto M 41 en el Can Mayor (debajo de Sirius), Praesepe en el Cangrejo. Prismáticos: Cúmulos abiertos: 4 cúmulos abiertos informes dispersos en el Unicornio, 2 cúmulos abiertos informes dispersos en la Nave de Argo, M 67 en el Cangrejo.

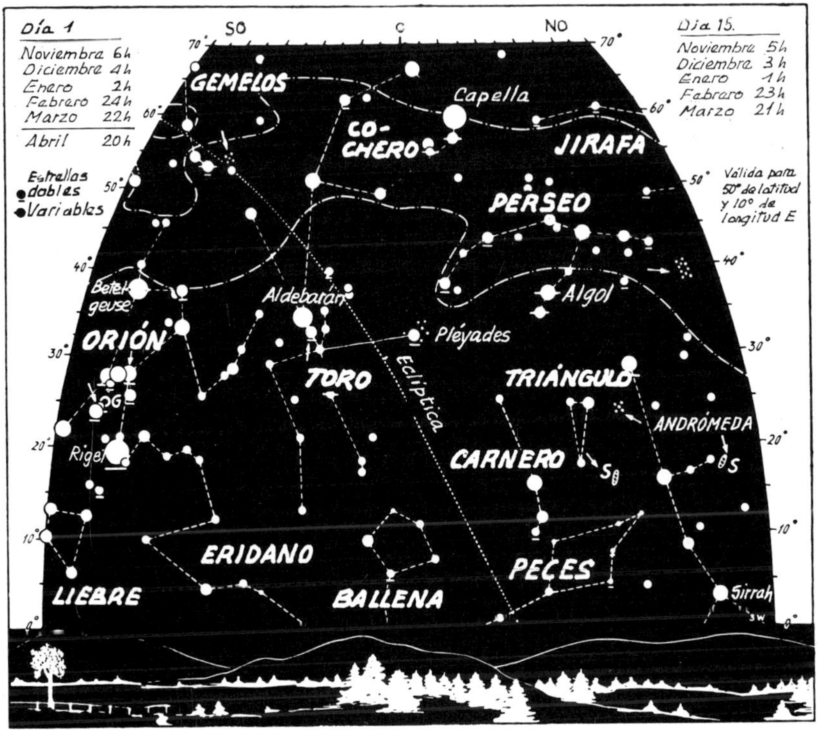

Lo que muestra la carta estelar

El firmamento occidental presenta abundancia de estrellas brillantes. En el O en posición alta se encuentra *Capella* con el *Cochero*, y debajo está situado el *Toro* con la estrella rojiza brillante *Aldebarán*. A partir del *Toro* hacia el SO, *Orión*, con sus muchas estrellas brillantes, se acerca al ocaso. Al otro lado del *Toro* se encuentran *Perseo* en posición más alta, y debajo se extienden hacia el horizonte *Andrómeda*, el *Triángulo* y el *Carnero*. Gran parte de los *Peces*, la *Ballena* y *Eridano* ha desaparecido del firmamento. Debajo de la estrella del pie de *Orión* (*Rigel*) son visibles algunas estrellas de la *Liebre*, y por encima de *Orión* aparecen los *Gemelos*.
La *Vía Láctea* se extiende casi horizontalmente formando una franja ancha, desde los *Gemelos* en el SO por encima del *Cochero* y *Perseo*, hacia el NO. La *eclíptica* asciende de modo empinado a través de los *Peces* y el *Toro* hasta los *Gemelos*.

A más de 10° de latitud se encuentran los siguientes objetos notables:

Variables perceptibles a simple vista: Las variables de ocultación ϵ y ζ en el Cochero (debajo de Capella), η en los Gemelos, λ en el Toro, α en Orión (Betelgeuse), β (Algol) y ρ en Perseo.
Dobles. A simple vista: ϑ, en el Toro, sirve para demostrar buena vista. Prismáticos: ϑ_1, ϑ_2 y δ en Orión. Instrumentos de 2 pulgadas: γ en Andrómeda, β, ι, λ, σ y ϑ_1 en Orión, ϵ, ζ, η en Perseo. Instrumentos de 3-4 pulgadas: κ en la Liebre (debajo de Rigel), ζ en Orión, ϑ en Perseo.
Cúmulos y nebulosas: A simple vista: Las Pléyades son el ejemplo más conocido de cúmulo abierto, cúmulos de dobles h y χ en Perseo, nebulosa espiral M 31 en Andrómeda y nebulosa de gas M 42 en Orión. Prismáticos: Cúmulo abierto 752 en Andrómeda y nebulosa espiral M 33 (Triángulo).

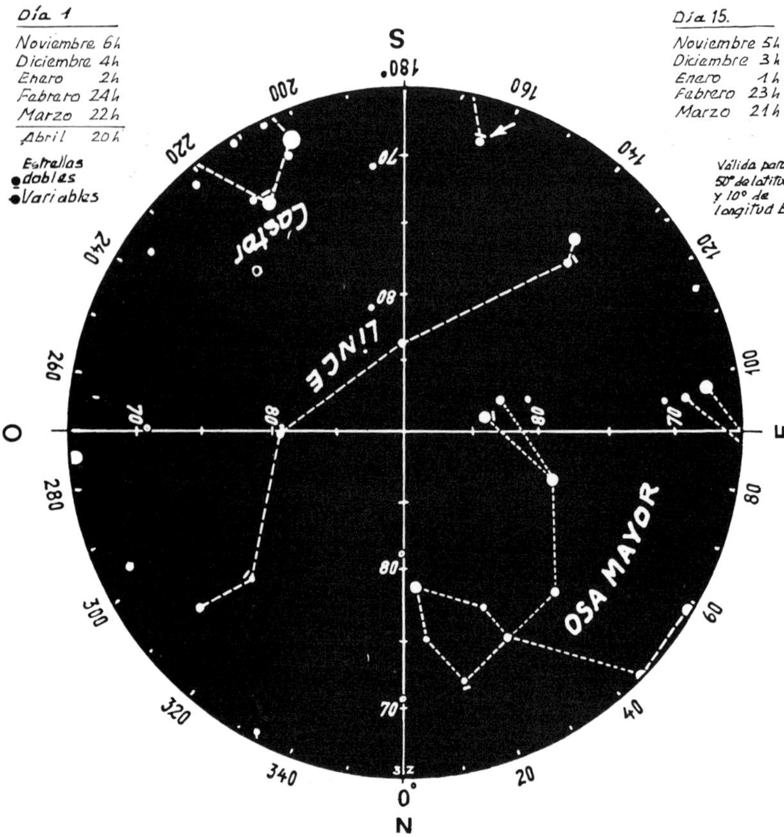

Lo que muestra la carta estelar

El *Lince* se extiende transversalmente por la región zenital, estando contenido por entero en ella. A partir del N y del E se extienden la cabeza y algunas otras estrellas de la *Osa Mayor* hasta latitudes superiores a 80°. En el S se encuentra una parte pequeña del *Cangrejo* en la calota y en el SO se observan *Cástor* y *Pólux* muy cerca de algunas estrellas de los *Gemelos*.
La *Vía Láctea* no se encuentra en la región zenital.
Variables perceptibles a simple vista: Ninguna.
Dobles: A simple vista: Ninguna. *Prismáticos:* ι en el Cangrejo.
Instrumentos de 2 pulgadas: Cástor en los Gemelos. *Instrumentos de 3-4 pulgadas:* ι en la Osa Mayor, 38 en el Lince.
Cúmulos y nebulosas: Ninguno.

Horas de salida y puesta del Sol (MEZ) para +50° de latitud y 10° de longitud E

	1 marzo	11 marzo	21 marzo
Salida	7.05	6.44	6.23
Puesta	18.01	18.17	18.33

Alunizaje de otros astronautas: nuevos resultados

El 19 de noviembre de 1969 alunizaron con el módulo lunar *Intrepid* del *Apolo 12* dos astronautas en *Oceanus Procellarum*, a sólo 184 m al NO del lugar en donde había alunizado la sonda lunar sin tripulación *Surveyor 3* el 20 de abril de 1967. La tarea principal de los astronautas fue montar un conjunto de aparatos, conocido por *ALSEP* que siempre fue instalado en los alunizajes siguientes. Este conjunto de aparatos está integrado por un sismómetro, un magnetómetro, un aparato para el estudio de los vientos solares y un detector de la ionosfera. Los aparatos eran activados por un generador termoeléctrico y a lo largo de un año pudieron enviar medidas a la Tierra. El sismómetro es tan sensible que puede registrar una pisada de astronauta.

Esta vez los astronautas levantaron un polvo abundante que se depositó sobre todos los aparatos y sobre los trajes espaciales. Los muestreos del suelo se realizaban hasta 40 cm de profundidad y en la primera expedición de 3 horas y 48 minutos se reunieron 30 kg de piedras.

En la segunda expedición de casi 4 horas se acercaron al Surveyor 3. Observaron que el color de la sonda había pasado de blanco a pardo por estar recubierta de polvo parduzco. Los astronautas pudieron separar diversas partes del Surveyor 3 y llevarlas a la Tierra, por ejemplo algunos cables y tuberías, la cámara de televisión y la excavadora. El regreso a la Tierra tuvo lugar conforme a lo previsto. Entre las muestras de piedra se encontró un nuevo mineral, integrado por óxidos de titanio, de magnesio y también de hierro.

Debe observarse que un microorganismo que había llegado a la Luna con el Surveyor 3 y luego fue traído otra vez a la Tierra había resistido los 950 días de permanencia en la Luna sin sufrir daño alguno.

Los resultados más importantes de la investigación basada en los materiales aportados por los Apolo 11 y 12 son:

1. No hay indicios de que vivan o hayan vivido organismos en la Luna.
2. Las piedras de la Luna son más antiguas que las de la Tierra.
3. En la Luna se encuentran los mismos elementos químicos que en la Tierra.
4. En la Luna hay minerales que se encuentran en la Tierra.

La superficie lunar está integrada principalmente por una roca basáltica muy parecida al basalto de la Tierra. En particular se distinguen dos tipos de piedras. El primer tipo es el «*basalto de mares*», encontrado por los Apolos 11, 12 y por el Luna 16; se trata de un basalto oscuro y rico en hierro. El segundo tipo es una piedra rica en aluminio, que destaca por su color brillante. Fue encontrada por los Apolo 11, 12 y 14 y se denomina «*anortosita*».

Fueron muy sorprendentes las anomalías gravitatorias, comprobadas previamente por los satélites Orbiter, que se observaron al viajar el *Lunar Orbiter 5* por encima de las regiones de Mare Imbrium, M. Serenitatis, M. Crisium, N. Nectaris y M. Humorum. Entonces esta sonda presentó una aceleración. Esto sólo puede explicarse si debajo de la superficie lunar, en estos puntos, se encontraran masas de mayor densidad. Esto apoya la teoría de que los mares se formaron de resultas del impacto de cuerpos extraños.

Debido a una avería técnica de la nave espacial, la tripulación del Apolo 13 no pudo alunizar, pero sí regresar incólume a la Tierra.

Los sismómetros aportaron resultados interesantes. Tras la caída y el impacto de la fase Saturno-4-B de la misión Apolo 15, se registró un seísmo de 4 horas. De los datos obtenidos, los sismólogos dedujeron que la penetración de las ondas sísmicas fue de unos 100 km de profundidad. La corteza lunar parecía ser muy heterogénea y estar constituida por bloques gigantes hasta esta profundidad. La propagación de las ondas sísmicas es muy distinta a la de la Tierra. La actividad sísmica de la Luna es 100-1000 veces menor que en la Tierra. Los seísmos lunares registrados hasta ahora indican un volcanismo gaseoso: al cambiar la presión, se vacían cámaras de gas que se encuentran bajo la superficie lunar.

Cara oculta de la Luna. Fotografía tomada el 11 de mayo de 1967 por el Lunar Orbiter 4 desde una distancia de 3000 km. Hay una depresión de unos 240 km de longitud y 8 km de ancho cerca del polo sur de la Luna, punteada por varios cráteres (el S está en la parte inferior). (Fotografía de USIS.)

A continuación alunizaron el *Apolo 16* (20-4-1972) en el Cráter Descartes y el *Apolo 17* (11-12-1972) en la región Taurus/Littrow. Al terminar de modo provisional el programa de alunizaje americano, la evaluación de los experimentos científicos había durado muchos años. La impresión de las personas que contemplaron el alunizaje en el televisor fue inolvidable.

Robots sobre la Luna

El 20 de septiembre de 1970 los rusos colocaron la sonda sin tripulación *Luna 16* en *Mare Foecunditatis.* Esta sonda hizo una perforación de 35 cm y trajo a la Tierra una muestra de 100 g. En febrero de 1972 se repitió el experimento con *Luna 20.*

En noviembre de 1970, con la ayuda de *Luna 17*, una estación automática y semoviente, alunizó de modo suave *Lunochod 1* en Mare Imbrium; funcionó a lo largo de 10,5 meses e hizo un recorrido de 10,5 km. Al comienzo de 1973 con ayuda de *Luna 21* alunizó la nave de reconocimiento del suelo *Lunochod 2* en la parte sur de la bahía de Le Monnier; la nave recorrió 37 km y envió 80 000 imágenes de televisión y 86 fotografías panorámicas.

La luna permaneció más de 20 años sin recibir nuevas visitas. En 1994 fue fotografiada intensivamente por la pequeña sonda *Clementine*, y en 1998 fue sometida a un estudio gravimétrico y mineralógico por la *Lunar Prospector*. Ambas naves encontraron indicios de agua helada en algunos cráteres de los polos lunares.

¿Qué aspecto tiene la cara oculta de la Luna?

Ninguna de las numerosas especulaciones sobre la naturaleza de la cara oculta de la Luna ha resultado ser verdadera. Esta cara se parece a la conocida, pero presenta muchos menos mares y es mucho más montuosa (véase ilustración página 68).

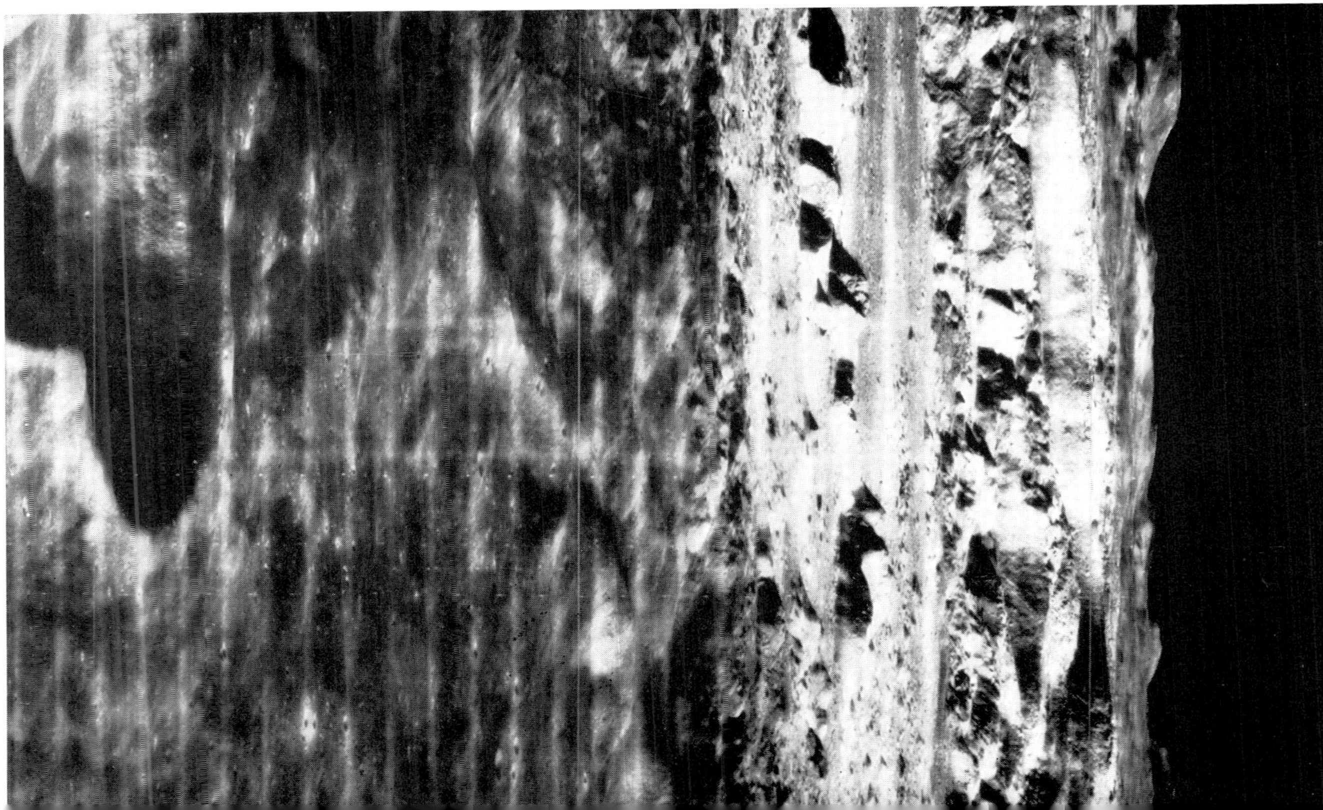

Esta fotografía fue tomada al mismo tiempo que la de la pág. 53, pero con teleobjetivo. En la parte superior de la fotografía se encuentra el margen septentrional y el pico central del cráter Copernicus, y en la parte inferior se observa el margen meridional y por debajo el cráter Fauth. Junto al horizonte son perceptibles partes de los Cárpatos.

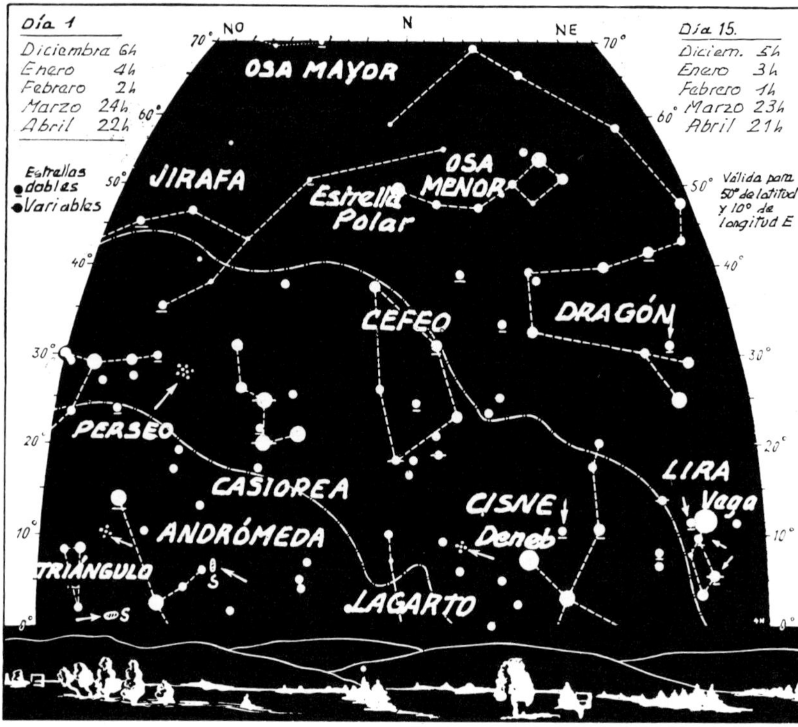

Lo que muestra la carta estelar

La *Osa Menor* se extiende horizontalmente desde la *estrella Polar* hacia el E y luego asciende con rapidez. La región NE está en gran parte ocupada por el *Dragón*, de modo que la estrella brillante de su cabeza ha alcanzado los 25° de latitud. Al O de la *estrella Polar* empieza a descender la *Jirafa*, y debajo de ella se encuentra *Cefeo* en su posición más baja. Junto a éste tenemos a *Casiopea* en descenso. A la misma latitud que *Casiopea* se encuentra *Perseo* en el NO, bajo ambas partes de *Andrómeda* y a una latitud menor que el *Triángulo*. En el NE se produce la salida lenta del *Cisne*, pero *Deneb* todavía no ha alcanzado la latitud de 10°. También *Vega* (Lira) presenta una posicion baja en el NE.
La *Vía Láctea* se extiende formando un plano a partir del NE por encima del *Cisne, Cefeo* y *Casiopea* hasta *Perseo* en el NO.

A más de 10° de latitud se encuentran los siguientes objetos notables:

Variables perceptibles a simple vista: δ y μ en Cefeo en posición muy baja. En posición algo más alta en N-NO las variables brillantes α y γ de Casiopea.
Estrellas dobles: A simple vista: En el NE ϵ, en la Lira, sirve para demostrar buena vista. Prismáticos: ν en el Dragón, o_2 en el Cisne (triple). Instrumentos de 2 pulgadas: η en Casiopea, β y ξ en Cefeo, γ en Andrómeda, η en Perseo, α en la Osa Menor (estrella Polar). Instrumentos de 3-4 pulgadas: $\varkappa$ en Cefeo, ϵ y η en el Dragón, 19 H en la Jirafa, δ en el Cisne, ϑ en Perseo.
Cúmulos y nebulosas: A simple vista: Cúmulos de estrellas dobles h y χ en Perseo. Prismáticos: Cúmulo abierto 752 cerca de γ de Andrómeda.

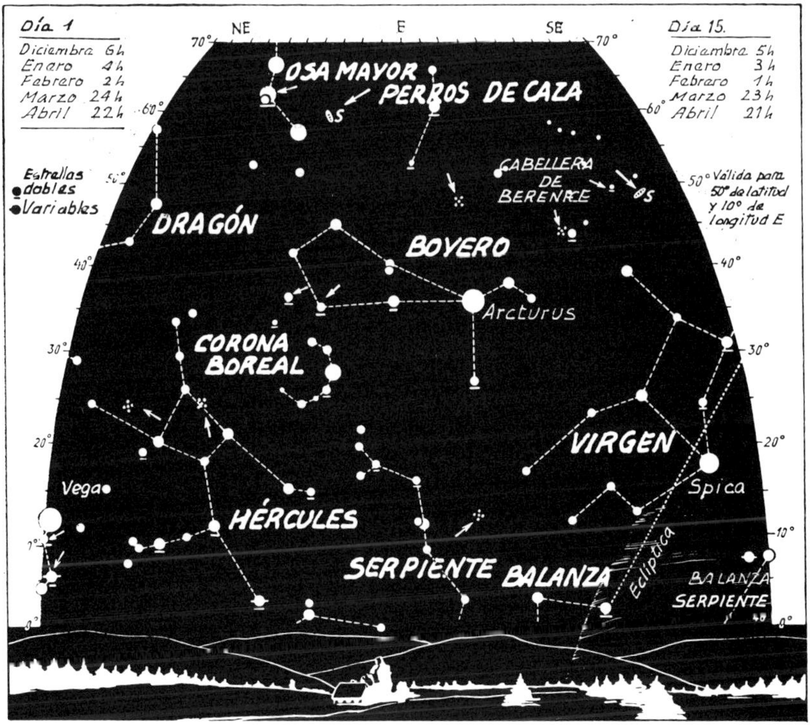

Lo que muestra la carta estelar

A una latitud media domina *Bootes* (el Boyero) el firmamento oriental con la gigante luminosa *Arcturus*. Por encima de *Bootes* se encuentra algo hacia el SE la *Cabellera de Berenice*, en el NE están situadas las *estrellas de la limonera* del *Gran Carro* (Osa Mayor) y parte de las del *Dragón*. Directamente debajo del *Boyero*, se encuentra la *Corona Boreal*, grácil, y después hacia el horizonte NE todo *Hércules*. Casi exactamente en el NE se encuentra a más de 10° de latitud la *Lira* con *Vega*. Por encima del punto cardinal E se encuentra la cabeza de la *Serpiente* y en el SE tenemos a la *Virgen* en posición alta. Cerca del horizonte SE aparecen algunas estrellas de la *Serpiente de Mar*, y las primeras estrellas de la *Balanza* anuncian otra constelación de la *eclíptica*, relegada a una pequeña región cerca del horizonte SE.
La *Vía Láctea* no aparece.

A más de 10° de latitud se encuentran los siguientes objetos notables:

Variables perceptibles a simple vista: Ninguna.
Dobles. A simple vista: ζ (Mizar-Alcor), en la Osa Mayor, sirve para demostrar buena vista. Prismáticos: μ y δ en Bootes, 24 en la Cabellera de Berenice, ζ en la Lira. Instrumentos de 2 pulgadas: ζ en la Osa Mayor, 12 en los Perros de Caza, ζ en la Corona Boreal, γ en la Virgen, δ, γ y ϱ en Hércules, β y δ en la Serpiente. Instrumentos de 3-4 pulgadas: μ y ϵ en Bootes, ϑ en la Virgen.
Cúmulos y nebulosas: A simple vista: En Hércules el magnífico cúmulo globular M 13 y el cúmulo, algo más pálido, M 92. M 3 en los Perros de Caza. Prismáticos: Cúmulos globulares: M 53 en la Cabellera de Berenice, M 5 en la Serpiente, nebulosa espiral M 51 en los Perros de Caza y M 100 en la Cabellera de Berenice.

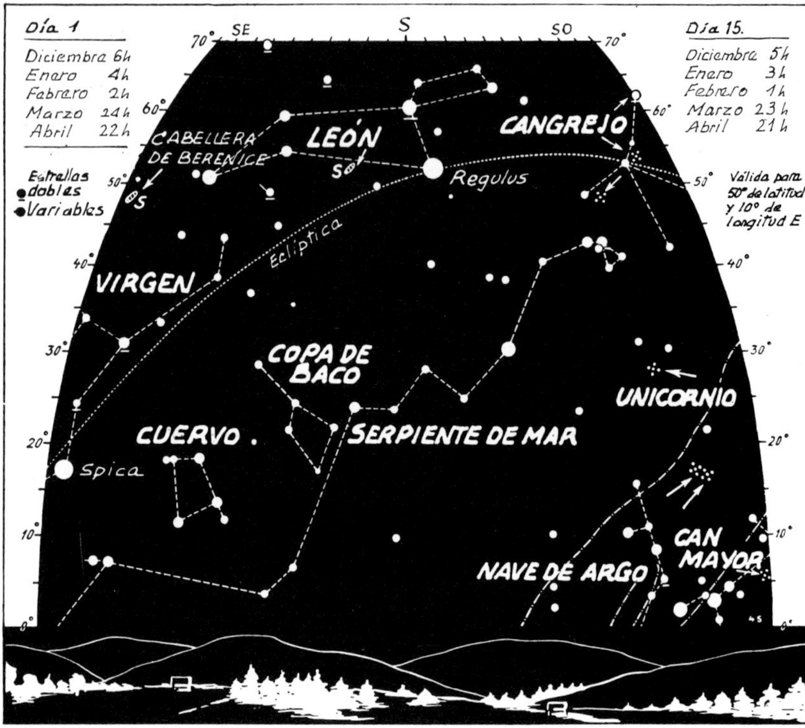

Lo que muestra la carta estelar

El firmamento meridional está dominado por la constelación, enclavada en el meridiano, del *León*, con *Regulus* situada en la *eclíptica*. En la misma latitud se encuentra el *Cangrejo*, inconspicuo. Debajo de su centro está situada la cabeza de la *Serpiente de Mar*, que serpentea descendiendo hasta el horizonte SE. A partir de la *Serpiente de Mar*, el *Cuervo* y la *Copa de Baco* conducen a la *Virgen*; *Spica* aparece casi a 17° de latitud en la carta. En posición baja en el SO se encuentran las últimas estrellas del *Can Mayor* y algunas de la *Nave de Argo*, a algunos grados por encima del horizonte. Algunas estrellas del *Unicornio* rellenan el vacío existente hasta la cabeza de la *Serpiente de Mar*.

La *Vía Láctea* está limitada a un espacio pequeño situado en posición baja en el SO, la *eclíptica* se extiende formando un arco fácil de encontrar desde *Spica* por encima de *Regulus* hasta el centro del *Cangrejo*.

A más de 10° de latitud se encuentran los siguientes objetos notables:

Variables perceptibles a simple vista: Ninguna.
Dobles: A simple vista: Ninguna.
Prismáticos: ι en el Cangrejo. Instrumentos de 2 pulgadas: γ y 54 en el León, γ en Virgo. Instrumentos de 3-4 pulgadas: ϑ en Virgo, ϵ en la Serpiente de Mar.
Cúmulos y nebulosas: A simple vista: Praesepe en el Cangrejo. Prismáticos: un cúmulo abierto en el Unicornio, 2 cúmulos abiertos dispersados en la Nave de Argo, cúmulo galáctico M 67 en el Cangrejo, nebulosa espiral M 96 en el León y M 100 en la Cabellera de Berenice.

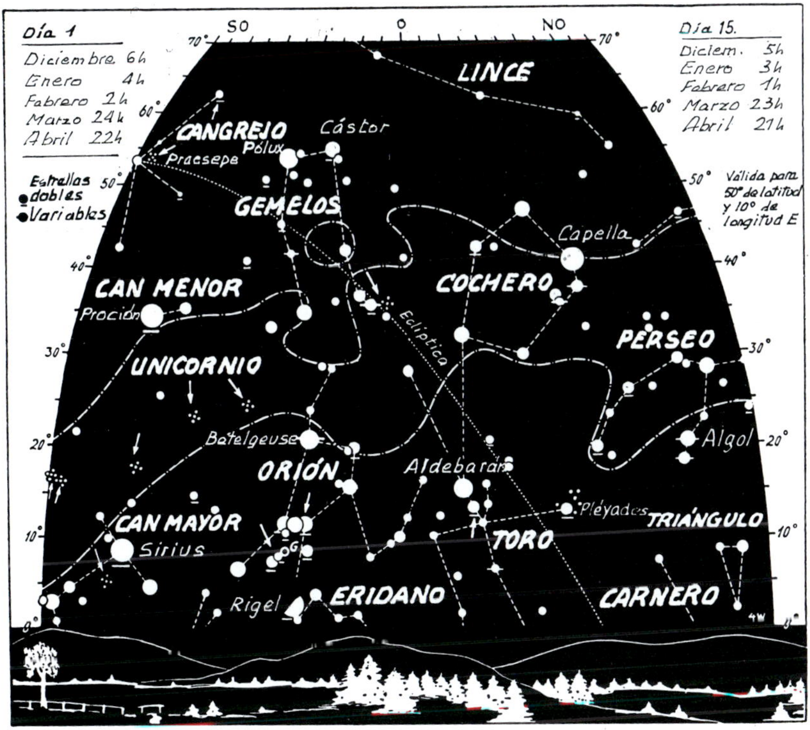

Lo que muestra la carta estelar

De las diez estrellas más brillantes de nuestro firmamento, siete aparecen en toda su magnificencia en esta carta. *Orión* con sus numerosas estrellas brillantes está a punto de ponerse cerca del punto cardinal O. A la derecha de *Orión* se encuentran todavía *Aldebarán* con la mayoría de las estrellas del *Toro* y por encima de éstas el *Cochero* con la estrella brillante *Capella*. También brilla mucho *Sirius* en el SO, aunque ya no se encuentra en posición alta. Por encima está situada *Proción* en el *Can Menor* y en posición todavía más alta el *Cangrejo*. Algo más hacia el O se encuentran *Cástor* y *Pólux* y los *Gemelos*. Por debajo del *Cochero*, hacia el NO, se encuentra gran parte de *Perseo*, y debajo se observan el *Triángulo* y el *Carnero* a punto de ponerse.
La *Vía Láctea* se extiende formando un arco plano desde *Sirius* por encima del *Unicornio*, los *Gemelos* y el *Cochero* hasta *Perseo*. La *eclíptica* empieza en el N-NO y a través del *Toro* y los *Gemelos* llega al *Cangrejo*.

A más de 10° de latitud se encuentran los siguientes objetos notables:

Variables perceptibles a simple vista: Variables de ocultación ϵ y ζ en el Cochero, y β en Perseo. De otro tipo: η y ζ en los Gemelos, α en Orión (Betelgeuse), ϱ en Perseo.
Dobles: A simple vista: ϑ, en el Toro, sirve para demostrar la buena vista. Prismáticos: ι en el Cangrejo. Instrumentos de 2 pulgadas: ζ en el Cangrejo (múltiple), λ, σ en Orión, ϵ, ζ en Perseo, α, λ en los Gemelos, β en el Unicornio (triple). Instrumentos de 3-4 pulgadas: ζ en Orión, ϑ en Perseo, δ, $\varkappa$ en los Gemelos.
Cúmulos y nebulosas: A simple vista: Cúmulos abiertos: Pléyades y Praesepe.
Prismáticos: M 35 en los Gemelos, 3 cúmulos en el Unicornio y 2 cúmulos abiertos en la Nave de Argo.

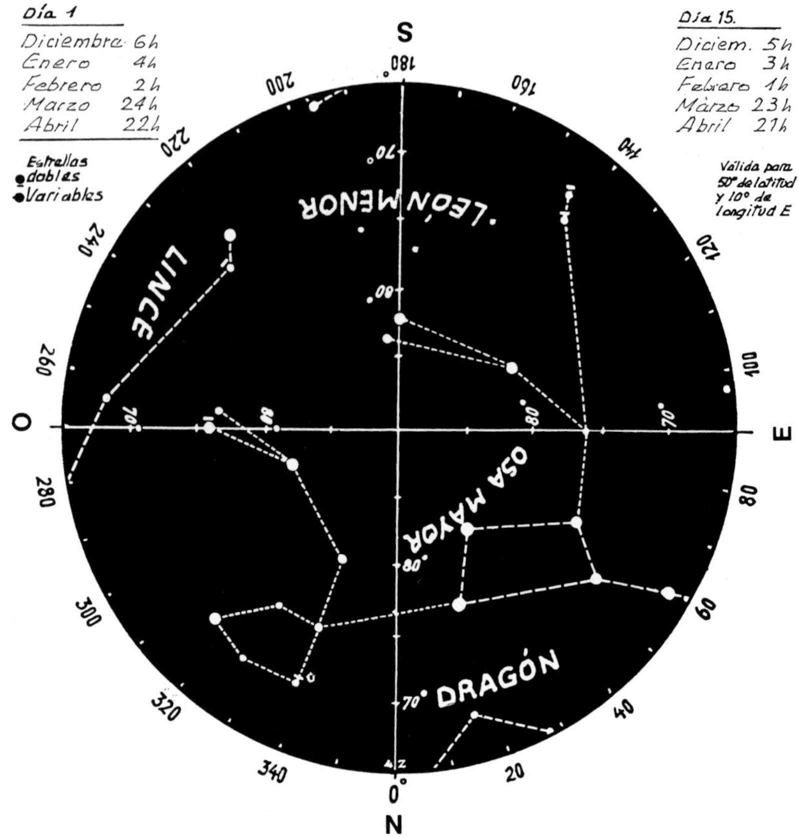

Lo que muestra la carta estelar

La calota zenital está dominada por la *Osa Mayor*, de la que aparecen hasta las estrellas de la cola y que ocupa el entorno estrecho del zenit. Desde el N se extiende una parte pequeña del *Dragón*, desde el S el *León Menor*, y en el O una parte del *Lince* presenta una posición baja otra vez.
La *Vía Láctea* no se acerca a la calota zenital.
Variables perceptibles a simple vista: Ninguna.
Dobles: A simple vista, con prismáticos e instrumentos de 2 pulgadas: Ninguna.
Instrumentos de 3-4 pulgadas: ξ, ν, ι en la Osa Mayor, 38 en el Lince.
Cúmulos y nebulosas: Ninguno.

Horas de salida y puesta del Sol (MEZ) para +50° de latitud y 10° de longitud E

	1 abril	11 abril	21 abril
Salida	5.59	5.37	5.17
Puesta	18.50	19.06	19.22

El programa de alunizaje Apolo

Antes del alunizaje de naves con tripulación, se ensayaron viajes de prueba para comprobar los nuevos aparatos técnicos, para estudiar el comportamiento de la tripulación en distintas circunstancias y para verificar las fases de maniobra. La agencia NASA (National Aeronautics and Space Administration) desarrolló una estructura de sistema para asegurar que se llevara a buen término la misión. Se planearon diez alunizajes. Con ayuda de un cohete portador, el Saturno 5, que implicaba la fase de lanzamiento «S-1 C» y la fase de impulsión «S-2», se ensayó un tercera fase «S-4 B» con el módulo de servicio y la cabina de tripulación (módulo de mando), fase consistente en describir órbitas alrededor de la Tierra (masa inicial de casi 3000 ton, casi el 85% de carburante y 2,5 ton de carga útil). A partir de esta última etapa, tras urdir un buen plan de lanzamiento, se preparó un viaje de 3 días alrededor de la Luna. La cabina con la tripulación junto con el módulo de servicio, tras el desacoplamiento propio de la fase «S-4 B», se desplazó a lo largo de una *órbita de Hohmann** en un viaje hacia la Luna y mediante frenado entró en una órbita de aparcamiento, a partir de la cual se produjo el alunizaje del módulo lunar con una tripulación de dos hombres y el aparato ALSEP (Apollo Lunar Surface Experiment Package). El módulo de servicio, con el tercer tripulante, permaneció en órbita, para realizar experimentos y tomar fotografías de la superficie lunar. El regreso del módulo lunar con las muestras de suelo se produjo utilizando una plataforma de lanzamiento y tras abandonar los aparatos de investigación. En la órbita lunar, el módulo lunar se acopló de nuevo al módulo de servicio y viajó de regreso a la Tierra durante tres días siguiendo una órbita de Hohmann. Cerca de la Tierra se produjo el desacoplamiento del módulo de servicio y la cabina con la tripulación regresó a la superficie de la Tierra, de modo que al alcanzar las capas de aire más densas el descenso libre fue frenado por un paracaídas. El rescate de la cápsula de aterrizaje fue realizado en alta mar por la Marina de los Estados Unidos.

Con el Apolo 7 empezó el 7 de octubre de 1968 una prueba con tripulación de diez días en una órbita terrestre (Tripulación: Schirra, Eisele, Cunningham). El Apolo 8 (Bormann, Lovell, Anders) alcanzó la Luna el 21 de diciembre de 1968 y describió diez vueltas alrededor de ella. El Apolo 9 (McDivitt, Scott, Schweickart) probó en marzo de 1969 el módulo lunar en una órbita terrestre: desacoplamiento, descenso, ascenso, acoplamiento. Con el Apolo 10 (Stafford, Cernan, Young) se simuló un alunizaje en mayo de 1969, sin que el módulo lunar descendiera hasta la superficie de la Luna. Al acercarse a la Luna se tomaron fotografías de su superficie, para poder estudiar mejor el punto de alunizaje previsto desde la Tierra. El Apolo 11 (Armstrong, Collins, Aldrin) fue la primera nave que llevó a cabo el programa de alunizaje. Neil Armstrong pisó la Luna el 21 de julio de 1969 a las 3 horas 56 minutos MEZ. Al cabo de 20 minutos lo hizo Edwin Aldrin, mientras que Michael Collins desempeñaba sus funciones en la estación orbital. Como puntos de alunizaje se escogieron superficies planas próximas al ecuador. El Apolo 11 alunizó en la mitad oriental de la Luna, en *Mare Tranquillitatis*, al este del cráter Sabine, en la dirección del cráter *Moltke*. El Apolo 12 (Conrad, Bean, Gordon) alunizó en noviembre de 1969 en la mitad occidental de la Luna, en la región sudeste del cráter *Lansberg*, en *Mare Cognitum*. En substitución del Apolo 13 (Lovell, Haise, Swigert), que tuvo una avería técnica en abril de 1970 en el módulo de servicios y tras dar una vuelta alrededor de la Luna tuvo que regresar a la Tierra, el Apolo 14 (Shepard, Mitchell, Roosa) alunizó sobre una capa de lava de la región norte del cráter *Fra Mauro*, en *Mare Cognitum*. Los alunizajes tuvieron tanto éxito, que las próximas regiones de investigación estuvieron situadas lejos del ecuador lunar. Así como el *Apolo 12* y el *Apolo 14* transportaron un carro de mano hasta la Luna, el *Apolo 15* (Scott, Irwin,

* Walter Hohmann, «Die Erreichbarkeit der Himmelskörper», Munich y Berlín 1925, 86 páginas.

Warden) transportó un vehículo de cuatro ruedas accionado eléctricamente, que permitió estudiar más a fondo la zona situada alrededor del punto de alunizaje.
El Apolo 15 alunizó en julio de 1971 en la pendiente NO de los Montes *Apeninos*, frente a *Palus Putredinis*, a la vista del monte *Hadley*. Una fisura lunar situada junto al punto de alunizaje permitió a los geólogos estudiar la estratigrafía de las capas de lava de la superficie lunar. El Apolo 16 (Young, Duke, Mattingly) alunizó en abril de 1972 en la región del cráter *Descartes*, situada en las tierras altas, entre *Mare Nubium* y *Mare Nectaris*. Con el *Apolo 17* (Cernan, Schmitt, Evans) se alunizó en diciembre de 1972 en el monte *Taurus*, cerca del cráter *Littrow*, y la permanencia en el punto de alunizaje fue de tres días. Con ello, la NASA concluyó el programa de investigación lunar Apolo.

Una de las primeras fotografías de la cara oculta de la Luna.
Curva continua: ecuador lunar; curva de trazos: límite entre las caras visible (izquierda) y no visible (derecha). El hemisferio norte está situado arriba. Los números árabes designan objetos de la cara no orientada hacia la Tierra: 1 Mare Moskwa (Mar de Moscú) con 300 km de diámetro; 2 Bahía de los Astronautas de Mare Moskwa; 3 continuación de Mare Australe (Mar del Sur) en la cara anterior de la Luna; 4 cráter Ziolkowski; 5 cráter Lomonossow; 6 cráter Joliot-Curie; 7 cráter de los soviéticos; 8 Mare Metschta (Mar de los Sueños). Los números romanos designan los siguientes objetos de la cara orientada hacia la Tierra: I Mare Humboldtianum (Mar de Humbolt); II Mare Crisium (Mar de los Peligros); III Marte Marginis (Mar Marginal); IV Mare Undarum (Mar de las Olas); V Mare Smythii (Mar de Smyth); VI Mare Foecunditatis (Mar de la Fecundidad); VII Mare Australe (Mar del Sur). Los objetos que ya han sido comprobados con seguridad están rodeados de una línea continua; los objetos por comprobar están rodeados de una línea de trazos.

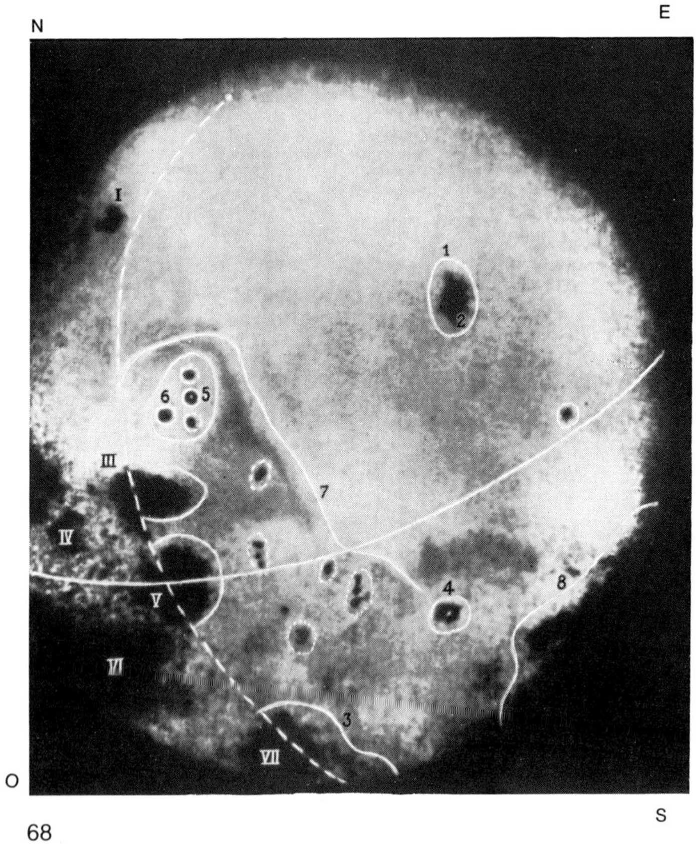

Nuestro Sol es también una estrella

Nuestro Sol, el dispensador de vida a la Tierra, es sólo *una* estrella entre muchas otras que podemos contemplar. El que nos parezca distinta de las demás tiene un motivo sólido, exclusivo, y es que se encuentra mucho más cerca que las demás estrellas. No está a más de 150 millones de km de la Tierra, unas 400 veces más lejos que la Luna, el cuerpo celeste más próximo a la Tierra.
Podemos hacernos una idea de la magnitud del Sol, si tenemos en cuenta que para obtener el diámetro solar sería necesario alinear 109 esferas terrestres (véase también la pág. 78). El diámetro solar aparente es de casi $^1/_2$ de grado (casi igual al diámetro aparente de la Luna), pero el diámetro verdadero es de 1,4 millones de km. La Luna podría describir con tranquilidad órbitas alrededor de la Tierra en el espacio interno del Sol (véase la ilustración de la pág. 78). El perímetro del Sol es de aproximadamente 4,3 millones de km, y su volumen es tal que equivale al de 1,3 millones de esferas terrestres. La masa solar es de sólo 330 000 veces la de la Tierra, ya que su densidad es inferior a la de la Tierra. Sobre la superficie solar podría extenderse la de la Tierra unas 12 000 veces.
Si se desean estudiar los detalles del Sol, nunca debe observarse directamente sin protección alguna, con prismáticos o telescopio, pues el observador podría quedarse ciego. Es mejor utilizar una pantalla. Al contemplar una de estas imágenes o una fotografía del Sol, destaca lo siguiente:

1. El brillo del disco solar disminuye hacia los márgenes
2. Sobre el disco solar aparecen a menudo zonas oscuras, las manchas solares.
3. Junto a estas manchas, pero también aisladas, aparecen con frecuencia formaciones más brillantes que su entorno, los fulgores.

A partir del movimiento de las manchas, que con frecuencia duran muchas semanas, se ha calculado que el período de rotación del Sol es de 25-33 días. Esto significa que como el Sol no es un cuerpo rígido los períodos de rotación son distintos en distintas regiones y no idénticos como en los cuerpos rígidos, por ejemplo, la Tierra. La propiedad más notable de estas manchas es el cambio cíclico de su frecuencia, descubierto en 1843 por Schwabe. El valor medio de este ciclo es de 11,1 años, pero los períodos varían mucho con respecto a este valor medio, como demuestra la tabla siguiente.

Manchas solares
Máximos y mínimos desde 1856

Mínimos	Máximos
1856,0	1860,1
1867,2	1870,6
1878,9	1883,9
1889,6	1894,0
1901,7	1907,1
1913,6	1917,6
1923,6	1928,4
1933,8	1937,4
1944,2	1947,5
1954,3	1957,9
1964,8	1968,9
1976,5	1980,0
1987,6	1991,1
1997,9	2002,2
2009,0	2013,3

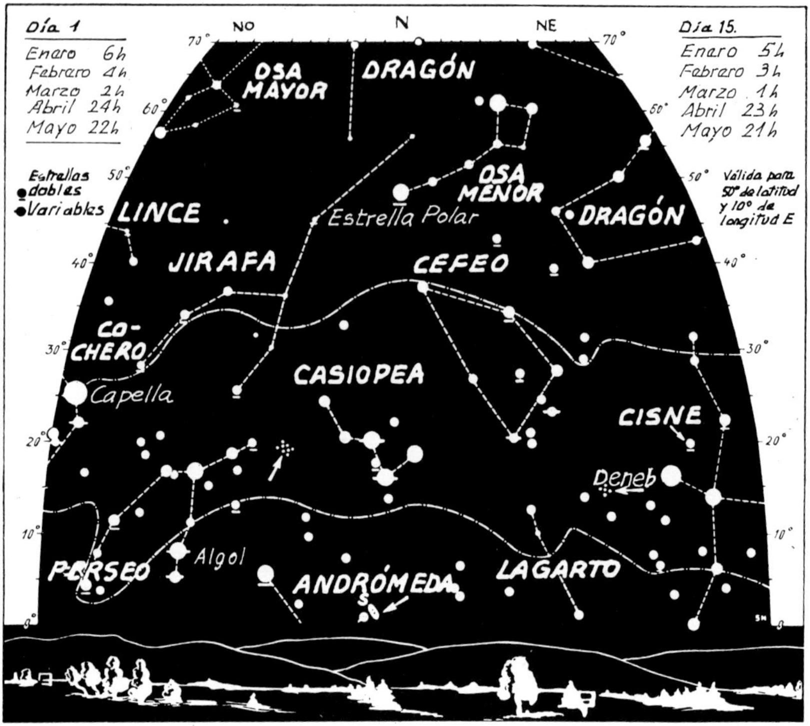

Lo que muestra la carta estelar

En el N exactamente se encuentra a unos 20° de latitud *Casiopea* en su punto más bajo. A la derecha, pero en posición algo más alta y en proceso de ascenso, se encuentra *Cefeo*, y por encima la *Osa Menor* con la *estrella Polar*. En el NE la cabeza del *Dragón* ha alcanzado unos 40° de latitud. *El Dragón* serpentea alcanzando una latitud de más de 70°. En posición alta en el NO se encuentra la cabeza de la *Osa Mayor*; también la *Jirafa*, poco conspicua, aparece entera en la carta. Bajo la *Jirafa*, *Perseo* se prepara para el ocaso. Casi exactamente en el NO brilla a 25° de latitud la gigante *Capella* en el *Cochero*. *Andrómeda* ha desaparecido en gran parte en el N. En el NE asciende rápidamente la parte superior del *Cisne* con *Deneb*.
La *Vía Láctea* constituye una franja casi horizontal que se extiende desde el *Cisne* en el NE hasta *Capella* en el NO, y sólo en algunos puntos supera una altura de 30°.

A más de 10° de latitud se encuentran los siguientes objetos notables:

Variables perceptibles a simple vista: δ y μ en Cefeo, α y γ en Casiopea. En el NO junto a Capella, las dos variables de ocultación ϵ y ζ en el Cochero. Doble: A simple vista: Ninguna. Prismáticos: o_2 en el Cisne (triple). Instrumentos de 2 pulgadas: η en Casiopea, β y ξ en Cefeo, ϵ y η en Perseo, α en la Osa Menor (estrella Polar). Instrumentos de 3-4 pulgadas: $\varkappa$ en Cefeo, ϵ y η en el Dragón, Σ 11 en la Jirafa, δ en el Cisne, ϑ en Perseo.
Cúmulos y nebulosas: A simple vista: Cúmulos de estrellas dobles h y χ en Perseo. Prismáticos: Cúmulo abierto M 39 (Cisne).

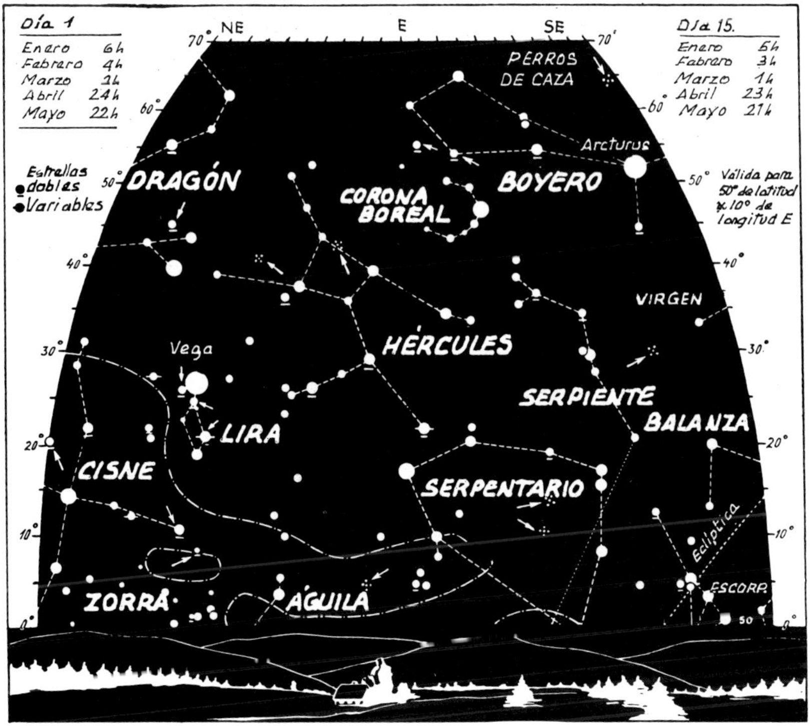

Lo que muestra la carta estelar

Gran parte de la carta está ocupada por la constelación, extensa y enclavada en el centro, *Hércules*. Por encima y junto a éste, se encuentra hacia el SE la *Corona Boreal*, grácil, y cerca tenemos a *Bootes* entero. La estrella brillante *Arcturus* se encuentra a unos 50° de latitud en el margen SE. A la misma latitud pero al NE, aparecen la cabeza y una parte del *Dragón*. Debajo de la *cabeza del Dragón* se encuentra *Vega* con la *Lira*, y en posición algo más baja se extienden hasta el horizonte NE gran parte del *Cisne*, la *Zorra* y algunas estrellas del *Águila*. En el E gran parte del *Serpentario* ya ha aparecido en el firmamento y la *Serpiente* extiende su cabeza hasta una latitud de casi 40°. La *Vía Láctea* con el *Cisne* y el *Águila* ha vuelto a salir y sus prolongaciones alcanzan el *Serpentario*.

A más de 10° de latitud se encuentran los siguientes objetos notables:

Variables perceptibles a simple vista: α en Hércules, β y R en la Lira y la estrella del tipo Mira χ en el Cisne. Dobles: A simple vista: ϵ en la Lira, que sirve para demostrar buena vista. Prismáticos: μ y δ en Bootes, ν en el Dragón, β y ζ en la Lira, o_2 en el Cisne (triple). Instrumentos de 2 pulgadas: α, δ, γ, μ, ϱ en Hércules, ζ en la Corona Boreal, η en la Lira, β y δ en la Serpiente. Instrumentos de 3-4 pulgadas: μ y ϵ en Bootes, η en el Dragón, δ en el Cisne, ϵ_1 y ϵ_2 en la Lira.
Cúmulos y nebulosas: A simple vista: Cúmulos globulares M 13 y M 92 en Hércules, M 5 en la Serpiente. Prismáticos: Cúmulos globulares M 3 en los Perros de Caza, M 10 y M 12 en el Serpentario.

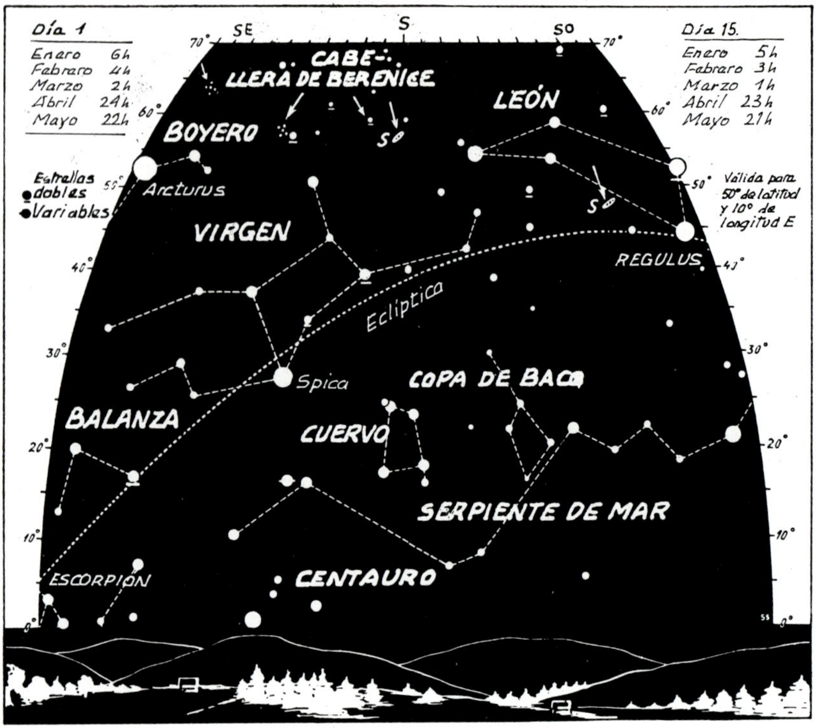

Lo que muestra la carta estelar

El *León* y la *Virgen* dominan el firmamento meridional e indican la *eclíptica*, que otra vez está en posición baja. *Regulus* en el *León* se encuentra un poco por encima de la *eclíptica* y *Spica* en la *Virgen* un poco por debajo de la eclíptica. Cerca, en el margen SE, se encuentran la *Balanza* y una parte pequeña del *Escorpión*. El *Cuervo*, la *Copa de Baco* y gran parte de la *Serpiente de Mar* ocupan un espacio amplio debajo de la *eclíptica*; en posición muy baja en el S se encuentran algunas estrellas del *Centauro*, pero apenas son perceptibles para nosotros. En posición alta en el SE se encuentra la estrella rojiza brillante *Arcturus* con algunas estrellas del *Boyero*. Entre éste y el León se extiende hasta una latitud grande la *Cabellera de Berenice*.
La *Vía Láctea* no aparece en esta carta.

A más de 10° de latitud se encuentran los siguientes objetos notables:

Variables perceptibles a simple vista: R en la Serpiente de Mar.
Dobles: A simple vista: Ninguna. Prismáticos: 24 en la Cabellera de Berenice. Instrumentos de 2 pulgadas: γ y 54 en el León, γ en la Virgen. Instrumentos de 3-4 pulgadas: ϑ en la Virgen, ϵ en la Serpiente de Mar.
Cúmulos y nebulosas: A simple vista: Cúmulo globular M 3 en los Perros de Caza. Prismáticos: M 53 en la Cabellera de Berenice (cúmulo globular), nebulosa espiral M 100 en la Cabellera de Berenice.

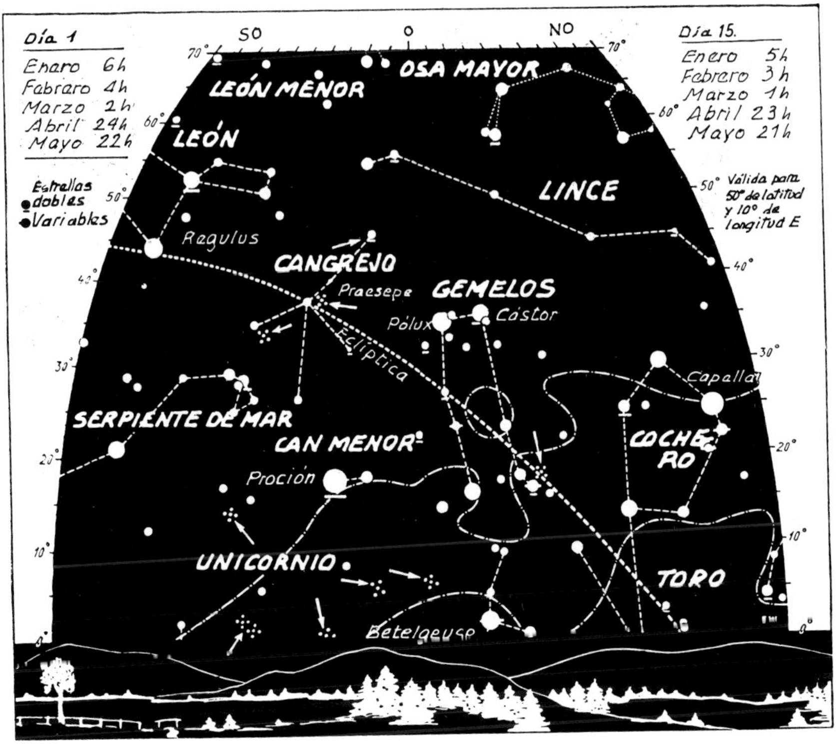

Lo que muestra la carta estelar

A una latitud media se encuentran los *Gemelos*, en cuyo extremo superior brillan *Cástor* y *Pólux*. En el lado NO, junto a los *Gemelos*, se encuentra el *Cochero* con la estrella gigante brillante *Capella*. Casi exactamente al O desaparecen junto con *Betelgeuse* las últimas estrellas de *Orión* y del *Unicornio*, mientras que todavía es visible *Proción* en el *Can Menor*. Sobre *Proción* se encuentra el *Cangrejo*, y algo más hacia el SO se encuentra *Regulus* en el *León*. El resto de la carta está ocupada a una latitud mayor por el *Lince*, por encima del cual se encuentran en proceso de descenso el *León Menor* y parte de la *Osa Menor*. Debajo de *Regulus* se encuentran la cabeza y otras partes de la *Serpiente de Mar*. La *Vía Láctea* está en posición muy baja, empieza debajo de *Proción* y se extiende hasta una latitud escasa y llega hasta *Capella* en el *Cochero*. La *eclíptica* desciende otra vez y se extiende desde el horizonte NO por encima de los *Gemelos* y del centro del *Cangrejo* hasta *Regulus*.

A más de 10° de latitud se encuentran los siguientes objetos notables:

Variables perceptibles a simple vista: Variables de ocultación ϵ y ζ en el Cochero (cerca de Capella), η y ζ en los Gemelos.
Dobles: A simple vista: Ninguna. Prismáticos: ι en el Cangrejo. Instrumentos de 2 pulgadas: ζ en el Cangrejo (múltiple), γ y 54 en el León, α, λ en los Gemelos. Instrumentos de 3-4 pulgadas: ι en la Osa Mayor, δ, $\varkappa$ en los Gemelos, ϵ en la Serpiente de Mar, 38 en el Lince.
Cúmulos y nebulosas: A simple vista: Cúmulo abierto Praesepe en el Cangrejo. Prismáticos: Cúmulo M 67 en el Cangrejo, M 35 en los Gemelos, 2548 en la Serpiente de Mar, algo a la izquierda de Proción.

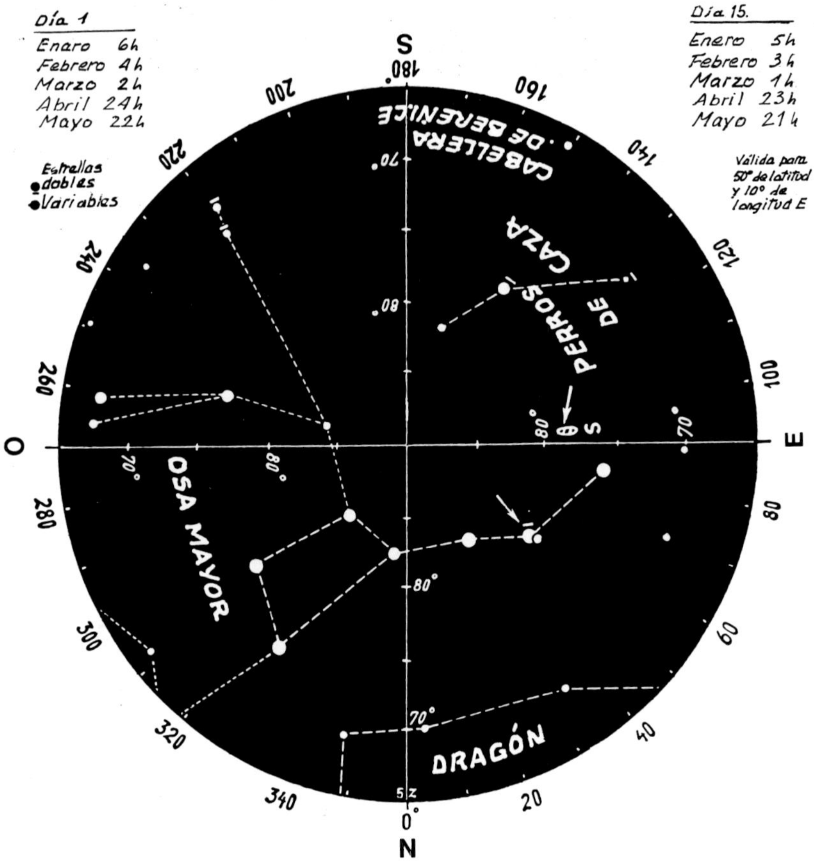

Lo que muestra la carta estelar

El *Gran Carro* (Osa Mayor) se encuentra en su posición más alta, en tanto que la cabeza de la *Osa Mayor* ha vuelto a desaparecer de la región de la calota zenital. A partir del N se extiende la parte central del *Dragón* hasta 70° de latitud, en el SE los *Perros de Caza* son totalmente visibles y alcanzan hasta 80° de latitud, mientras que en el S han aparecido algunas estrellas de la *Cabellera de Berenice*.
La *Vía Láctea* no aparece en la carta.
Variables perceptibles a simple vista: Ninguna.
Dobles: A simple vista: ζ (Mizar-Alcor) en la Osa Mayor. *Prismáticos:* Ninguna. *Instrumentos de 2 pulgadas:* ζ en la Osa Mayor, 12 en los Perros de Caza. *Instrumentos de 3-4 pulgadas:* ξ y ν en la Osa Mayor. *Cúmulos y nebulosas: A simple vista:* Ninguna. *Prismáticos:* Nebulosa espiral M 51 en los Perros de Caza a casi 80° de latitud.

Horas de salida y puesta del Sol (MEZ) para +50° de latitud y 10° de longitud E

	1 mayo	11 mayo	21 mayo
Salida	4.58	4.41	4.27
Puesta	19.37	19.52	20.06

Una de las mayores manchas hasta ahora observadas presentaba un diámetro de 230 000 km, es decir 1/6 del diámetro del Sol o unas 18 veces el diámetro de la Tierra. El núcleo oscuro de las manchas se denomina umbra y en casi todas las manchas grandes presenta un contorno menos oscuro, la penumbra. Aun cuando la relación con el campo magnético del Sol, la aparición de las auroras boreales y la estructura arremolinada de las manchas solares sean incuestionables, en la actualidad todavía no se sabe exactamente qué son en realidad las manchas solares. Pero se sabe que su temperatura es como mínimo 1000° C más baja que la de la superficie solar. A esta última se asignan unos 5900° C. En cambio, las formaciones situadas cerca de las manchas y de aparición con frecuencia irregular, los fulgores, son zonas claramente de temperatura elevada.
La zona de la superficie solar a partir de la cual nos llegan la luz y las radiaciones se denomina fotosfera; tiene un grosor de unos 100 km.
El Sol está rodeado de masas luminosas extensas, cuya contemplación antes sólo era posible en los eclipses solares, debido a los efectos perturbadores debidos a la luz del Sol dispersa en la atmósfera terrestre. Esta capa de masas de gas luminosas se encuentra a continuación de la fotosfera, en su parte exterior; tiene un grosor de unos 10 000 km y se denomina cromosfera. Por encima de esta capa se extiende la corona con sus prolongaciones en forma de rayo hasta una distancia de 15 veces el diámetro del Sol. En el margen del Sol se contemplaban, antes sólo en los eclipses, formaciones luminosas rojizas, en forma de llama, que a menudo se desplazaban a gran velocidad a lo largo de muchos centenares de miles de kilómetros, por lo que su forma cambiaba con rapidez. Se trata de las protuberancias solares, constituidas por masas incandescentes de gas, sobre todo hidrógeno.
La investigación espectroscópica de la luz solar ha dado lugar a unas 22 000 líneas espectrales, la mitad de las cuales han podido ser asignadas a elementos conocidos. La mayoría de los elementos de la Tierra aparecen también sobre la superficie

Fotografía del Sol, tomada el 7 de abril de 1947, con el grupo de manchas solares de mayor dimensión que ha sido fotografiado hasta ahora. Debajo aparece ampliado este grupo de manchas solares. Foto realizada desde el observatorio del Monte Wilson.

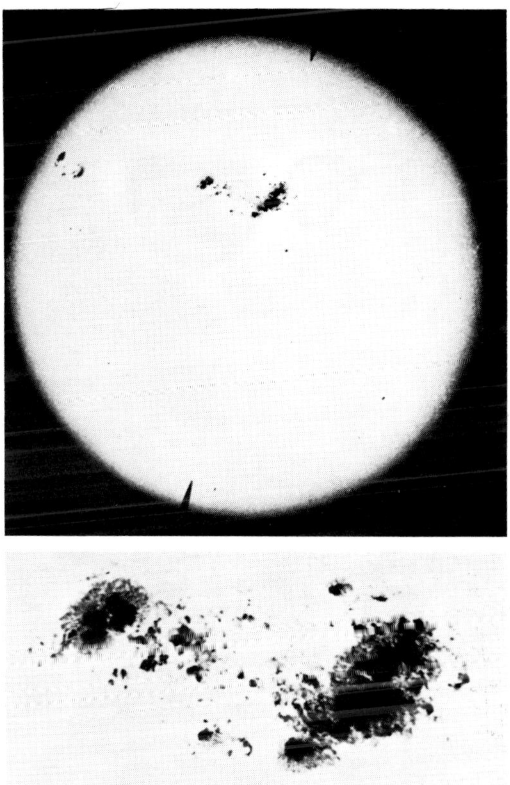

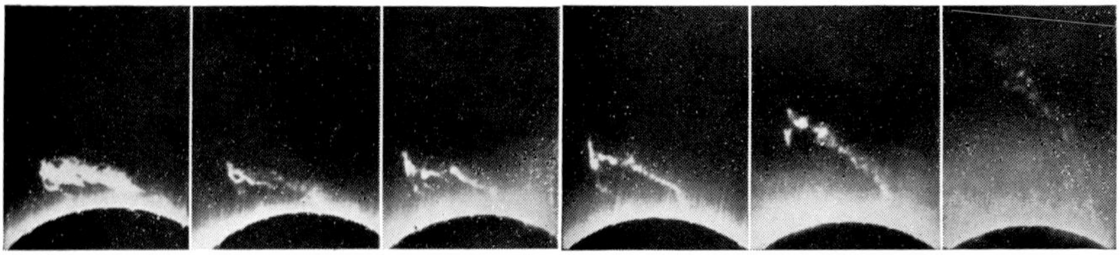

Protuberancia eruptiva observada del 3 al 4 de junio de 1949. Las seis fotografías muestran el movimiento de la protuberancia en un intervalo de 3 horas.

del Sol. La mayor parte del Sol está integrado por materia altamente ionizada, sobre todo hidrógeno. La temperatura del núcleo solar ha sido calculada por los especialistas en astrofísica en unos 20 millones de °C, y la inmensa pérdida de energía debida a las radiaciones, de las que la Tierra sólo recibe una parte minúscula, probablemente es compensada por procesos atómicos internos. Después de diversas investigaciones se calcula que la edad del Sol está comprendida entre 4,5 y 5 miles de millones de años.

¿Cómo se determina la distancia entre la Tierra y el Sol?

La distancia Tierra-Sol constituye ahora la llamada «unidad astronómica» para las distancias del sistema solar y además constituye la base para la determinación de la distancia entre las estrellas fijas. Por este motivo, puede considerarse esta distancia como la magnitud astronómica más fundamental.
Si la Tierra se contemplase desde el Sol, la esfera terrestre se observaría desde un cierto ángulo, que sería más pequeño a medida que nos alejásemos de la Tierra. Este ángulo también constituye una medida de la distancia y se denomina paralaje solar al ángulo bajo el cual, visto desde el Sol, el radio de la Tierra encajaría con él a la distancia media entre la Tierra y el Sol. Evidentemente tanto da utilizar el paralaje como la distancia.
Kepler encontró a partir de las destacadas observaciones de Tycho Brahe que este paralaje solar debía ser menor que 1', pero con el hallazgo del telescopio surgió la posibilidad de observar y medir paralajes mucho más pequeños. A continuación se explican una serie de métodos ingeniosos que han sido desarrollados.
El método más clásico entre los modernos consiste en determinar el paralaje solar mediante la contemplación de planetas cercanos a la Tierra y utilizando la tercera ley de Kepler. Si se logra medir la distancia de uno de estos planetas, se conoce inmediatamente la distancia del Sol, pues la tercera ley de Kepler establece la relación entre las distancias de todos los planetas. Por esta causa, la Academia Francesa de Ciencias en el año 1672 envió una expedición a Sudamérica, para realizar observaciones acerca del planeta Marte, que entonces se encontraba muy cerca de la Tierra, mientras que al mismo tiempo se efectuaban observaciones en París. El valor obtenido para el paralaje estaba acotado entre 9" y 10". Son mucho más apropiados algunos de los planetas pequeños que se acercan mucho a la Tierra. Por ejemplo, existe el planeta pequeño 433 Eros que se acerca a la Tierra hasta 21 millones de km y que ha sido utilizado repetidas veces para la determinación del paralaje. La determinación más reciente y más segura del paralaje a partir de la oposición de Eros de 1930/31 dio lugar al valor de 8,790", correspondiente a una distancia media entre el Sol y la Tierra de 149,67 millones de km o de 23 466 veces el radio terrestre. Las observaciones más recientes con radar dieron lugar a un valor algo más pequeño y muy exacto de 149 598 millares de kilómetros.

Los planetas, hermanos de nuestra Tierra

Los planetas o estrellas errantes, como nuestra Tierra, describen órbitas alrededor del Sol. Reciben toda la luz y toda la vida del Sol, y de no ser por el Sol serían cuerpos oscuros, fríos y muertos. Desde hace siglos se conocen los grandes planetas Mercurio, Venus, Marte, Júpiter y Saturno. El estudio de sus complicados movimientos condujo a los griegos a establecer una visión del mundo. Pitágoras consideró que la Tierra era una esfera en reposo situada en el centro del mundo. Una esfera hueca distinta, a la que estaban unidas las estrellas fijas, giraba en 24 horas alrededor de la Tierra. Los movimientos del Sol, la Luna y los planetas se explicaron por adición de otras esferas concéntricas. Los intentos de desarrollar un sistema heliocéntrico, en cuyo centro se encontrase el Sol, no pasaron de proyectos embrionarios, debido a la autoridad asignada a Aristóteles. Con algunas mejoras, nos ha sido transmitida la visión del mundo astronómica de entonces debida a Ptolomeo, en su «Almagesto». Hasta la Edad Media fue aceptada por todos.

A principios de la Edad Media vivieron tres hombres que contribuyeron a la implantación definitiva del sistema heliocéntrico: Copérnico (m. 1543), Tycho Brahe (m. 1601) y Johann Kepler (m. 1630). Copérnico explicó que los movimientos diarios de las estrellas eran un engaño, causado por la rotación de la Tierra alrededor de su eje. También el movimiento anual aparente del Sol era un engaño, derivado del movimiento de la Tierra alrededor del Sol. Los méritos de Tycho Brahe residen principalmente en realizar y recopilar innumerables observaciones: este material permitió a Kepler encontrar sus tres leyes sobre los movimientos de los planetas. La primera ley, que es la más importante, confirma que los planetas describen órbitas elípticas alrededor del Sol. Con el descubrimiento del telescopio en 1609 empezó la época de los nuevos hallazgos en nuestro sistema planetario. Por ejemplo, en 1610 Galileo descubrió la forma esférica de Júpiter y la existencia de 4 satélites brillantes. Huygens en 1656 observó por vez primera la forma de los anillos de Saturno. La ley de la gravitación universal de Newton hizo posible explicar los descubrimientos desde un punto de vista unitario.

En 1781 W. Herschel descubrió por casualidad el planeta Urano al realizar observaciones con su telescopio de espejo, de siete pies de longitud, construido por él mismo. El mayor éxito de la astronomía basada en cálculos matemáticos se produjo en 1846 cuando Galle, en Berlín, encontró el planeta Neptuno con base en los cálculos del francés Leverrier a partir de pequeñas irregularidades en el movimiento de Urano. Al cabo de algunos decenios fue posible ampliar todavía más la frontera del sistema planetario. Inducido por unos cálculos de Lowell que al final se mostraron carentes de fundamento, C. Tombaugh dedicó varios años a la búsqueda fotográfica de un nuevo planeta y así terminó hallando Plutón en 1930. Las distancias entre los planetas y el Sol presentan una regularidad que determina que entre Marte y Júpiter deba estar ocupado cierto espacio. Piazzi en 1801 encontró un planeta pequeño que se encuentra en este lugar. Mientras tanto se habían descubierto muchos planetas pequeños, cuyas órbitas cruzaban este espacio, y en la actualidad se conocen las órbitas exactas de casi 1800 de estos planetas, sobre los cuales se conjeturó que eran fragmentos de planetas mayores.

La amplitud del sistema solar, al que pertenecen muchos cometas, es de 40 veces la distancia Tierra-Sol. El planeta Plutón necesita para describir una órbita alrededor del Sol 248 años (datos más exactos se encuentran en la Tabla de la pág. 170). No sólo se encontraron nuevos planetas y cometas, sino también toda una serie de satélites. Mientras se buscaban en vano satélites en Mercurio y Venus, fueron descubiertos dos satélites en Marte en 1877. Éstos pudieron ser fotografiados por primera vez en 1972, a una distancia moderada, por la sonda marciana *Mariner 9*. El planeta gigante Júpiter

Relaciones de magnitud y distancia en el sistema solar

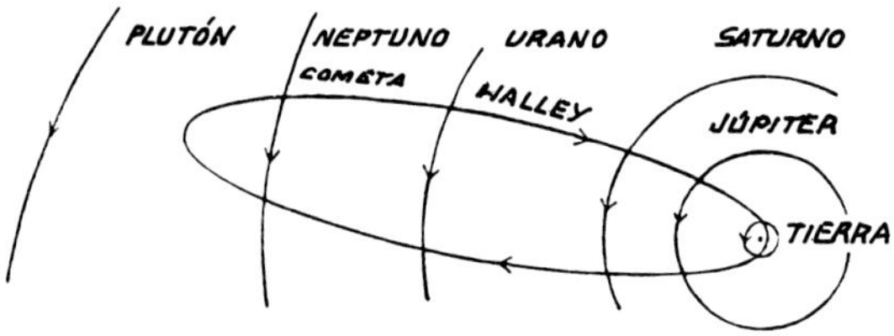

Órbita del cometa Halley

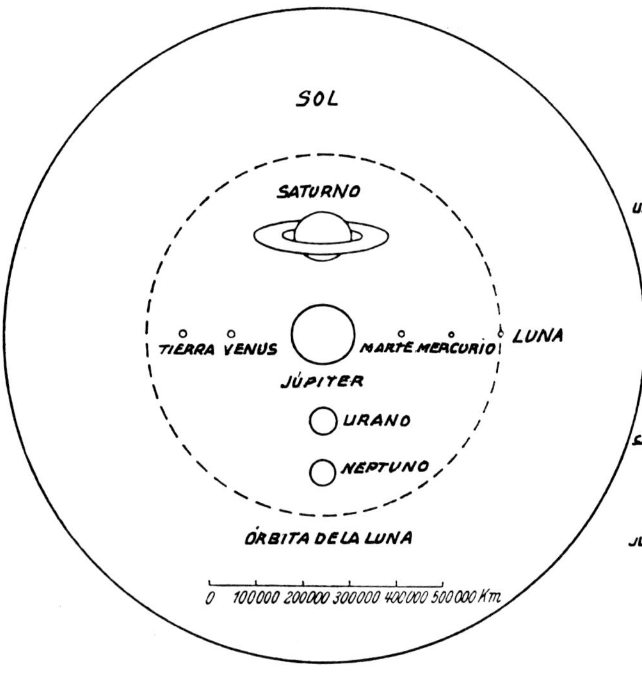

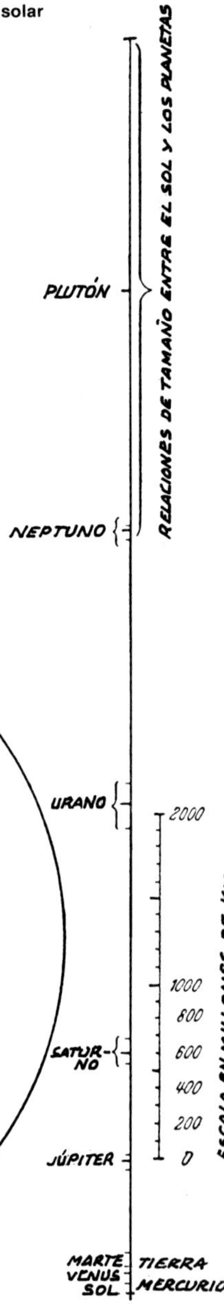

Relaciones de tamaño entre el Sol y los planetas

Distancias entre los planetas y el Sol

fue estudiado ampliamente en 1980 por dos sondas y se descubrió que tenía 16 satélites. Júpiter constituye un sistema solar en miniatura. Saturno tiene 18 satélites: el primero fue descubierto en 1655 y el último en 1982. Urano tiene 17 satélites, la mayoría de ellos descubiertos gracias a la sonda estadounidense *Voyager 2* en 1986. Neptuno cuenta hasta ahora con 8 satélites conocidos, uno de ellos (Nereida) con una órbita extraordinariamente excéntrica.
Las ilustraciones de la pág. 78 presentan una imagen reducida, pero a escala, de las relaciones de tamaño de los planetas con respecto al Sol y entre ellos.
Los descubrimientos telescópicos realizados en el sistema planetario encontraron finalmente un límite natural, por cuanto las observaciones se realizaban desde la Tierra. Las distancias inmensas y los movimientos inevitables de la atmósfera impusieron un límite a los instrumentos ópticos de gran tamaño y a los métodos astrofísicos más refinados.
Por tanto, con el envío de sondas espaciales a la Luna y a los planetas empezó una nueva fase en la investigación del sistema planetario.
A finales de 1976 ya habían sido alcanzados Mercurio, Venus, Marte y Júpiter; se tenía claro que Júpiter se encuentra a una distancia que es 1400 veces superior a la de la Luna. Sin exigir que sean completos, algunos de los resultados más importantes en el estudio de los planetas se obtuvieron mediante sondas sin tripulación a partir de 1961.
Mercurio, el menor de los grandes planetas y el más cercano al Sol, es sólo un poco mayor que la Luna. Solamente puede estar separado hasta una distancia angular de 28,5° respecto al Sol y sólo puede acercarse hasta 80 millones de km de la Tierra. Por tanto es posible observarlo cerca de su máxima elongación oriental, es decir de diciembre a mayo, en el cielo vespertino, o en su máxima elongación occidental, de agosto a enero, en el firmamento matutino. Pero sólo se observa en condiciones favorables.
En 1965 se demostró que el período de rotación de Mercurio es de 58,65 días. A partir de la Tierra sólo podían percibirse detalles generales de la superficie de los planetas. Un análisis cuidadoso del estudio mediante radar realizado en 1972/73 hizo que en 1974 se dedujera que la superficie de Mercurio estaba llena de cráteres. Una de las sondas enviadas hasta cerca de Mercurio tuvo que hacer frente a un calor enorme. La sonda *Mariner 10* (lanzada el 3 de noviembre de 1973), que se acercó a unos 750 km de la superficie de Mercurio el 29 de marzo de 1974 y envió 800 fotografías de la superficie de Mercurio, permitió que los científicos dedujeran lo siguiente: la estructura de la superficie de Mercurio es tan parecida a la de la Luna, que un aficionado apenas podría distinguirlas a primera vista. Y todo ello, a pesar de que las fotografías tomadas por el *Mariner 10* en marzo de 1974 habían abarcado la mitad de la superficie. Las fotografías tomadas de cerca permiten conocer objetos de 100 m de diámetro. La gran densidad del planeta permite hacer conjeturas sobre la posibilidad de que su núcleo sea de hierro.
Por otra parte, la semejanza con la superficie lunar es tal que se observa la misma relación entre la profundidad y el diámetro en los cráteres de Mercurio y de la Luna.
En la capa atmosférica muy delgada de Mercurio hay rastros de los gases inertes helio, argón y neón. La temperatura superficial presenta variaciones enormes y en la cara diurna puede alcanzar +340 °C.
También resulta sorprendente la existencia en Mercurio de un campo magnético que pudo ser comprobado a una distancia de sólo 327 km mediante el *Mariner 10* el día 16 de marzo de 1975. Por consiguiente, Mercurio es el único planeta cercano a la Tierra en el que se ha demostrado definitivamente la presencia de un campo magnético.
En el caso de Venus, que puede alcanzar una separación de 48° respecto al Sol, y que todos los aficionados han visto en el firmamento vespertino o matutino, quedan muchas cosas por descubrir, ya que una capa de nubes impide contemplar la superficie. Venus puede acercarse hasta 40 millones de km de la Tierra y es casi tan grande

Izquierda: Mercurio fotografiado el 29 de marzo de 1974 desde el *Mariner 10* a una distancia de unos 200 000 km. Se observan dos tercios del hemisferio sur. (Foto: USIS.)
Derecha: Venus observado el 6 de febrero de 1974 por las cámaras de TV de la sonda *Mariner 10* utilizando rayos UV. Se observa una estructuración marcada en las nubes superficiales. (Foto: USIS.)

como ésta. Ya en 1961 los soviéticos enviaron la primera sonda a Venus y desde entonces se ha convertido en el planeta más visitado por los ingenios automáticos tanto de la URSS como de los EE UU. En 1972 se logró el primer aterrizaje totalmente exitoso (sonda *Venus 8*) y en 1975 se tomaron las primeras fotografías de su superficie. En 1983 la *Venus 15* completó el primer mapa por radar de este planeta, labor perfeccionada por la sonda *Magallanes* en 1990-1993.
En 1932 se pudo demostrar espectroscópicamente la presencia de cantidades considerables de dióxido de carbono en la atmósfera de Venus. Mucho más tarde un estudio mediante radar permitió conocer una región llena de cráteres cerca del ecuador.

Lámina 1. *Arriba:* Fotografía en color de la corona solar durante el eclipse solar total del 15 de febrero de 1961 en Florencia. (Foto del Dr. en Med. H. Seiffert.) *Abajo:* Fotografía en color de Marte. (Foto del Observatorio Hale.)

Una cápsula desacoplada de *Venus 8* arribó a la superficie del planeta el 22 de julio de 1972. El *Mariner 2* estableció en 1972 que Venus estaba falto de campo magnético y de cinturón de radiación.

El *Mariner 10* pasó por encima de la superficie de Venus a una distancia de 5300 km el día 5 de febrero de 1974 y envió más de 3700 fotografías de la atmósfera de estructura complicada de Venus. La temperatura y la presión en las caras nocturna y diurna (caras oscura e iluminada) eran casi iguales. Mientras la superficie del planeta está en calma, el viento aumenta con la altura, primero de modo lento y después rápidamente hasta 100 m/seg. El límite inferior de la capa de nubes está situado a unos 45 km de altura. También pudo demostrarse espectroscópicamente la presencia de helio y probablemente de argón y neón.

Las contradicciones existentes en los datos enviados por las distintas sondas se explican de la manera siguiente: el arribo de las sondas se produjo a distintos niveles de la superficie del planeta.

Venus carece de achatamiento, y su rotación presenta un período de 243,0 días y es *retrógrada*. Este tipo de rotación es única en el sistema solar. Por ser muy baja la posición del Sol por encima del horizonte de Venus, el brillo del planeta es muy escaso. En el lugar de arribo de *Venus 8* la temperatura era de +470 °C y la presión de unas 100 atmósferas. La atmósfera de Venus está integrada por un 97% de dióxido de carbono y un 2% de nitrógeno. Por primera vez la sonda de *Venus 8* pudo estudiar el suelo del punto de arribo; en este caso se encontraron también elementos radiactivos.

Los resultados de las sondas americanas fueron confirmados en los puntos esenciales por las sondas rusas *Venus 9 y 10*, que en octubre de 1975 arribaron a la superficie de Venus. Los científicos se interesaron mucho en los conocimientos nuevos que aportaban las fotografías tomadas por ambas sondas. Causó sorpresa la forma de un fragmento de roca que parecía estar afectado por la erosión.

Desde las sondas gemelas *Vega* en 1986 y la *Magallanes* en 1990, no existen proyectos para enviar más sondas a Venus en el futuro inmediato.

Marte. Cuando nos alejamos tanto de la Tierra como del Sol, entonces observamos el planeta rojizo Marte, que siempre nos ha interesado. Después de Mercurio es el planeta de menor tamaño, pero también el más parecido a la Tierra. Su capa atmosférica delgada es muy transparente, de manera que se dispone de cartas de Marte desde hace tiempo.

Órbita de Marte y órbita de la Tierra. Se indican los puntos en donde se produjeron las oposiciones de 1971 y 1982. La oposición de 1971 tuvo lugar en la parte más favorable de la trayectoria, donde la distancia era mínima.

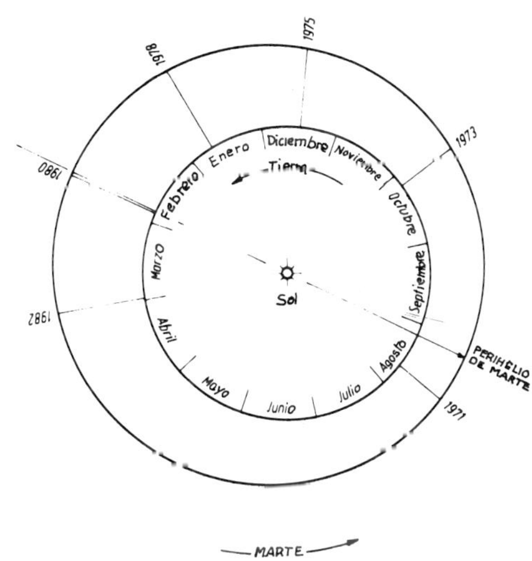

Lámina 2. Fotografías en color del planeta Júpiter (*arriba*) y del planeta Saturno (*abajo*). (Foto del Observatorio Hale.)

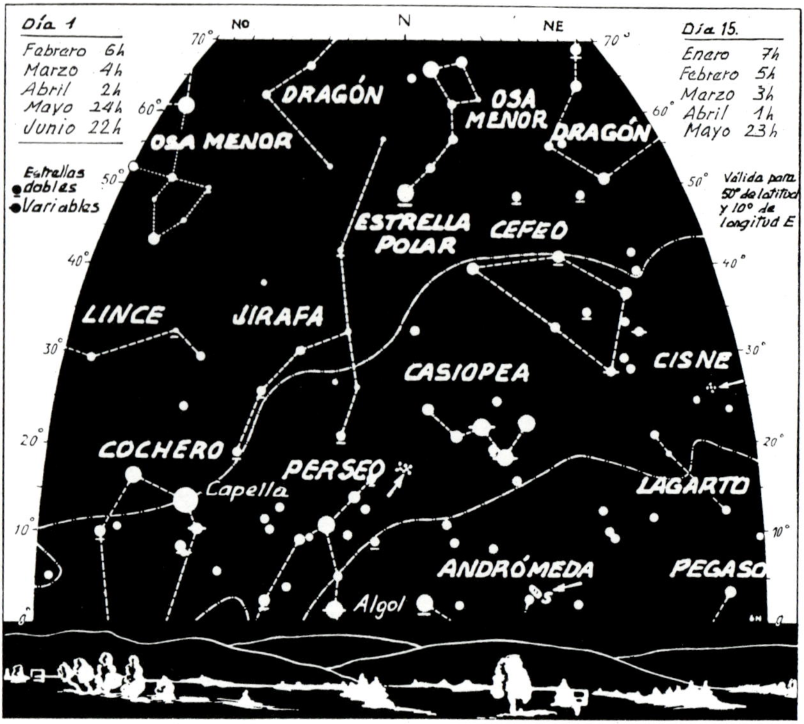

Lo que muestra la carta estelar

En el N-NO se encuentra la W conspicua de *Casiopea* casi en posición horizontal. A la izquierda de la W ascienden de modo empinado las estrellas pálidas de la *Jirafa*, hasta alcanzar la *estrella Polar*. La *Osa Menor* asciende de modo empinado a partir de la *estrella Polar*. Del *Dragón* sólo se observa una sección de la parte central, situada a la derecha, cerca de la *Osa Menor*. Entre esta sección del *Dragón* y *Casiopea* se extiende oblicuamente *Cefeo*. La cabeza y algunas estrellas de la *Osa Mayor* aparecen en posición alta en el NO e indican el ascenso empinado previo de la constelación. Debajo de la cabeza de la *Osa Mayor* se extienden a unos 30° de latitud estrellas del *Lince*, inconspicuo, mientras en posición baja en el NO se extiende por el horizonte la parte principal del *Cochero*. A una latitud menor a la izquierda del punto cardinal N se encuentran algunas estrellas de *Perseo*.
La *Vía Láctea* empieza en posición baja en el NO debajo de *Capella* y asciende de manera poco marcada a través de *Perseo, Casiopea* y *Cefeo*.

A más de 10° de latitud se encuentran los siguientes objetos notables:

Variables perceptibles a simple vista: δ y μ en Cefeo, α y γ en Casiopea; la variable de ocultación ϵ en el Cochero.
Dobles: A simple vista: Ninguna. Prismáticos: Ninguna. Instrumentos de 2 pulgadas: η en Casiopea, β y ξ en Cefeo, η en Perseo, α en la Osa Menor (estrella Polar). Instrumentos de 3-4 pulgadas: $\varkappa$ en Cefeo, ϵ y η en el Dragón, 19 H en la Jirafa. Cúmulos y nebulosas: A simple vista: Cúmulos de estrellas dobles h y χ en Perseo. Prismáticos: Cúmulo abierto M 39 (Cisne).

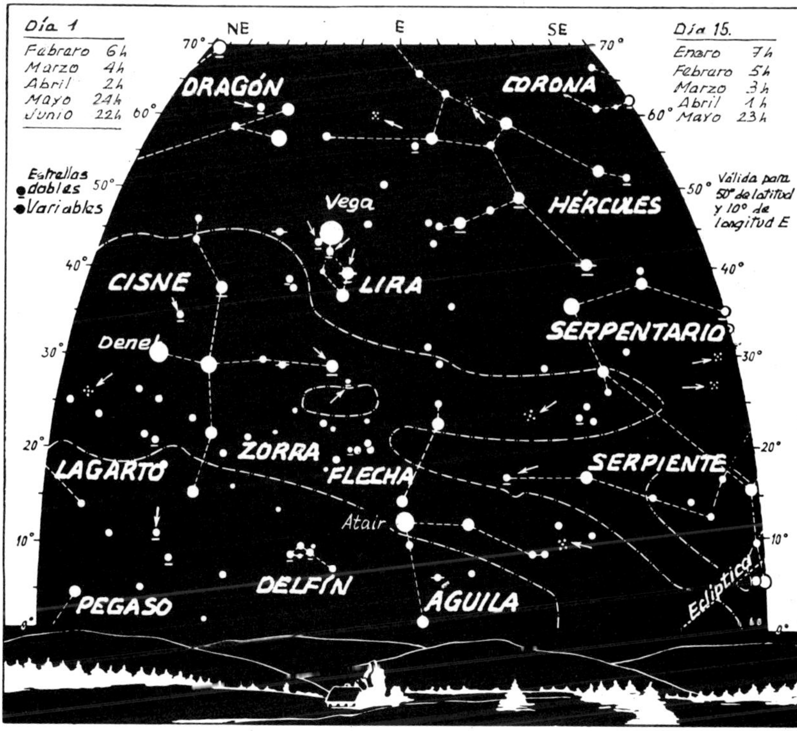

Lo que muestra la carta estelar

En el firmamento oriental se encuentra a una latitud de unos 45° la estrella más brillante del firmamento norte, *Vega* de la *Lira*. Sobre ella se observa la cabeza del *Dragón* y más hacia el SE se extiende *Hércules* y en el margen SE en posición más alta se encuentra la *Corona Boreal*. El *Cisne* ha desaparecido por completo. A través de la *Zorra*, inconspicua, y la *Flecha* se llega al *Águila* con la estrella brillante *Atair*. Cerca del *Águila*, hacia el SE, se observa la cola de la *Serpiente* y por encima parte del *Serpentario*. Cerca del punto cardinal E se encuentra el *Delfín* a una latitud menor.
La *Vía Láctea* asciende en el NE empezando en una latitud media de 30° atravesando el *Cisne* y el *Águila* bajando hacia el horizonte SE entra en la *Serpiente*.

A más de 10° de latitud se encuentran los siguientes objetos notables.

Variables perceptibles a simple vista: α en Hércules, β y R en la Lira, la estrella del tipo Mira χ en el Cisne.
Dobles: A simple vista: ε, en la Lira, sirve para demostrar buena vista. Prismáticos: ν en el Dragón, δ y ζ en la Lira, β, μ y o_2 en el Cisne (o_2 es triple), ϑ en la Serpiente, 6 en la Zorra. Instrumentos de 2 pulgadas: α, δ, μ, ρ en Hércules, η en la Lira, ζ en la Flecha, 70 en el Serpentario. Instrumentos de 3 4 pulgadas: η en el Dragón, δ en el Cisne, ϵ_1 y ϵ_2 en la Lira.
Cúmulos y nebulosas: A simple vista: Cúmulos globulares M 13 y M 92 en Hércules. Prismáticos: Cúmulos globulares M 10 y M 12 en el Serpentario; cúmulos abiertos 6633 (Serpiente) y M 39 (Cisne).

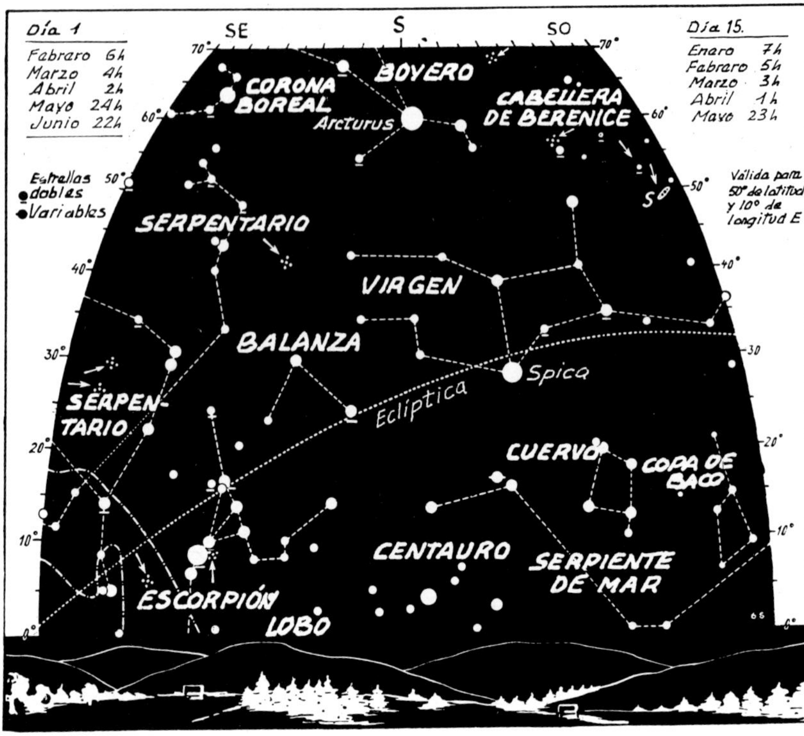

Lo que muestra la carta estelar

Exactamente en el S en posición muy alta se encuentra la estrella brillante y rojiza *Arcturus*, con algunas estrellas del *Boyero*. Cerca se encuentran en el SE la *Corona Boreal*, grácil, y en el SO la *Cabellera de Berenice*. La latitud media está ocupada en gran parte por la *Virgen* con la estrella brillante *Spica*, y por debajo se extienden el *Cuervo*, la *Copa de Baco* y una parte de la *Serpiente de Mar*. En posición baja en el S se observan débilmente algunas estrellas del *Centauro* y asimismo las estrellas del *Lobo*. En el S-SE se extiende el *Escorpión* con *Antares* hacia arriba, y por encima de él la *Balanza* se encuentra en la eclíptica, mientras que el *Serpentario* y la *Serpiente* se observan en el SE entre el *Escorpión* y la *Corona Boreal*.
La *Vía Láctea* aparece en parte cerca del horizonte SE, la *eclíptica* se encuentra en una posición muy baja, se extiende desde el ángulo SE por encima de *Antares* y *Spica* hasta 30° de latitud en el margen SO de la carta.

A más de 10° de latitud se encuentran los siguientes objetos notables:

Variables perceptibles a simple vista: R en la Serpiente de Mar.
Dobles. A simple vista: Ninguna. Prismáticos: 24 en la Cabellera de Berenice. Instrumentos de 2 pulgadas: γ en la Virgen, ξ en el Escorpión, β y δ en la Serpiente. Instrumentos de 3-4 pulgadas: ϵ en Bootes, ϑ en la Virgen.
Cúmulos y nebulosas: A simple vista: Cúmulo globular M 5 en la Serpiente. Prismáticos: Cúmulo globular M 53 en la Cabellera de Berenice, cúmulos globulares M 10 y M 12 en el Serpentario, nebulosa espiral M 100 en la Cabellera de Berenice.

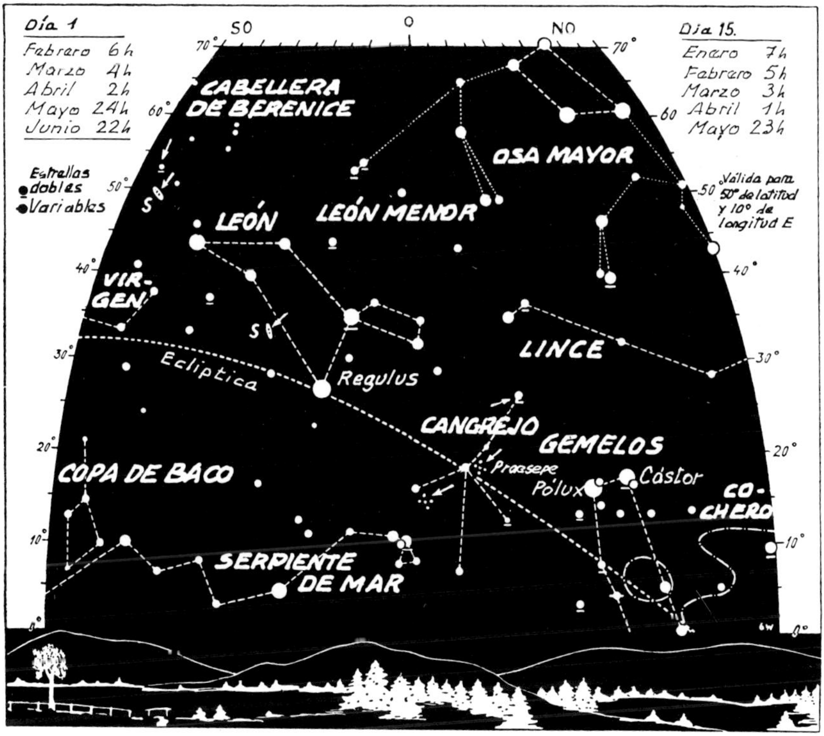

Lo que muestra la carta estelar

Como constelación más importante, se ha de mencionar el *León*, con la estrella brillante conspicua *Regulus* situada en la *eclíptica*. La parte superior del campo está dominada por secciones de la *Osa Mayor*, por debajo de las cuales el *Lince* desciende hacia el N. Los *Gemelos* han desaparecido en gran parte y también el *Cochero*. Casi exactamente en el O se encuentra en posición muy baja el *Cangrejo*. Exactamente por encima del punto cardinal O a unos 10° de latitud se observa la cabeza de la *Serpiente de Mar*, que se extiende casi horizontalmente hasta el margen SO de la carta. En el SO se encuentra en posición un poco más alta la *Copa de Baco* y por encima se observan la primera estrella de la *Virgen* y, a mayor latitud, diversas estrellas de la *Cabellera de Berenice*.

De la *Vía Láctea* sólo se observa un resto pequeño en posición muy baja en el NO. La *eclíptica* ha descendido mucho y se extiende formando un arco plano desde el horizonte NO por encima de los *Gemelos*, el *Cangrejo* y *Regulus* hasta la *Virgen*

A más de 10° de latitud se encuentran los siguientes objetos notables:

Variables perceptibles a simple vista: Ninguna.
Dobles: A simple vista: Ninguna. Prismáticos: 24 en la Cabellera de Berenice, ι en el Cangrejo. Instrumentos de 2 pulgadas: ζ en el Cangrejo (múltiple), γ y 54 en el León, α en los Gemelos (Cástor, múltiple). Instrumentos de 3-4 pulgadas: ξ, ν, ι en la Osa Mayor, 38 en el Lince, ϵ en la Serpiente de Mar, $\varkappa$ en los Gemelos.
Cúmulos y nebulosas: A simple vista: Praesepe en el Cangrejo. Prismáticos: Cúmulo M 67 en el Cangrejo, nebulosa espiral M 96 en el León y M 100 en la Cabellera de Berenice.

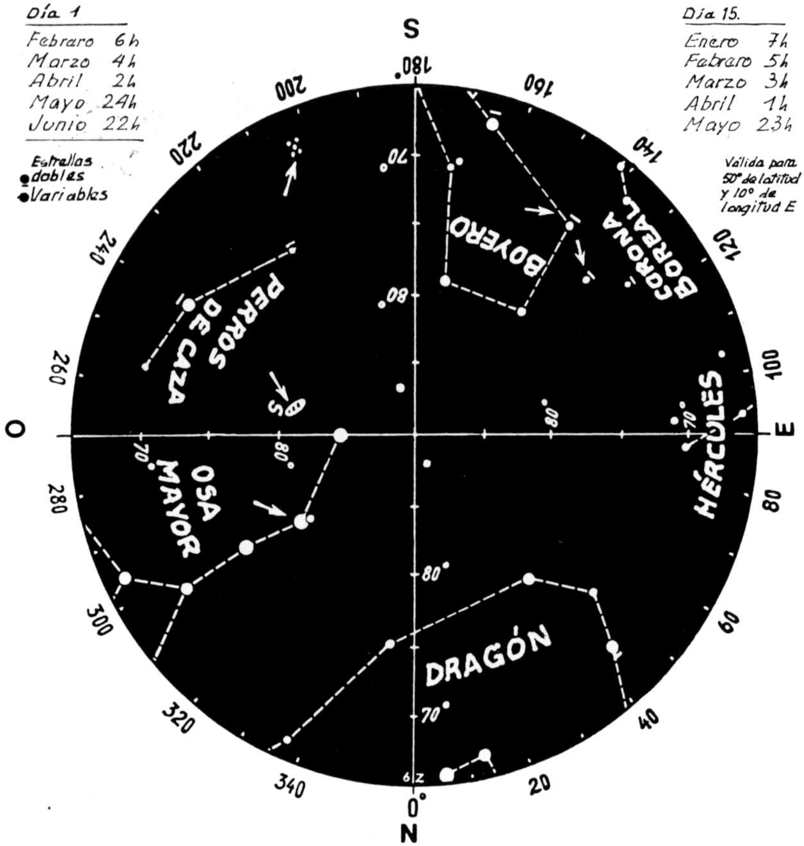

Lo que muestra la carta estelar

La limonera del *Gran Carro* ya se encuentra por encima del zenit y su última estrella está situada en el O a 85° de latitud. Del *Gran Carro* (Osa Mayor) sólo es visible una parte; la parte media del *Dragón* ha ascendido hasta el NE. En el E aparecen algunas estrellas de *Hércules*, en el SE una parte de la *Corona Boreal* y en el O se extiende la parte superior del *Boyero* hasta casi 80° de latitud. Los *Perros de Caza* han superado el meridiano y se hallan en el SO, dentro de la calota zenital. La *Vía Láctea* no aparece.
Variables perceptibles a simple vista: Ninguna.
Dobles: A simple vista: ζ (Mizar-Alcor) en la Osa Mayor. *Prismáticos:* μ y δ en el Boyero. *Instrumentos de 2 pulgadas:* ζ en la Osa Mayor, 12 en los Perros de Caza, ζ en la Corona Boreal. *Instrumentos de 3-4 pulgadas:* μ y e en el Boyero, μ en el Dragón.
Cúmulos y nebulosas: A simple vista: Cúmulo globular M 3 en los Perros de Caza. *Prismáticos:* Nebulosa espiral M 51 en los Perros de Caza.

Horas de salida y puesta del Sol (MEZ) para +50° de latitud y 10° de longitud E

	1 junio	11 junio	21 junio
Salida	4.16	4.11	4.10
Puesta	20.19	20.28	20.33

Marte presenta oposición con respecto al Sol cada 25-27 meses y puede acercarse hasta 55 millones de km de la Tierra. La posición de su eje de rotación y la magnitud de su período de rotación hacen que Marte sea semejante a la Tierra, de suerte que presenta días y estaciones como nuestro planeta, pero las estaciones son mucho más largas por ser mayor su período de rotación.
Son muy conspicuas las dos calotas polares de Marte, cuya fusión anual regular es captada por el observador. En el verano de Marte las calotas desaparecen por completo. En el año 1877 causó sensación el descubrimiento del astrónomo italiano *G. Schiaparelli* de los «canales de Marte», que azuzaron la imaginación de los humanos, de manera que incluso llegaron a creer que Marte estaba habitado. De las especulaciones sobre los canales de Marte nada es válido hoy en día y las formas geométricas originales también han sido descartadas. Cabe destacar que raras veces o nunca aparezcan en las fotografías.
Las observaciones visuales de Marte son a veces superiores a las fotografías, porque éstas se ven perturbadas y echadas a perder por los movimientos de nuestra atmósfera y los detalles de exposición.
En las observaciones telescópicas, puede dividirse la superficie de Marte en tres regiones principales. Aproximadamente 1/3 de la superficie se encuentra en las zonas oscuras, situadas mayoritariamente en las latitudes medias y caracterizadas más o menos por una estructura conspicua. Luego tenemos las calotas polares blancas y conspicuas, mencionadas con anterioridad. El resto está integrado por regiones generalmente rojizas, más o menos sin estructura.
La capa atmosférica muy delgada de Marte permite siempre la contemplación de la superficie. Pero también pueden formarse capas de nubes y en ocasiones tormentas recias de arena, que perjudican la observación de la superficie.
Con el envío de las sondas espaciales, empezó una nueva fase de la investigación de Marte. Desde noviembre de 1962 hasta agosto de 1973 se enviaron a Marte 12 sondas sin tripulación, 8 de las cuales tuvieron más o menos éxito, a saber, *Mariner 4, 6* y *7*, *Mars 2* y *3*, *Mariner 9* y *Mars 5* y *6*.
El *Mariner 4* envió en julio de 1965 las 21 fotografías primeras de la supeficie de Marte tomadas a una distancia de 9600 km. Estas fotos abarcaban sólo 1/100 de la superficie de Marte, pero permitían reconocer muchos cráteres, y ponían de manifiesto la semejanza de Marte con la Luna. Esto es correcto sólo en parte. En 1969, los *Mariner 6* y

Aspecto de Saturno con sus anillos visto desde distintos puntos de la Tierra. De arriba abajo: 1916, 1921, 1909, 1912.

▼

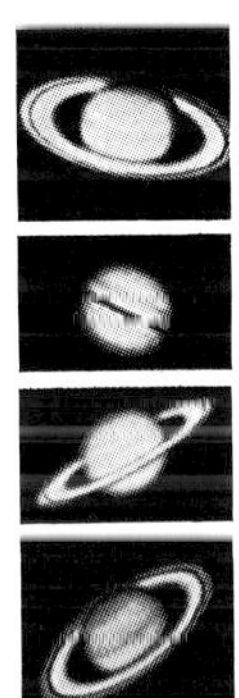

Dos fotografías de Marte tomadas el 8 de octubre de 1941. La foto izquierda fue tomada 3 horas 33 minutos antes que la de la derecha. Se observa claramente el corrimiento intenso debido a la rotación del planeta. (Foto Lyot, Pic du Midi.)

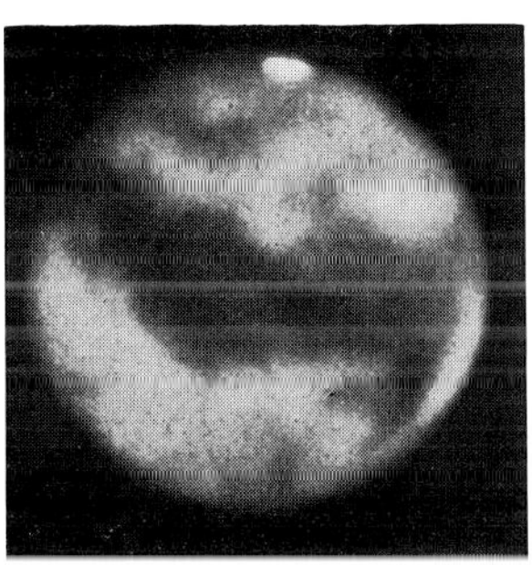

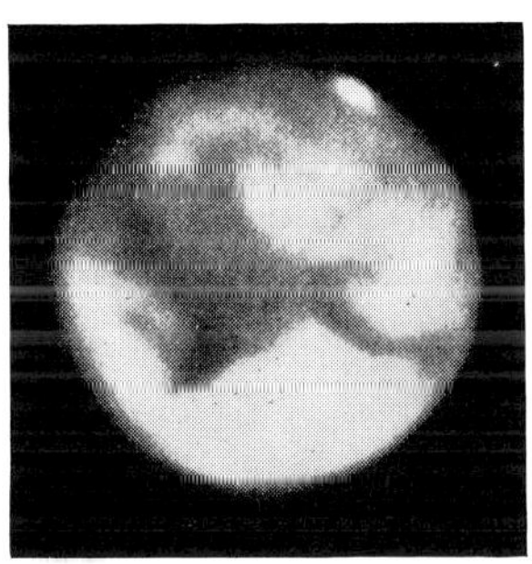

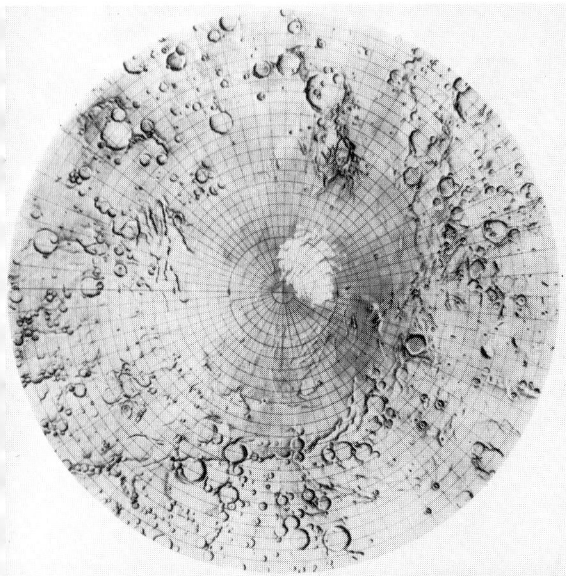

El *Mariner 9* aportó las bases para la primera representación gráfica de la región meridional de Marte. La carta llega hasta unos 65°. (Foto: USIS.)

7 enviaron unas 200 fotografías. Éstas indicaban que los cráteres se encuentran casi sólo en las regiones oscuras y sus zonas limítrofes, en tanto que las regiones claras poseen pocos cráteres. Muchos de estos cráteres deben tener origen volcánico. El *Mariner 6* registró temperaturas superficiales máximas comprendidas entre +16° C y +21° C, pero por lo común las temperaturas son inferiores al punto de congelación. En los años 1971/72 *Mars 2* y *3* pudieron realizar numerosos experimentos científicos; entre otras cosas, demostraron que el contenido de humedad de la atmósfera de Marte es muy inferior al de la Tierra. Como temperatura nocturna más baja propia del ecuador de Marte se determinó el valor de —130° C. Es asimismo muy interesante que las nubes de polvo de Marte estén integradas por partículas muy pequeñas. Mientras el módulo de aterrizaje de *Mars 2* aterrizó de modo violento sobre la superficie, el módulo de *Mars 3* consiguió el primer aterrizaje suave sobre el planeta rojo.

El *Mariner 7* hizo posible decidir sobre la naturaleza de los casquetes polares: estaban constituidos principalmente por dióxido de carbono helado.

La capa atmosférica de Marte es siempre muy delgada. La presión presente en la superficie del planeta es inferior a 1/100 atmósferas. Los componentes de esta atmósfera son: 95% de dióxido de carbono, cantidades pequeñas de monóxido de carbono y muy poco vapor de agua.

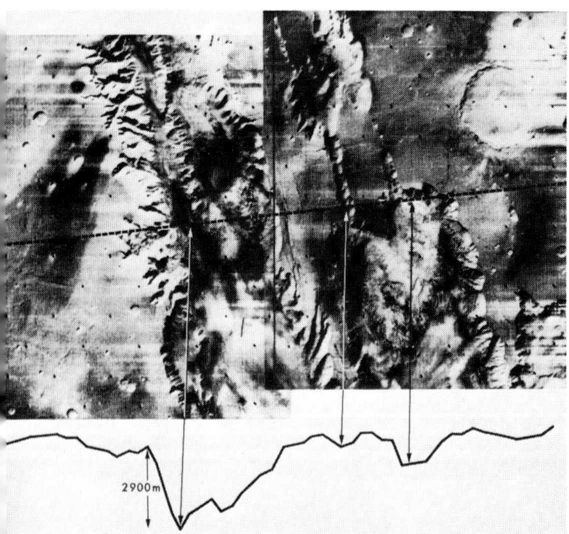

Esta fotografía detallada de la superficie de Marte, en concreto de la región de Lacus Tithonius, presenta un cañón de Marte de 3 km de profundidad y 120 km de anchura. Su longitud es de más de 4000 km. La línea situada debajo de la foto indica el perfil de altitud. (Foto: USIS.)

Esta fotografía detallada de Marte muestra, junto a los cráteres, una estructura integrada por meandros. Podría asignarse a un lecho seco de un río. (Foto: USIS.)

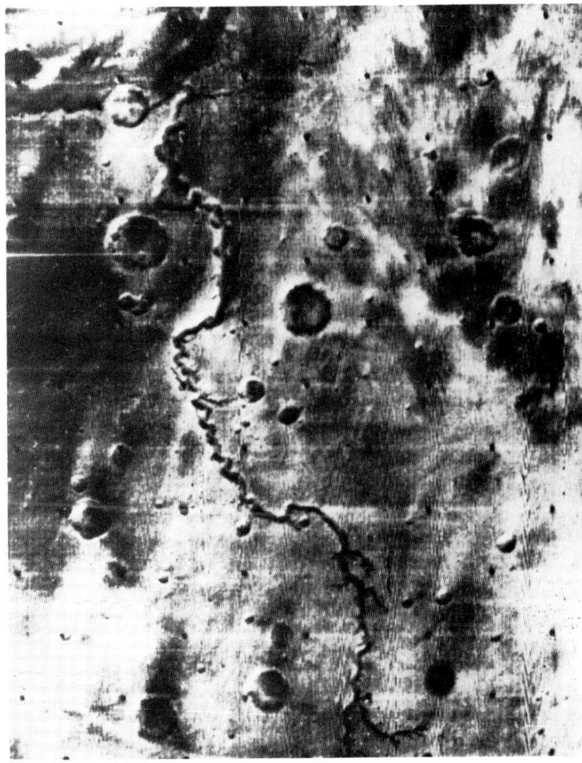

De las sondas americanas, el *Mariner 9* fue sin duda la que tuvo más éxito en las investigaciones de Marte. Aunque al principio una tormenta de polvo impedía observar la superficie, consiguió indicios sobre la composición química de esta tormenta, integrada por más del 55% de óxido de silicio.

Mientras recorría su órbita, a lo largo de 349 días, el *Mariner 9* pudo tomar más de 7300 fotos de la superficie de Marte. Éstas constituyeron la base para realizar una carta topográfica a escala 1:5 000 000, en la que estaban incluidos más de 8000 cráteres con un diámetro superior a los 15 km. También fueron fotografiados los dos satélites de Marte: Phobos y Deimos. Se trata de fragmentos de estructura irregular con innumerables cráteres de 8-20 km de diámetro.

En 1973 los rusos enviaron un equipo de cuatro sondas, Mars 4-7, al planeta rojo. Dos de ellas, Mars 5 y 6, tuvieron mucho éxito. Mars 5 describió una órbita alrededor del planeta el 15/2/74 y envió, junto a medidas, fotografías importantes. Mars 6 alcanzó el planeta el 12/3/74. A 48 000 km de altura se separó un módulo de aterrizaje, del cual se desacopló algo más tarde un paquete de instrumentos colgado de un paracaídas. El 20 de julio de 1976 aterrizó de modo suave la nave espacial de la NASA Viking 1 sobre la superficie de Marte. En septiembre de 1976 lo hizo la Viking 2. Entre los primeros resultados importantes de esta investigación, cabe mencionar la demostración por primera vez de la presencia de nitrógeno en la atmósfera de Marte. El nitrógeno constituye un elemento necesario para los procesos vitales. Hasta ahora no se ha logrado una demostración directa de la existencia de vida en Marte, pero no puede excluirse la presencia de grandes reservas de agua en las capas profundas del planeta rojo. Distintas formaciones superficiales han sido consideradas cursos de ríos que se secaron hace millones de años. Después de las sondas *Viking*, los sucesivos intentos rusos y estadounidenses por volver a Marte fracasaron uno tras otro hasta que en 1997 arribaron allí las sondas *Mars Pathfinder* (aterrizaje) y *Mars Global Surveyor* (módulo orbital). En 1999 se enviaron dos nuevas sondas.

El contenido de argón en la atmósfera parece ser más bajo de lo que indicaron las mediciones de las sondas rusas. Nuestros conocimientos sobre Marte gracias a las sondas que lo han explorado han cambiado fundamentalmente en los últimos años.

Júpiter es el planeta gigante de nuestro sistema solar. Su diámetro es más de 11 veces superior al de la Tierra y su masa es 318 veces la de la Tierra.

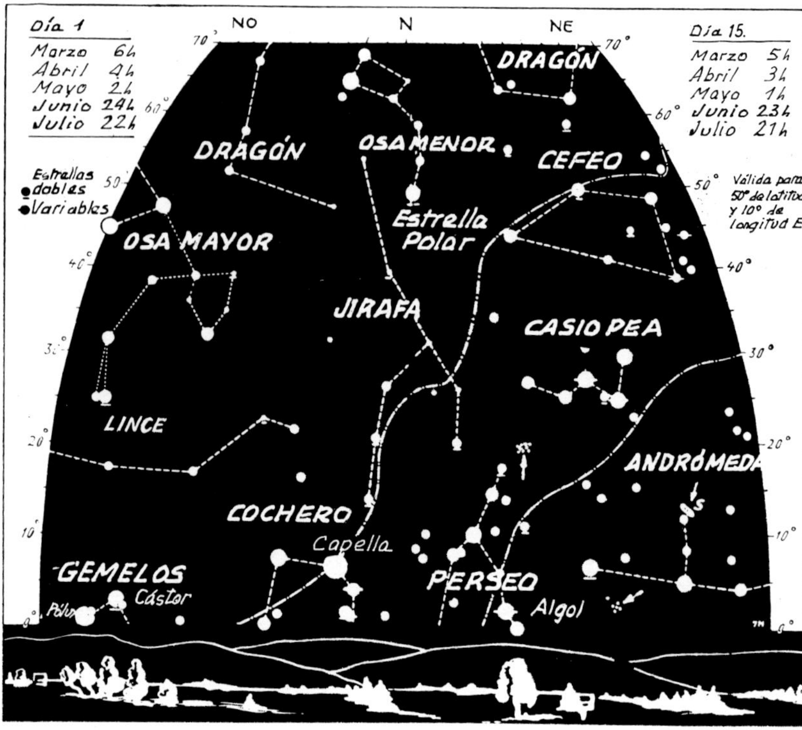

7
Norte

Lo que muestra la carta estelar

A partir de la *estrella Polar* se extiende la *Osa Menor* casi perpendicularmente hacia arriba. A ambos lados de la *Osa Menor* se observa parte del *Dragón*. En el NO, debajo de la cola del *Dragón*, se encuentra la cabeza de la *Osa Mayor* y parte del *Gran Carro*. Debajo, a una latitud inferior, se extiende horizontalmente el *Lince*, inconspicuo. En el horizonte NO están a punto de ponerse *Cástor* y *Pólux*. Algo al oeste del punto cardinal N se observa en una posición casi más baja el *Cochero* con *Capella*, y algo al este de ésta se encuentra *Perseo*, en posición más baja igualmente. Por encima de ambos asciende de modo empinado la *Jirafa*, grácil, hasta llegar por encima de la *estrella Polar*. En el NE *Andrómeda* se ha separado del horizonte, y por encima, algo hacia el N, se encuentra la W de *Casiopea* y sobre ésta tenemos a *Cefeo* otra vez.
La *Vía Láctea* empieza cerca del punto cardinal N y asciende oblicuamente hacia el NE hasta *Cefeo*.

A más de 10° de latitud se encuentran los siguientes objetos notables:

Variables perceptibles a simple vista: δ y μ en Cefeo, α y γ en Casiopea.
Dobles: A simple vista y con prismáticos: Ninguna. Instrumentos de 2 pulgadas: η en Casiopea, β y ξ en Cefeo, η en Perseo, α en la Osa Menor (estrella Polar). Instrumentos de 3-4 pulgadas: κ en Cefeo, ϵ en el Dragón, 19 H en la Jirafa, ι en la Osa Mayor, ϑ en Perseo.
Cúmulos y nebulosas: A simple vista: Cúmulos de estrellas dobles h y χ en Perseo. Prismáticos: Nebulosa espiral M 31 en Andrómeda (nebulosa de Andrómeda).

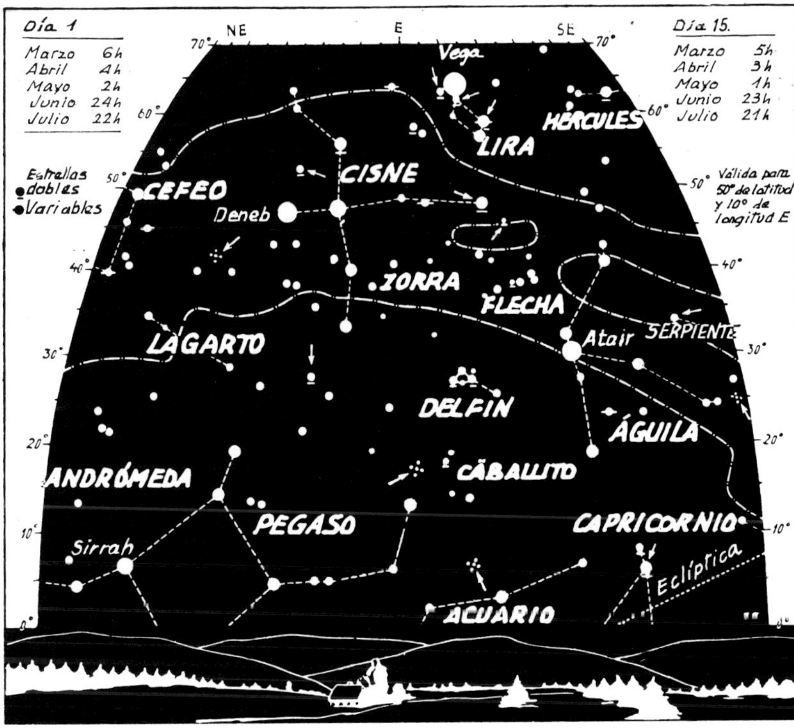

Lo que muestra la carta estelar

La *Lira* con la estrella brillante distintiva *Vega* se encuentra ahora a casi 65° de latitud casi en el E. Cerca de ellas desaparecen las últimas estrellas de *Hércules* en el margen SE de la carta. La latitud media está dominada por el *Cisne* y el *Águila*, situada en posición más baja, en el SE. A un lado de *Deneb* se encuentra el *Lagarto*, y al otro lado, debajo de la *Zorra* y la *Flecha*, se observan el *Delfín* y el *Caballito*. En el margen NE aparecen a una latitud media las primeras estrellas de *Cefeo*, y en posición más baja algunas estrellas de *Andrómeda*. En el E-NE se encuentra gran parte de *Pegaso* sobre el horizonte, en el E y SE están a punto de salir las primeras estrellas de *Acuario* y de *Capricornio*. La *Vía Láctea* se extiende formando un arco amplio a una latitud media desde *Cefeo*, en el NE, por encima del *Cisne* y del *Águila*, hasta una posición baja en el SE. La *eclíptica* forma sólo un arco plano cerca del horizonte SE.

A más de 10° de latitud se encuentran los siguientes objetos notables:

Variables perceptibles a simple vista: β y R en la Lira, χ en el Cisne (estrella del tipo Mira), δ y μ en Cefeo (en el margen NE).
Dobles: A simple vista: ϵ, en la Lira, sirve para demostrar buena vista. Prismáticos: β y ζ en la Lira, β, μ y o_2 en el Cisne (o_2 es triple), ϑ en la Serpiente, 6 en la Zorra. Instrumentos de 2 pulgadas: μ en Hércules, γ en el Delfín, η en la Lira, ξ en la Flecha. Instrumentos de 3-4 pulgadas: δ en el Cisne, ϵ_1 y ϵ_2 en la Lira.
Cúmulos y nebulosas: Prismáticos: Cúmulo globular M 15 en Pegaso, cúmulos abiertos M 39 en el Cisne y M 11 en el Escudo (M 11 se observa mejor en la carta siguiente).

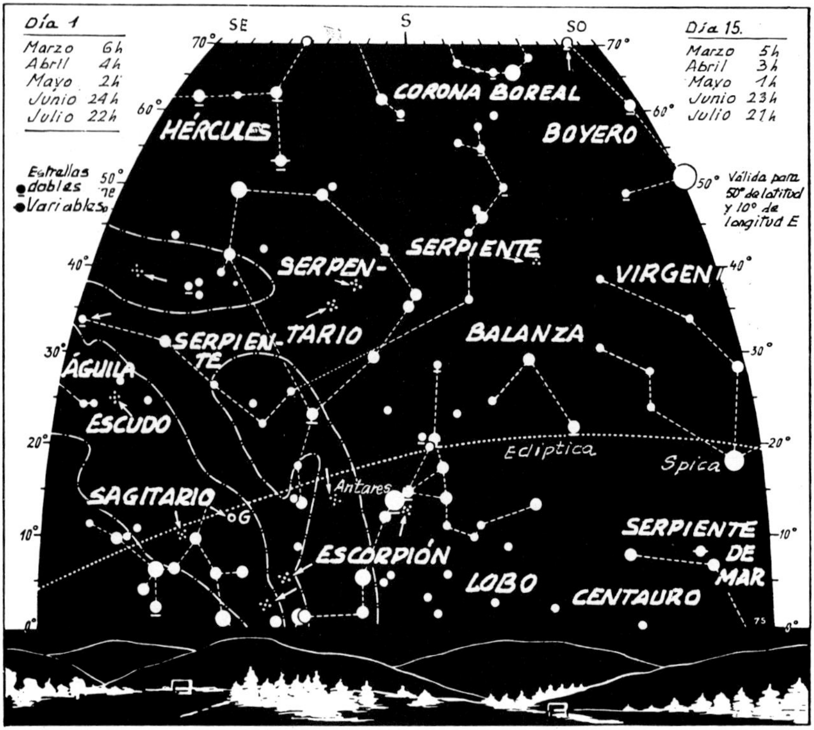

Lo que muestra la carta estelar

El *Escorpión* ha alcanzado su posición más alta, y la estrella gigante *Antares* se encuentra casi en el meridiano. Por encima de la *Balanza* se llega a *Spica* en el SO, cerca de la *eclíptica*, en la *Virgen*. En la misma dirección pero en posición algo más alta, se encuentra *Arcturus* con algunas estrellas del *Boyero* en el margen. La *Corona Boreal*, grácil, se encuentra en posición muy alta en el S-SO. Debajo se observa la cabeza de la *Serpiente de Mar*, que forma un arco amplio a través del *Serpentario* hasta el margen SE de la carta. *Hércules* casi ha alcanzado su posición más alta, de manera que sólo se encuentran algunas estrellas en el S en posición alta. El extremo de la cola del *Águila*, el *Escudo* y *Sagitario*, situados en posición muy baja, ocupan el SE.
La *Vía Láctea*, que se bifurca en esta carta, se extiende en el SE a través del *Águila*, el *Escudo* y la *Serpiente* hasta *Sagitario* y el *Escorpión*. La *eclíptica* ha descendido mucho y alcanza en la *Balanza* y cerca de *Spica* su posición más alta.

A más de 10° de latitud se encuentran los siguientes objetos notables:

Variables perceptibles a simple vista: α de Hércules.
Dobles: A simple vista: Ninguna. Prismáticos: δ en el Boyero. Instrumentos de 2 pulgadas: α, δ, μ, γ en Hércules, δ y β en la Serpiente, 70 en el Serpentario, ξ en el Escorpión. Instrumentos de 3-4 pulgadas: ϵ en Bootes, α en el Escorpión (Antares). Cúmulos y nebulosas: A simple vista: Cúmulo globular M 5 en la Serpiente. Prismáticos: Nebulosa de gas M 8 en Sagitario, cúmulo abierto 6633 en la Serpiente, cúmulo abierto M 11 en el Escudo, cúmulos globulares M 10, M 12 y M 19 en el Serpentario, cúmulo globular M 22 en Sagitario (en condiciones favorables perceptible a simple vista).

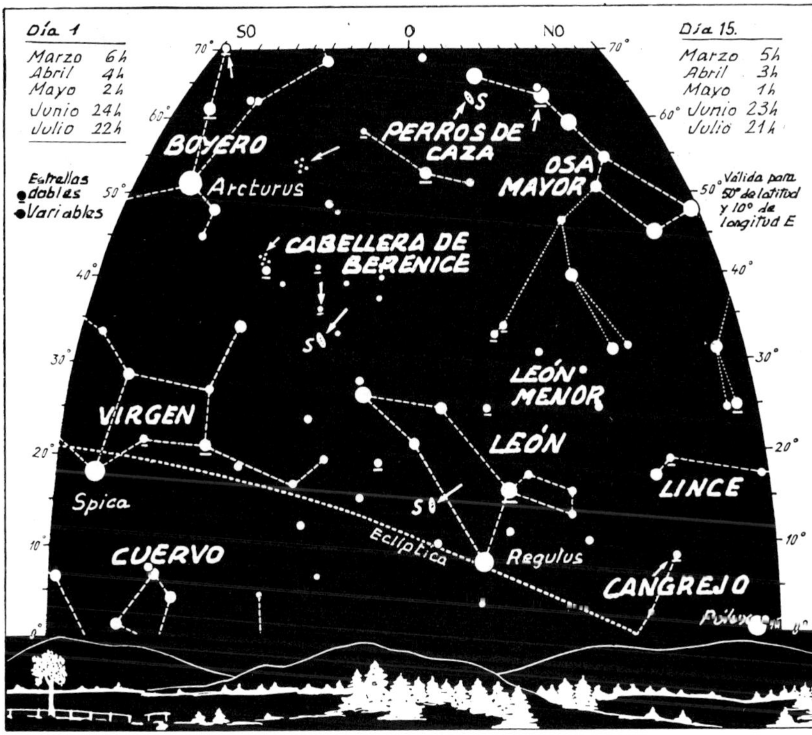

Lo que muestra la carta estelar

Tres estrellas muy brillantes dominan el firmamento occidental. *Regulus* en el *León* y *Spica* en la *Virgen* se encuentran en posición muy baja. Ambas están situadas casi en la *eclíptica*, que en el SO ha alcanzado sólo una latitud de 20°. La tercera estrella brillante es la roja *Arcturus*, de *Bootes*, en posición alta en el SO. De las constelaciones restantes sólo aparecen enteras en la carta los *Perros de Caza* y la *Cabellera de Berenice*. De la *Osa Mayor* se observa entero el *Gran Carro* en posición alta en el NO, pero falta la cabeza de la Osa. En el NO en posición baja se encuentran algunas estrellas del *Lince*; *Pólux* se encuentra debajo y del *Cangrejo* casi no se percibe nada. En el horizonte SO el *Cuervo* se ha puesto en parte.
La *Vía Láctea* no aparece en esta carta.

A más de 10° de latitud se encuentran los siguientes objetos notables:

Variables perceptibles a simple vista: Ninguna.
Dobles: A simple vista: ζ (Mizar-Alcor), en la Osa Mayor, sirve para demostrar buena vista. Prismáticos: δ en Bootes, 24 en la Cabellera de Berenice. Instrumentos de 2 pulgadas: ζ en la Osa Mayor, 12 en los Perros de Caza, γ y 54 en el León, γ en la Virgen. Instrumentos de 3-4 pulgadas: ϵ en Bootes, ι, ξ, ν en la Osa Mayor, ϑ en la Virgen, 38 en el Lince.
Cúmulos y nebulosas: A simple vista: En buenas condiciones se percibe el cúmulo globular M 3 en los Perros de Caza. Prismáticos: Cúmulo globular M 53 en la Cabellera de Berenice; tres nebulosas espirales con casi el mismo brillo son: M 51 en los Perros de Caza, M 96 en el León y M 100 en la Cabellera de Berenice. (M 96 no es adecuado debido a su baja posición.)

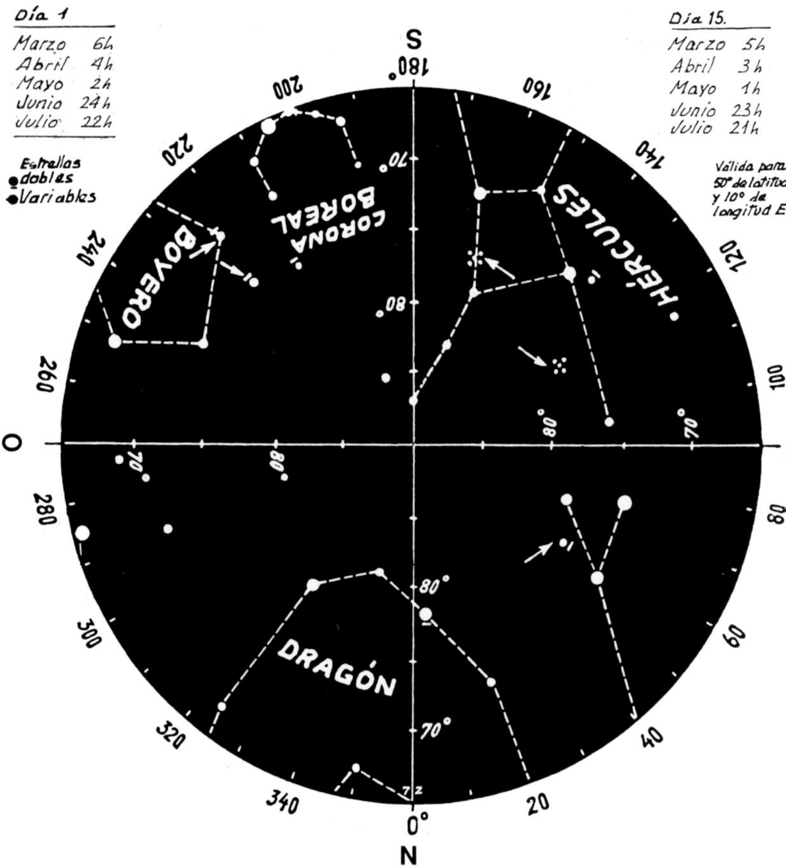

Lo que muestra la carta estelar

La cabeza y gran parte del *Dragón* dominan la calota zenital desde el NO por encima del N hasta casi el E. En el lado SE se extiende una parte considerable de *Hércules* casi hasta el zenit, en la región SO aparece entera la *Corona Boreal*, y algo más hacia el O, desaparece la parte superior del Boyero (Bootes).
La *Vía Láctea* no aparece en esta carta.
Variables perceptibles a simple vista: Ninguna.
Dobles: A simple vista: Ninguna. *Prismáticos:* μ y δ en Bootes, ν en el Dragón. *Instrumentos de 2 pulgadas:* ϱ en Hércules, ζ en la Corona Boreal. *Instrumentos de 3-4 pulgadas:* μ en Bootes, η en el Dragón.
Cúmulos y nebulosas: A simple vista: Los cúmulos magníficos M 13 y M 92 se encuentran a una latitud grande y en una posición adecuada. *Prismáticos:* Ninguno.

Horas de salida y puesta del Sol (MEZ) para +50° de latitud y 10° de longitud E

	1 julio	11 julio	21 julio
Salida	4.14	4.22	4.33
Puesta	20.33	20.28	20.18

Puede obtenerse una idea correcta del tamaño de Júpiter teniendo en cuenta que sería necesario 120 veces la superficie de la Tierra para abarcar la del planeta gigante. Aunque *Júpiter* sólo puede acercarse hasta 583 millones de km de la Tierra, después de *Venus* es el planeta más brillante del sistema solar. *Júpiter* está rodeado de una capa densa de nubes y esta capa revela su rotación en menos de 10 horas. Mediante un telescopio pequeño se distinguen franjas y bandas que discurren paralelas al ecuador. Es muy conspicua la *mancha roja* indicada por vez primera en un dibujo del año 1664. Sin duda alguna, diversas formaciones de la atmósfera de *Júpiter* pertenecen a distintas capas con períodos de rotación algo diferentes. En 1932 pudo demostrarse espectroscópicamente la presencia de metano y amoníaco en la atmósfera de *Júpiter.*
Después de que Galileo descubriera cuatro satélites brillantes, han sido observados otros. Son mucho más pálidos y se descubrieron mediante expediciones fotográficas, por ejemplo de sondas espaciales del tipo Voyager.
Los cuatro satélites grandes son tan brillantes que podrían percibirse a simple vista de no recibir la luz deslumbrante del disco próximo de *Júpiter.* Pero constituyen un objeto fácil de percibir con prismáticos y sus ocultaciones constituyen un espectáculo para el observador. Antes de que se acercasen sondas a *Júpiter,* ya pudo demostrarse, a partir de las radioondas intensas, que Júpiter posee un campo magnético y un cinturón de radiación. Casi todos los conocimientos sobre Júpiter se deben a la exploración de este planeta llevada a cabo por cinco sondas espaciales: *Pioneer 10, Pioneer 11, Voyager 1, Voyager 2* y *Galileo.* Las *Pioneer* fueron lanzadas en 1972 y alcanzaron Júpiter en 1974. Las *Voyager,* lanzadas en 1977, arribaron al planeta gigante en 1979. La *Galileo* partió en 1989 y no llegó a Júpiter hasta 1995, debido a las limitaciones de su sistema de lanzamiento. Sin embargo, la *Galileo* ha aportado hasta ahora los mejores datos de que se dispone sobre Júpiter y su sistema de satélites, al convertirse en la primera sonda que entra en órbita alrededor de este gran planeta y, también, la primera que ha introducido una cápsula de descenso en la turbulenta atmósfera de este astro. Han resultado especialmente llamativos los hallazgos de *Galileo* relativos al satélite joviano Europa, el cual, al parecer, podría contar con un océano subterráneo de agua líquida. Las otras cuatro sondas que precedieron a la *Galileo* en Júpiter ejecutaron simples sobrevuelos y a consecuencia de los mismos se vieron lanzadas a trayectorias que las harán abandonar para siempre el sistema solar. *Pioneer 11* y las dos *Voyager* visitaron también Saturno. *Voyager 2* sobrevoló, además, Urano y Neptuno.
Saturno. El planeta externo siguiente es Saturno. Se trata de un cuerpo achatado y gigante, pero algo menor que Júpiter. Ya en el año 1656 *Christian Huygens* observó que el planeta estaba rodeado de un anillo delgado y amplio. Más tarde se descubrió que se trataba primero de 2 anillos y luego de 3 anillos. Los dos anillos externos están separados por un espacio vacío, mientras que el más interno es muy pálido y difícil de observar. El anillo más brillante es con mucho el central. El anillo de Saturno, con un grosor de pocos kilómetros y un diámetro de unos 280 000 km, es comparable a un folio de papel para máquina de escribir muy delgado. Cada uno de los anillos de Saturno parece continuo, incluso cuando se observa con telescopio, pero esto es sólo una ilusión. En realidad cada anillo está constituido por muchísimos fragmentos pequeños y separados que rodean a Saturno. La comprobación de este importante hecho puede efectuarse mediante dos métodos distintos e independientes. Desde el punto de vista teórico puede demostrarse que cuando se ilumina lateralmente una superficie continua es más brillante que una aglomeración plana de residuos en forma de fragmentos y por tanto productores de sombra. Debido a la sombra el brillo global es menor que en una superficie continua. Esto puede comprobarse mediante observación. La otra demostración se realiza por medio del análisis espectral. En el caso de un anillo continuo las porciones externas deben rotar a más velocidad que las internas. Pero el corrimiento de las líneas espectrales indicó que las secciones externas rotaban con más lentitud.

Esto sólo es posible cuando los anillos están formados por fragmentos separados, y de acuerdo con la tercera ley de Kepler los fragmentos externos rotan a menos velocidad que los internos. Como el sistema de anillos de Saturno está inclinado unos 28° con respecto al plano de la órbita de la Tierra, observamos alternativamente las caras norte y sur de los anillos. Mientras Saturno describe su órbita alrededor del Sol a lo largo de casi 30 años, la Tierra se encuentra dos veces en el plano de los anillos; entonces estos anillos desaparecen durante un corto periodo de tiempo, como sucedió por última vez en 1996 y volverá a ocurrir en 2009 y 2025 (véase la ilustración de la pág. 89, parte inferior a la derecha).

La temperatura de la superficie, según las medidas de las radiaciones, es de aproximadamente –145° C. Además, Saturno también está rodeado de un grupo de satélites; se trata de 18 satélites, el último de los cuales fue descubierto en 1982.

En el caso del *Satélite Titán* en 1944 pudo demostrarse que presentaba una atmósfera. Casi toda la información conocida sobre Urano y Neptuno fue recopilada por la sonda *Voyager 2* en los sobrevuelos que efectuó en 1986 y 1989. Ninguna nave ha visitado Plutón por el momento. Urano posee una capa atmosférica densa con una porción relativamente alta de metano. El planeta rota en casi 11 horas. En el caso de *Neptuno* las propiedades físicas son semejantes; *Plutón* parece rotar en 6 días, 9 horas, 17 minutos y 49 segundos, como se deduce de las pequeñas oscilaciones rítmicas de su brillo. En 1978 se encontró un compañero de Plutón fotográficamente, con un período de rotación de unos 6,4 días, a una distancia de 20 000 km. Los diámetros calculados son los siguientes: Plutón unos 3000 km y Caronte, su compañero, unos 1300 km.

La fotografía de los grandes planetas desde la Tierra plantea siempre problemas muy difíciles. Incluso el planeta gigante Júpiter presenta en el foco de un telescopio de 10 m de distancia focal una imagen de sólo 2,4 mm de diámetro. Las grandes distancias focales producen forzosamente debilitamientos de la luz y por tanto exigen exposiciones largas. También influyen negativamente en el último punto los movimientos atmosféricos. La disminución del brillo hacia el margen en el caso de los planetas con atmósferas densas hace que las imágenes fotográficas casi siempre sean borrosas.

Sin embargo, en los últimos años se ha conseguido obtener explicaciones valiosas sobre la atmósfera de los planetas con ayuda de placas fotográficas muy sensibles a distintas regiones espectrales. Esto no podría conseguirse a partir de los dibujos. Pero los dibujos también son importantes para comprender algunas peculiaridades.

Las ilustraciones de la pág. 89 muestran dos fotos importantes de Marte, tomadas desde el Pic du Midi de los Pirineos en 1941. Una fotografía en color de Júpiter y Saturno figura en la Lámina 2 de la pág. 82. El aspecto de Saturno con su anillo en distintas posiciones figura en la ilustración de la pág. 89. En la Lámina 2 se observa una foto moderna de Saturno, tomada desde el Observatorio del Monte Palomar. Las fotografías en color de los cuerpos celestes son posibles desde aproximadamente 1965, después de mejorar la sensibilidad de las emulsiones fotográficas mediante subenfriamiento. Pero esto exige añadir un dispositivo especial al telescopio.

Lámina 3. Nebulosa de Norteamérica en el Cisne. Se trata de una nebulosa de gas difusa y flucrescente; foto tomada con el telescopio de espejo de 48 pulgadas de tipo Schmidt, del observatorio del Monte Palomar. (Foto: Observatorio Hale.)

Propiedades de las estrellas y estrellas especiales

El brillo y el número de estrellas

Desde muy antiguo, las estrellas visibles se han dividido a simple vista, atendiendo a su brillo, en 6 clases. Las estrellas más brillantes se asignan a la clase 1, las más pálidas, todavía perceptibles a simple vista, se asignan a la clase 6. Evidentemente existen puntos intermedios y desde hace unos 100 años se ha establecido con más exactitud la escala de magnitud de las estrellas fijas. Si se substituye una estrella de la magnitud 6 por una vela situada a determinada distancia, una estrella de la magnitud 5 debería ser substituida por 2,5 velas situadas a la misma distancia, una estrella de la magnitud 4 por 2,5 · 2,5 = 6,3 velas, y así sucesivamente. La máxima intensidad (brillo) corresponde al mínimo número de clase de magnitud. De una clase de magnitud a otra la intensidad siempre aumenta aproximadamente 2,5 veces (el número exacto es 2,512 veces). Las relaciones de intensidad para las seis clases de magnitud perceptibles a simple vista son las siguientes cuando a la magnitud 6 se asigna la intensidad 1:

Intensidad	para	la mag	6	....	= 1
”	”	”	5	2,5	= 2,5
”	”	”	4	2,5 · 2,5	= 6,3
”	”	”	3	2,5 · 2,5 · 2,5	= 16
”	”	”	2	2,5 · 2,5 · 2,5 · 2,5	= 40
”	”	”	1	2,5 · 2,5 · 2,5 · 2,5 · 2,5	= 100

Una estrella de magnitud 1 en este símil puede ser substituida por 100 velas, y es fácil observar que una diferencia de 5 magnitudes en la escala de brillo corresponde a una relación de 1:100 en la escala de intensidad. Evidentemente también hay puntos intermedios. En la designación de la clase de magnitud de una estrella se utiliza mag.
Esta escala puede continuarse toda vez que algunas estrellas son más brillantes que lo indicado por mag 1,0 y algunas más pálidas que lo indicado por mag 6,0. Las últimas sólo pueden contemplarse con telescopio. Para una diferencia de 10 clases de magnitud la relación de intensidades es: 1:100 · 100 = 1:10 000; en el caso de una diferencia de 15 clases de magnitud, la relación de intensidades es: 1:100 · 100 · 100 = 1:1 000 000; y así sucesivamente.
Las estrellas que son más brillantes en una clase de magnitud que mag 1,0 se designan mediante mag 1,0; la siguiente clase de magnitud es mag —1,0. Las estrellas que son más pálidas en una clase de magnitud que mag 6,0 se designan mediante mag 7,0; y así sucesivamente.
El brillo de once de las estrellas fijas perceptibles más brillantes es: Sirius mag —1,58; Vega mag 0,14; Betelgeuse mag 0,1 —1,2 (variable); Capella mag 0,21; Arcturus mag 0,24; Rigel mag 0,34; Proción mag 0,48; Atair mag 0,89; Aldebarán mag 1,06; Pólux mag 1,21; Spica mag 1,21.
Para designar el brillo de los planetas, es necesario ampliar todavía más la escala hacia los valores negativos. Marte puede alcanzar mag —2,8 y Venus mag —4,5. El brillo de la Luna llena es mag —12,6, el del Sol mag —26,7.

Lámina 4. Gran Nebulosa de Orión. Se trata de una nebulosa de gas difusa; distancia de unos 1700 años-luz; foto tomada con el telescopio de espejo de 5 m del observatorio del Monte Palomar. (Foto cedida por el Observatorio Hale.)

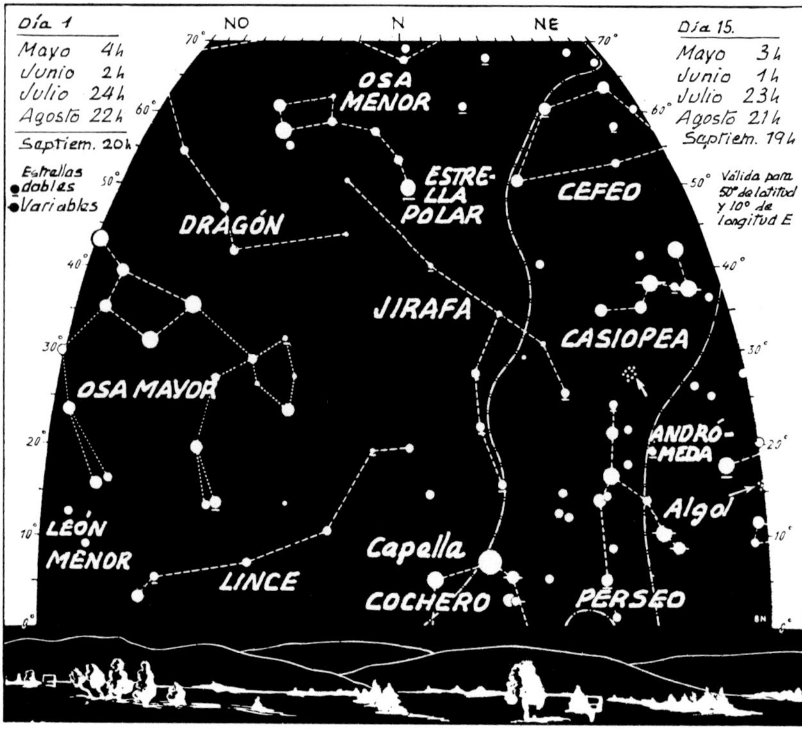

8
Norte

Lo que muestra la carta estelar

El centro de la carta está ocupado por las estrellas evidentemente pálidas que integran la *Jirafa*. Sobre ésta se encuentran en el NE *Cefeo*, en el N la *estrella Polar* con la *Osa Menor*, que se inclina mucho hacia el O. La cola del *Dragón* se extiende por el NO hasta casi el centro de la carta, debajo de ella aparece casi entera la *Osa Mayor*. El *Lince*, que sólo se percibe débilmente, se observa en posición baja en el N y el NO, entero. El *Cochero* con *Capella* se encuentra un poco al este del punto cardinal N, pero siempre en posición muy baja, mientras que *Perseo* se observa entero en el NE. En posición algo más alta en el NE empieza su ascensión la W de *Casiopea*, y por encima aparece *Cefeo* casi completo.
La *Vía Láctea* se encuentra todavía en la mitad derecha de la carta, también al este del punto cardinal N, y asciende de modo empinado desde *Perseo* hasta *Cefeo*.

A más de 10° de latitud se encuentran los siguientes objetos notables:

Variables perceptibles a simple vista: α y γ en Casiopea. En posición baja en el NE se encuentra la conocida variable de ocultación Algol o β de Perseo.
Dobles: A simple vista y con prismáticos: Ninguna. Instrumentos de 2 pulgadas: η en Casiopea, γ en Andrómeda, β y ξ en Cefeo, η en Perseo, α en la Osa Menor (estrella Polar). Instrumentos de 3-4 pulgadas: $\varkappa$ en Cefeo, ϵ en el Dragón, 19 H en la Jirafa, ι en la Osa Mayor, ϑ en Perseo.
Cúmulos y nebulosas: A simple vista: Cúmulos de estrellas dobles h y χ en Perseo. Prismáticos: Cúmulo abierto 752 en Andrómeda.

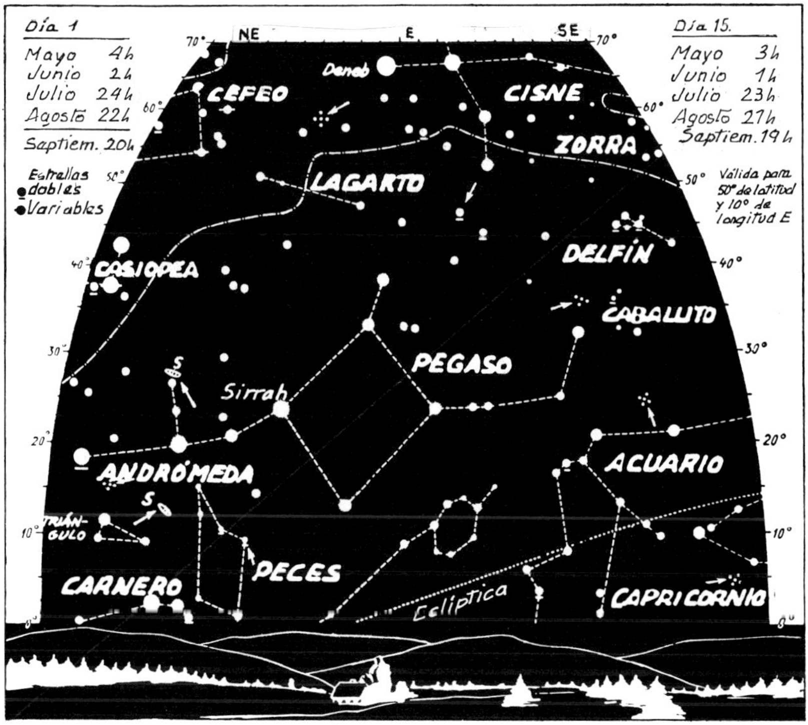

Lo que muestra la carta estelar

El *Cisne*, a una gran latitud, ha desaparecido en parte de la carta. Debajo del *Cisne*, la mayor parte del firmamento oriental está dominada por *Pegaso*, extenso, con su cuadrado conspicuo, y por la contigua *Andrómeda*. Las demás constelaciones están en segundo término. Debajo de *Deneb* se observa el *Lagarto*, de poca importancia, junto a éste en el margen NE se encuentra parte de *Cefeo*, y debajo una porción de *Casiopea*. Debajo de *Andrómeda* se encuentra el pequeño *Triángulo* y debajo de éste ha desaparecido el *Carnero*. Cerca del *Triángulo* empiezan los *Peces*, que se extienden hasta por encima del punto cardinal E. Una gran parte de *Acuario* se encuentra junto a los *Peces* y acompaña al arco plano de la eclíptica. Por encima de *Acuario* las constelaciones del *Caballito*, el *Delfín* y de la *Zorra* forman una ensambladura con el *Cisne*. La *Vía Láctea* se extiende hacia latitudes considerables y solamente es visible su borde inferior en *Casiopea, Cefeo* y *Cisne*.

8
Este

A más de 10° de latitud se encuentran los siguientes objetos notables:

Variables perceptibles a simple vista: δ y μ en Cefeo, α en Casiopea y la estrella del tipo Mira χ en el Cisne.
Dobles: A simple vista: Ninguna. Prismáticos: μ en el Cisne. Instrumentos de 2 pulgadas: η en Casiopea, ξ en Cefeo, γ en Andrómeda, γ en el Delfín. Instrumentos de 3-4 pulgadas: ζ en Acuario.
Cúmulos y nebulosas: A simple vista: La conocida nebulosa espiral de Andrómeda (M 31). Prismáticos: Cúmulo abierto M 39 en el Cisne, cúmulo globular M 15 en Pegaso, cúmulo abierto 752 en Andrómeda y nebulosa espiral M 33 en el Triángulo.

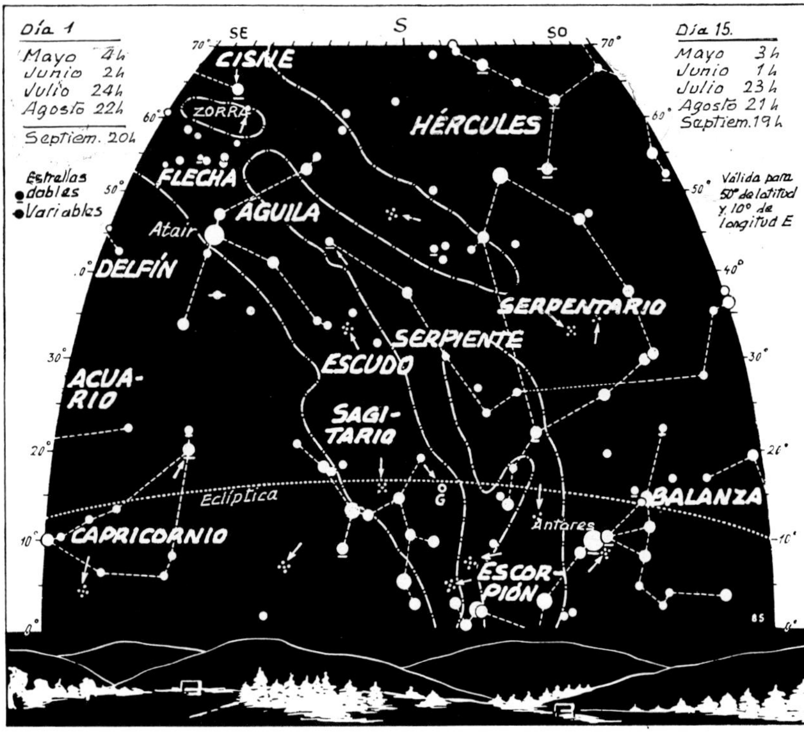

Lo que muestra la carta estelar

En posición baja en el Sur y en el meridiano se encuentra *Sagitario*, apenas visible. Delante de él se encuentra el *Escorpión*, que se inclina considerablemente hacia el horizonte. Junto a él se encuentra *Capricornio*, que constituye el punto principal de la carta. A través de las tres constelaciones se extiende la *eclíptica* y por encima de ella, en el SO todavía se perciben algunas estrellas de la *Balanza*. El centro del campo está casi completamente ocupado por el *Serpentario* y la *Serpiente* (cuya cabeza no es visible) y el *Águila*. Por encima del *Serpentario, Hércules* ha superado el meridiano. Por encima de *Capricornio*, en el SE se encuentran estrellas de *Acuario*, del *Delfín* y la *Flecha* y también parte de la *Zorra* y del *Cisne*.
La franja de la *Vía Láctea* empieza en posición alta en el SE y desciende oblicuamente a través del *Águila*, la *Serpiente* y *Sagitario* hasta el *Escorpión* en el S-SO.

A más de 10° de latitud se encuentran los siguientes objetos notables:

Variables perceptibles a simple vista: α en Hércules, η en el Águila.
Dobles: A simple vista: Ninguna. Prismáticos: β en el Cisne, α_2 y β en Capricornio, ϑ en la Serpiente y 6 en la Zorra. Instrumentos de 2 pulgadas: α, δ, μ, γ en Hércules, ζ en la Flecha, ξ en el Escorpión, 70 en el Serpentario. Instrumentos de 3-4 pulgadas: α en el Escorpión (Antares).
Cúmulos y nebulosas: A simple vista: Cúmulo globular M 22 en Sagitario. Prismáticos: Cúmulo abierto 6633 en la Serpiente, cúmulo globular M 4 en el Escorpión (junto a Antares), cúmulo abierto M 11 en el Escudo, cúmulos globulares M 10, M 12 y M 19 en el Serpentario, nebulosa de gas M 8 en Sagitario.

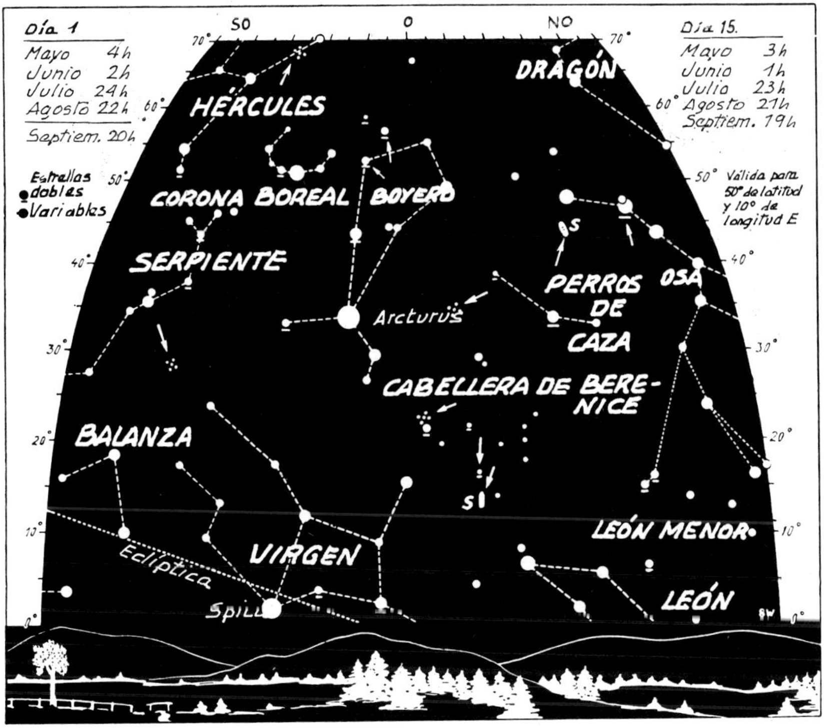

Lo que muestra la carta estelar

En el centro del firmamento occidental destaca la estrella roja y brillante *Arcturus* del *Boyero*. A su lado y hacia el SO se encuentra la *Corona Boreal*, grácil, y por encima de ella una parte de *Hércules*. En el lado NO se encuentra un fragmento del *Dragón*, y debajo tenemos la cola de la *Osa Mayor* (la limonera del *Gran Carro*), la *Cabellera de Berenice* y en el horizonte NO se observan el *León Menor*, denso, y las últimas estrellas del *León Mayor*. Algo a la izquierda del punto cardinal O se halla la *Virgen* antes de su ocaso y *Spica* presenta una posición tan baja que apenas puede percibirse. Algo más alta se observa en el SO, entera, la *Balanza*, inconspicua, y por encima de ella aparecen la cabeza y la parte anterior de la *Serpiente*. La *Vía Láctea* no aparece en esta carta. La *eclíptica* forma un arco plano y en posición baja en el SO.

A más de 10° de latitud se encuentran los siguientes objetos notables:

Variables perceptibles a simple vista: Ninguna.
Dobles: A simple vista: ζ (Mizar-Alcor), en la Osa Mayor, sirve para demostrar buena vista. Prismáticos: μ y δ en el Boyero, 24 en la Cabellera de Berenice. Instrumentos de 2 pulgadas: ζ en la Osa Mayor, 12 en los Perros de Caza, γ en Hércules, β y δ en la Serpiente, ζ en la Corona Boreal. Instrumentos de 3-4 pulgadas: μ y ε en Boyero, ζ y ν en la Osa Mayor.
Cúmulos y nebulosas: A simple vista: M 13 en Hércules, el cúmulo globular más bello y más brillante del firmamento septentrional; M 5, cúmulo globular casi igualmente brillante de la Serpiente; cúmulo globular M 3 en los Perros de Caza. Prismáticos: Cúmulo globular M 53 en la Cabellera de Berenice, nebulosas espirales M 51 en los Perros de Caza, M 100 en la Cabellera de Berenice.

8
Oeste

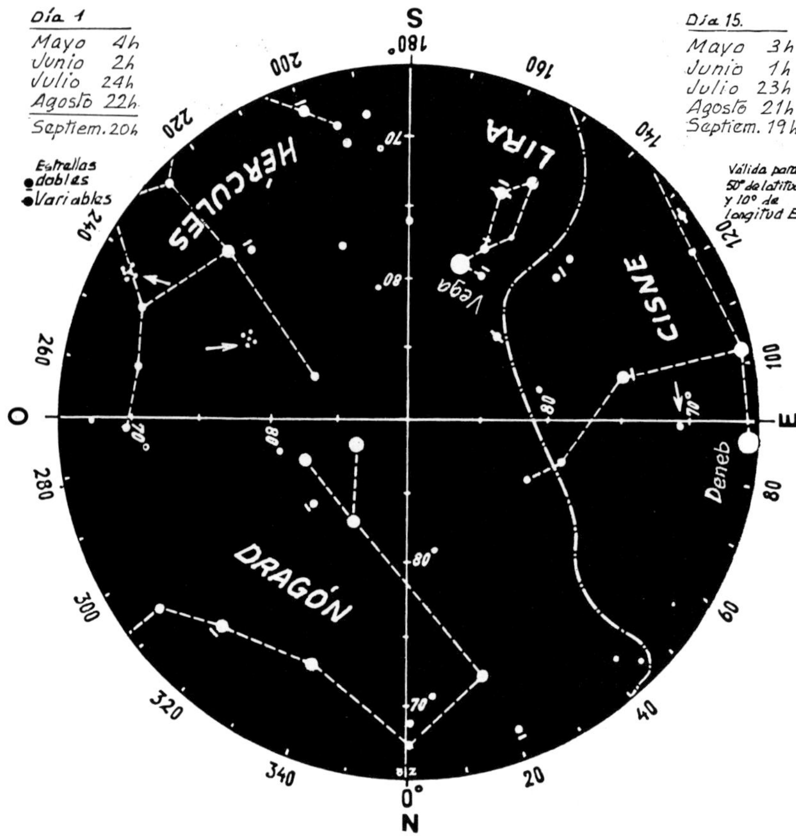

Lo que muestra la carta estelar

La cabeza del *Dragón* se encuentra en las proximidades inmediatas del zenit y otra parte del *Dragón* serpentea hacia el SO de manera que atraviesa el meridiano dos veces. Desde el E, la *Vía Láctea* y con ella parte del *Cisne* penetran en la calota zenital. Casi en el S se encuentra entera la *Lira* con la estrella brillante *Vega* a casi 80° de latitud, mientras que en el NO *Hércules* empieza otra vez a descender.

Variables perceptibles a simple vista: β en la Lira, la conocida variable de ocultación, y la estrella de tipo Mira χ en el Cisne.

Dobles: A simple vista: ϵ, en la Lira, sirve pra demostrar buena vista.

Prismáticos: ν en el Dragón, β y ζ en la Lira, o_2 en el Cisne (triple). *Instrumentos de 2 pulgadas:* μ y ϱ en Hércules, η en la Lira. *Instrumentos de 3-4 pulgadas:* ϵ y η en el Dragón, ϵ_1 y ϵ_2 en la Lira.

Cúmulos y nebulosas: A simple vista: Los cúmulos globulares M 13 y M 92 en Hércules. *Prismáticos:* Ninguno.

Horas de salida y puesta del Sol (MEZ) para +50° de latitud y 10° de longitud E

	1 agosto	11 agosto	21 agosto
Salida	4.48	5.02	5.17
Puesta	20.04	19.47	19.28

El Sol es casi exactamente 25 clases de magnitud más brillante que Sirius. Dicho de otro modo, la intensidad aparente que llega hasta la Tierra del Sol es 10 000 000 000 = 10 000 millones de veces más fuerte que la de Sirius, la estrella fija de mayor brillo aparente.

El brillo medio a simple vista, a partir de una fotografía, o mediante otro dispositivo, se denomina brillo «aparente» de una estrella. A este parámetro se opone el brillo «absoluto», que representa un gran papel en la astronomía estelar. El brillo absoluto es el brillo que tendría una estrella si se encontrase a una distancia unidad de 32,6 años-luz. (En este punto debe consultarse el apartado sobre las distancias de las estrellas fijas de la pág. 115). Si además de conocer el brillo aparente se conoce la distancia de una estrella, entonces se puede calcular el brillo absoluto. Inversamente, a partir de los brillos absoluto y aparente puede calcularse la distancia. Todas las estrellas situadas más cerca que la distancia unidad presentan un brillo absoluto inferior al aparente y las situaciones más lejos un brillo absoluto superior al aparente.

Con los prismáticos se pueden percibir muchas más estrellas que a simple vista, incluso pueden observarse las de magnitud 10. Con los telescopios de mayor tamaño se pueden fotografiar inclusive estrellas de magnitud 21. El número de estrellas aumenta mucho de una clase de magnitud a otra, sin que pueda observarse un límite o una disminución. Con el telescopio Espacial Hubble se han llegado a estudiar objetos de magnitud aproximadamente igual a 30.

Todos los brillos obtenidos fotográficamente están relacionados con otra longitud de onda de luz y se distinguen del brillo visual mediante el denominado índice de color $I.C. = m_{fot.} — m_{vis.}$.

El número global de estrellas perceptibles a simple vista relativo a toda la esfera celeste, hasta la magnitud de 6,0 es de exactamente 4721. Como sólo podemos contemplar una mitad de la esfera celeste, a simple vista sólo podrán percibirse aproximadamente la mitad, es decir, unas 2360 de estas estrellas; pero todavía hay que tener en cuenta muchas estrellas, que a consecuencia del vapor atmosférico, no pueden observarse, principalmente en las proximidades del horizonte, de suerte que el número máximo de estrellas que se pueden captar a simple vista es de 2000. En la segunda mitad del siglo XIX, se realizó en Bonn la primera gran recopilación de objetos del firmamento, que contenía *todas* las estrellas hasta la magnitud 9,2 y también algunas más pálidas (Recopilación de Bonn). El número de estrellas, incluidas las del sur, ha aumentado hasta aproximadamente más de 1 millón. Con la introducción de la fotografía del firmamento y el aumento de las exposiciones de las películas fotográficas, el número de estrellas se incrementa hasta el infinito. 18 observatorios han participado en un proyecto internacional, la llamada «carta celestial fotográfica», que contiene todas las estrellas hasta con una magnitud de 14. El número global de estrellas contenidas en estas aproximadamente 22 000 cartas se calcula en 20 millones. En el caso de estrellas más pálidas sólo pueden estudiarse con exactitud ciertas regiones del cielo, de manera que cuando se incluyen las estrellas de hasta la magnitud (fotográfica) 21, el número de estrellas pasa a ser de 900 millones. Con ello se alcanza sólo el límite de nuestros instrumentos ópticos actuales. Las evaluaciones del número global de estrellas de *nuestro* sistema de la Vía Láctea dan valores comprendidos entre algunos miles de millones hasta algunos centenares de miles de millones

En el Monte Palomar de California hace algunos años se llevó a cabo un proyecto fotográfico, que merece ser mencionado y se conoce con la denominación *Palomar Sky Survey*. Con el telescopio de espejo, de 120 centímetros del tipo Schmidt, se confeccionó un nuevo atlas fotográfico del firmamento, constituido por 935 fotos, en rojo y azul, del firmamento, que abarca desde el polo N hasta 30° de latitud S. Estas fotos contienen aproximadamente 500 millones de estrellas con una magnitud que llega hasta 21; además presentan aproximadamente 10 millones de nebulosas espirales situadas como

máximo a la distancia de 300 millones de años-luz. Cada placa fotográfica posee el formato de 34 × 34 cm. En 1968 el atlas ya iba por la cuarta edición y costaba 2500 dólares. En este tiempo todavía pudieron añadirse 100 fotos que abarcaban hasta la latitud de 45° S.
Según las evaluaciones modernas existen unos cien mil millones de nebulosas espirales, *cada una* de las cuales constituye una isla en el universo y quizá también contenga muchos miles de millones de soles.

Los movimientos propios (MP) de las estrellas fijas

Con el descubrimiento de las leyes de gravitación por Newton (1687) ya no podía sostenerse la concepción de la invariabilidad total del firmamento estrellado. Siempre que hay una fuerza atractiva se produce un movimiento. Por tanto, las estrellas deben presentar su propio movimiento. La razón de que sólo se lograse demostrar esto hasta principios del siglo XVIII es que debido a las distancias inmensas que separan las estrellas entre sí y de la Tierra, no podían ser observados dichos movimientos propios. La estrella fija más próxima estaba separada de nosotros, como más tarde se supo comprobar, por una distancia que equivale a 300 000 veces la distancia Tierra-Sol.
Desde los tiempos más antiguos, se pensó en registrar el aspecto del cielo estrellado, e Hiparco fue el primero que nos legó, hacia el año 134 a. de J. un catálogo con las posiciones y el brillo de unas 1000 estrellas. Por comparación de sus observaciones con las de sus predecesores, se descubrieron los cambios de las coordenadas estelares derivados de la precesión y de la nutación del polo.
Pero casi 2000 años más tarde el astrónomo inglés Halley (1718) descubrió por comparación de sus observaciones con las de Hiparco, que junto a esta precisión también se habían producido otros cambios en las posiciones de las estrellas. Denominó a estos cambios movimientos propios. Sólo 4 estrellas brillantes, cuyos nombres conoce casi todo el mundo, habían cambiado notablemente de posición. Estos cambios de posición exigieron 2000 años en el caso de Sirius, Arcturus y Aldebarán para valer algo más de 1/2°.
Para que el lector se haga una idea del tamaño de esta cantidad, debe recordar que la amplitud de la Luna llena es de casi 1/2°. Como el círculo completo tiene 360°, sería necesario alinear 720 lunas llenas para obtener un círculo completo. 1° está dividido en 60' (minutos) y cada minuto de arco está dividido en 60" (segundos); por tanto, 1° tiene 3600 segundos. Si Sirius hubiese recorrido 1,5 lunas llenas en 2000 años, esto equivaldría a 2700". Puede decirse incluso que el movimiento *anual* de Sirius es 2700/2000 = 1,35". Esto supone una distancia tan pequeña en el cielo, que un observador sin telescopio sólo podría percibir el cambio de posición al cabo de un período de tiempo muy grande.

Cambio de la constelación Osa Mayor debido al movimiento propio de sus estrellas. Las 5 estrellas β, δ, γ, ϵ, ζ presentan un MP en común. En cambio las estrellas α y β se mueven en direcciones casi opuestas. Por tanto, esta constelación cambia mucho en 100 000 años.

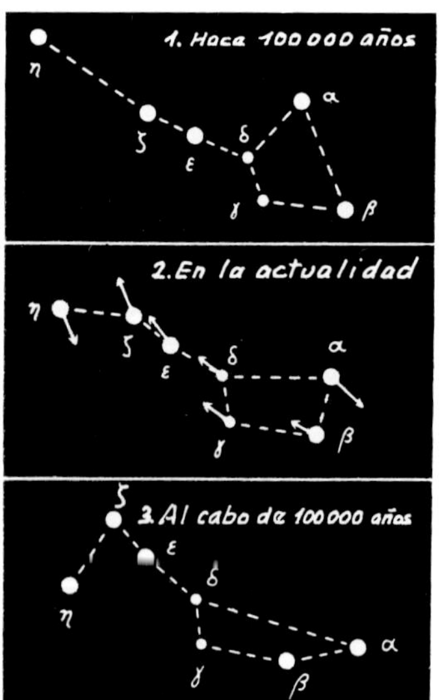

En todo caso, con el descubrimiento de Halley, fue posible demostrar los movimientos propios, y ello incitó a realizar nuevas investigaciones y observaciones. Ya en 1760 Tobias Mayer en Gotinga pudo demostrar los MP de numerosas estrellas. Pero las observaciones de Bradley a mediados del siglo XVIII alcanzaron por primera vez la exactitud necesaria para constituir una base para deducir muchos MP. A finales del siglo anterior, la Sociedad Astronómica, a partir del material aportado por muchos observatorios, confeccionó un catálogo con unas 150 000 posiciones estelares exactas, que en las últimas décadas fue reelaborado algunas veces. La mayoría de sus movimientos propios son pequeños, inferiores a 0,5'' por año. En 1890 se conocían 259 estrellas y, en 1922, 749 estrellas cuyo movimiento propio anual superaba 0,55''.
El MP de Arcturus calculado por Halley es muy grande, pero no el mayor. El máximo movimiento propio descubierto hasta hoy (10,3'') corresponde a una estrella pálida de mag 9,7 descubierta por Barnard. Los 10 MP mayores están comprendidos entre 10,3'' y 4,7''. Por lo general, en este caso se trata de estrellas pálidas.
En la actualidad se conocen los movimientos propios (MP) de 300 000 estrellas en conjunto.
Cuando se investiga con más exactitud el MP de las estrellas, se observa que está compuesto por 2 componentes muy distintos. A saber, un componente que deriva del movimiento propio real de la estrella, en tanto que el otro componente resulta del movimiento del Sol y aparece como efecto de la perspectiva. Puesto que todas las estrellas se mueven, el Sol también lo hace, y esto producirá efectos sobre los movimientos de las estrellas. Para explicar este fenómeno puede utilizarse la comparación siguiente, basada en la observación realizada desde un automóvil de un viandante. Cuando el automóvil está quieto, los peatones vistos desde el vehículo parecen bastante desordenados en su movimiento. Pero cuando el automóvil se mueve, entonces hay que tener en cuenta el efecto de la perspectiva. Un peatón situado cerca se moverá en apariencia a mayor velocidad que otro peatón que esté alejado del automóvil. Un MP aparente grande indica siempre que la estrella está relativamente cerca de nosotros o que posee una alta velocidad propia. Inversamente a partir del MP de una estrella puede deducirse el MP del Sol.
Una estrella con un movimiento propio pequeño puede estar muy cerca de nosotros, en caso de que su movimiento espacial se dirija hacia nosotros o en caso de que nosotros nos acerquemos o alejemos de ella en su dirección. En estos casos la estrella puede no presentar movimiento propio.
A partir de estas consideraciones se deduce que el MP sólo representa una parte pequeña del movimiento espacial de una estrella, a saber, la parte que se verifica perpendicularmente a nuestra dirección visual. Por tanto hace falta tener en cuenta el segundo componente del movimiento espacial, la denominada velocidad radial (VR) (véase página 116).
Si se conocen el MP, la velocidad radial y la distancia de una estrella, entonces puede calcularse su velocidad espacial real.
Hasta qué punto una constelación puede cambiar un movimiento propio notable está indicado en la ilustración de la izquierda. Ésta muestra la constelación de la Osa Mayor (1) hace 100 000 años, (2) en la actualidad y (3) al cabo de 100 000 años.
Aun cuando el principio de determinación del MP es muy simple, su aplicación es muy laboriosa y requiere el esfuerzo de más de un astrónomo. Para la determinación de un MP pequeño no sólo es necesaria *una* observación de cada estrella, sino que al cabo de décadas debe realizarse una segunda determinación cuidadosa de la posición de cada estrella en la esfera celeste. Por tanto deben trabajar conjuntamente generaciones de astrónomos de todo el mundo para utilizar más tarde los frutos de un trabajo lleno de sacrificios.

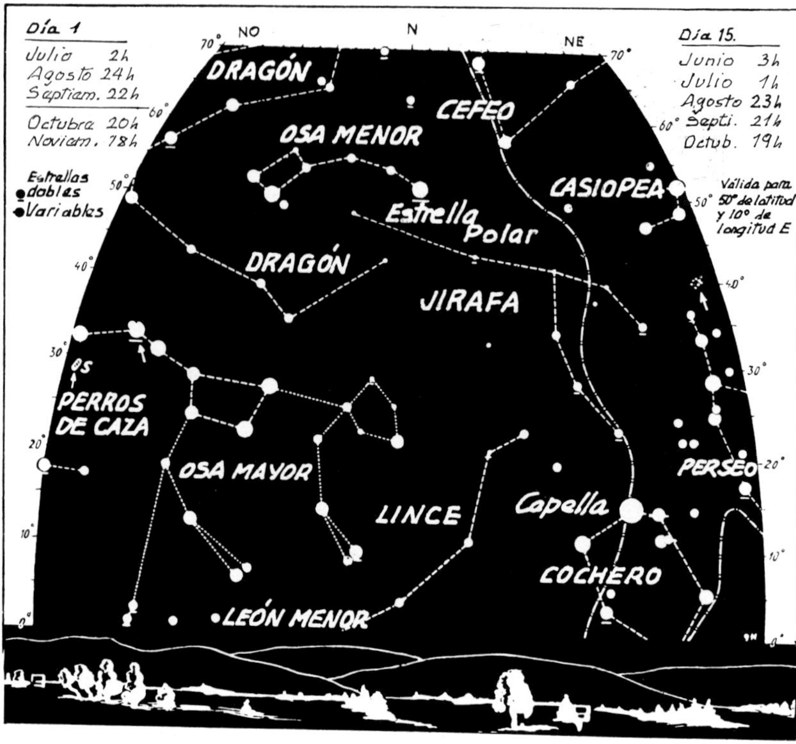

Lo que muestra la carta estelar

A partir de la *estrella Polar* se extiende la *Osa Menor* casi horizontalmente hacia el O. La *cola del Dragón* serpentea entre la *Osa Menor* y la *Osa Mayor* y termina debajo de la *estrella Polar*. La *Osa Mayor* aparece casi entera y el *Gran Carro* está situado casi horizontalmente en el N-NO. El *Lince* ha alcanzado su posición más baja, de manera que sus estrellas no se observan sobre el horizonte. En el NE aparecen de nuevo la mayoría de las estrellas del *Cochero*, y la estrella brillante *Capella* ha vuelto a alcanzar 15° de latitud. De *Perseo* todavía pueden observarse algunas estrellas en el margen NE de la carta y esto también es válido para *Casiopea*, que se encuentra encima. El espacio entre *Perseo* y la *Osa Menor* está ocupado por la constelación extensa, integrada sólo por estrellas pálidas, *Jirafa*.
La *Vía Láctea* asciende en el NE (Cochero) casi en perpendicular hasta *Cefeo*.

A más de 10° de latitud se encuentran los siguientes objetos notables:

Variables perceptibles a simple vista: En posición baja en el NE, junto a Capella, las dos variables de ocultación ϵ y ζ del Cochero, a mayor latitud γ en Casiopea.
Dobles: A simple vista: ζ (Mizar-Alcor), en la Osa Mayor, sirve para demostrar buena vista. Prismáticos: Ninguna. Instrumentos de 2 pulgadas: β en Cefeo, ζ en la Osa Mayor, η y ϵ en Perseo, 12 en los Perros de Caza, α en la Osa Menor (estrella Polar). Instrumentos de 3-4 pulgadas: $\varkappa$ en Cefeo, ϵ y η en el Dragón, 19 H en la Jirafa.
Cúmulos y nebulosas: A simple vista: Cúmulos de estrellas dobles h y χ en Perseo.

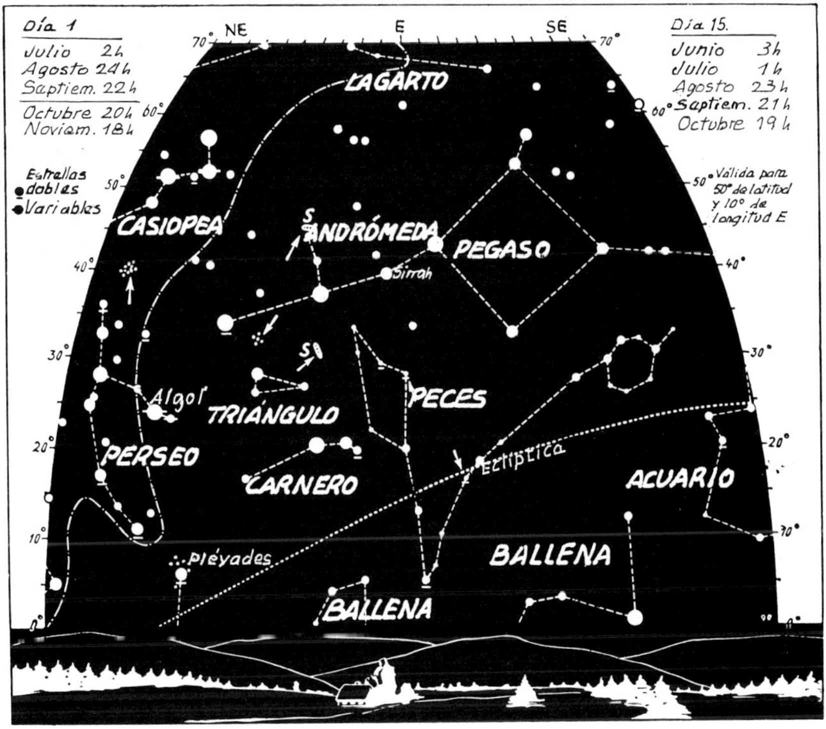

Lo que muestra la carta estelar

El gran Cuadrado de *Pegaso* y la constelación contigua, *Andrómeda*, dominan el firmamento oriental. Por encima de las dos constelaciones se encuentra el *Lagarto*, inconspicuo, y por debajo de las dos constelaciones se extienden los *Peces* hasta el horizonte oriental. El *Carnero* y el *Triángulo* conducen hacia el NE hasta *Perseo*, que está contenido en esta carta con todas las estrellas esenciales. Por encima de *Perseo* aparecen la mayoría de las estrellas de *Casiopea*. Debajo de *Perseo*, las *Pléyades* anuncian el *Toro* y más al E aparecen sobre el horizonte algunas estrellas de la *Ballena*. En el SE las últimas estrellas de *Acuario* abandonan el campo de la carta.
La *Vía Láctea* asciende desde el horizonte NE por encima de *Perseo* y *Casiopea* hasta el *Lagarto*; la *eclíptica* asciende lentamente y alcanza en el SE 25° de latitud.

A más de 10° de latitud se encuentran los siguientes objetos notables:

Variables perceptibles a simple vista: α y γ en Casiopea; en Perseo β (Algol) y la estrella ϱ; en posición alta en el margen NE la estrella δ en Cefeo.
Dobles: A simple vista: Ninguna. Prismáticos: ζ y ψ_1 en los Peces. Instrumentos de 2 pulgadas: γ en Andrómeda, η en Casiopea, ϵ, ζ y η en Perseo, γ en el Carnero. Instrumentos de 3-4 pulgadas; φ en los Peces, ϑ en Perseo.
Cúmulos y nebulosas: A simple vista: Cúmulos de estrellas dobles h y χ en Perseo, nebulosa espiral en Andrómeda (M 31). Prismáticos: Cúmulo abierto 752 cerca de γ en Andrómeda y nebulosa espiral M 33 en el Triángulo.

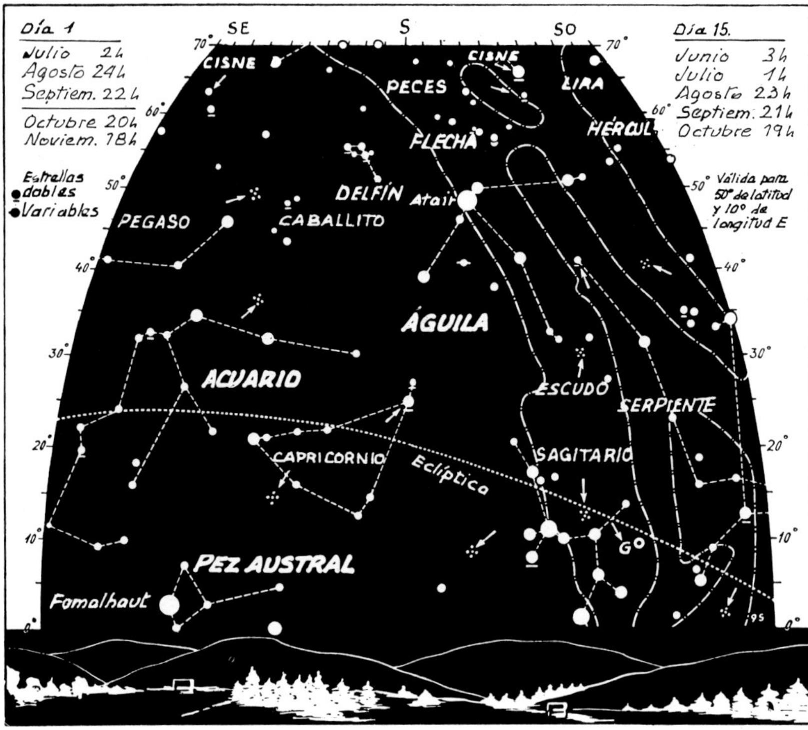

Lo que muestra la carta estelar

Como constelación más conspicua, el *Águila* domina con *Atair* el firmamento meridional. Debajo, en el SE, se hallan el extremo de la cola de la *Serpiente*, el *Escudo* y *Sagitario*. Por encima del *Águila*, la *Flecha* y la *Zorra* indican la presencia del *Cisne*. Hacia el E, cerca de *Atair*, el *Delfín* y el *Caballito* conducen a *Pegaso*. Debajo de las primeras estrellas de *Pegaso* aparece *Acuario* en toda su dimensión. *Capricornio* alcanza en el S su máxima latitud y en posición baja en el SE se encuentra el *Pez Austral* tan cerca del horizonte que la estrella brillante *Formalhaut* apenas puede ser reconocida.

La *Vía Láctea* muestra su parte más espléndida, con la bifurcación en el *Águila*, y se extiende desde el *Cisne* a través del *Águila* y la *Serpiente* hasta *Sagitario*, en posición baja en el SO. La *eclíptica* asciende y empieza a casi 25° de latitud en el SE en el centro de *Acuario*, se extiende a través de *Capricornio* y *Sagitario* hasta alcanzar una posición baja en el SO.

A más de 10° de latitud se encuentran los siguientes objetos notables:

Variables perceptibles a simple vista: η en el Águila.
Dobles: A simple vista: Ninguna. Prismáticos: β y μ en el Cisne, ϑ en la Serpiente, α_2 y β en Capricornio, 6 en la Zorra. Instrumentos de 2 pulgadas: γ en el Delfín, ζ en la Flecha. Instrumentos de 0 1 pulgadas: ζ en Acuario.
Cúmulos y nebulosas: A simple vista: Cúmulo globular M 22 en Sagitario, cúmulo globular M 2 en Acuario. Prismáticos: Cúmulo abierto 6633 en la Serpiente y M 11 en el Escudo, cúmulos globulares M 15 en Pegaso y M 30 en Capricornio.

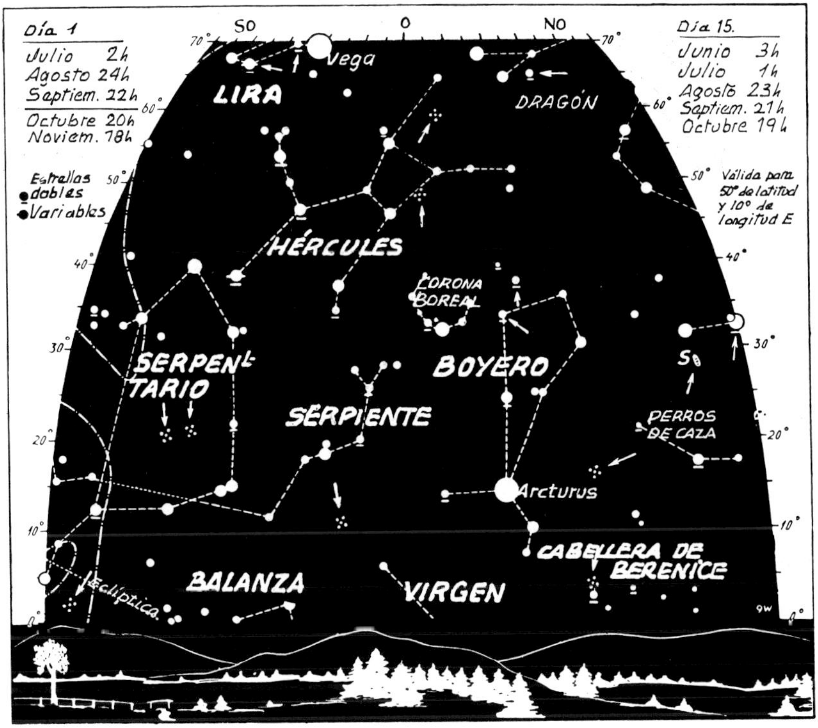

Lo que muestra la carta estelar

La estrella brillante y rojiza *Arcturus*, situada en posición baja, junto con el *Boyero* domina el firmamento occidental. Cerca de la parte superior del Boyero se encuentra la *Corona Boreal*, grácil, y por encima tenemos la constelación extensa, integrada por muchas estrellas pálidas, *Hércules*. A una latitud grande, en el margen, aparece la estrella brillante *Vega* en la *Lira* (en el SO) y al otro lado se encuentran (en el NO) la cabeza y algunas estrellas del *Dragón*. De la *Osa Mayor* sólo se observan las dos últimas estrellas de la cola en el margen NO y debajo de éstas los *Perros de Caza* se inclinan hacia el horizonte, mientras que una parte de la *Cabellera de Berenice* ya ha desaparecido en el NO. El firmamento SO está ocupado en gran parte por el *Serpentario*, extenso, y la *Serpiente*. De la *Vía Láctea* aparecen partes pequeñas en el margen SO de la carta y la *eclíptica* casi ha desaparecido por completo.

9
Oeste

A más de 10° de latitud se encuentran los siguientes objetos notables:

Variables perceptibles a simple vista: β en la Lira y α en Hércules. Dobles: A simple vista: ζ (Mizar-Alcor), en la Osa Mayor, sirve para demostrar buena vista. Prismáticos: μ y δ en Bootes, ν en el Dragón, β y ζ en la Lira. Instrumentos de 2 pulgadas: ζ en la Osa Mayor, α, δ, γ, μ, y ϱ en Hércules, 12 en los Perros de Caza, ζ en la Corona Boreal, β y δ en la Serpiente, 70 en el Serpentario. Instrumentos de 3-4 pulgadas: μ y ϵ en el Dragón.
Cúmulos y nebulosas: A simple vista: Cúmulos globulares M 13 y M 92 en Hércules, M 5 en la Serpiente y M 3 en los Perros de Caza. Prismáticos: Cúmulos globulares M 10 y M 12 en el Serpentario, nebulosa espiral M 51 en los Perros de Caza.

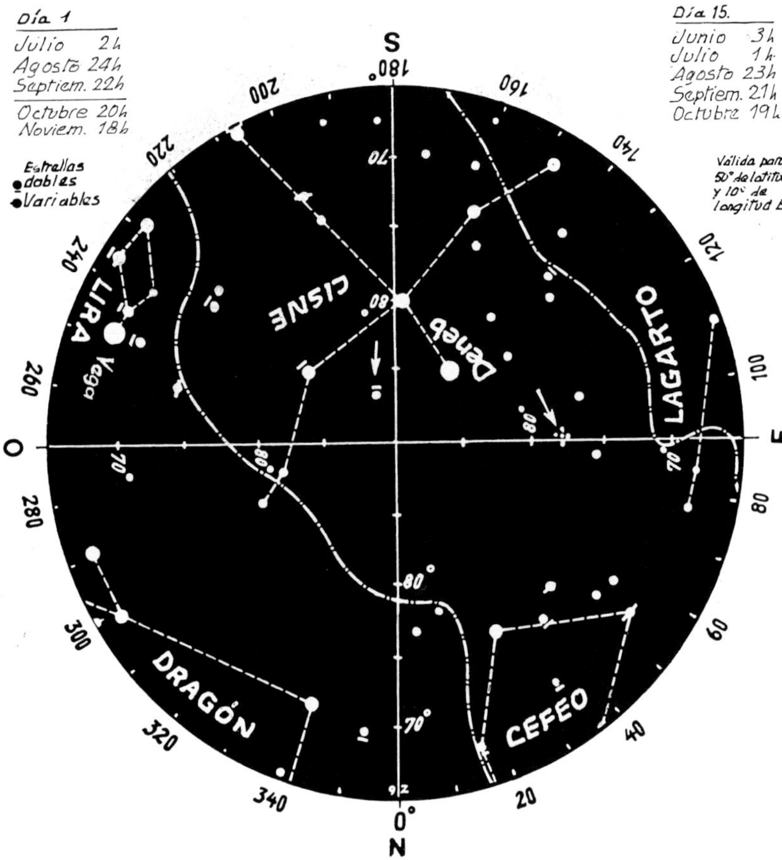

Lo que muestra la carta estelar

9
Zenit

El *Dragón* casi ha desaparecido del NO, por lo que aparecen partes de *Cefeo* en el sector NE, y en el E, en el margen, se observa el *Lagarto*, grácil. En el S el *Cisne* presenta su posición más alta y todas sus estrellas brillantes se encuentran en el sector zenital. *Deneb* está casi a 85° de la latitud. En el SO la Lira empieza a descender. La *Vía Láctea* se extiende a través de *Cefeo* y el *Cisne* y por el zenit. *Variables perceptibles a simple vista:* Se observan 5 variables en el sector zenital, entre ellas 3 clásicas: β en la Lira, δ en cefeo y χ en el Cisne; además R en la Lira y μ en Cefeo.
Dobles: A simple vista: ϵ en la Lira (para vistas muy agudas). *Prismáticos:* β, ζ en la Lira, β, μ y o_2 en el Cisne. *Instrumentos de 2 pulgadas;* β y ξ en Cefeo, η en la Lira. *Instrumentos de 3-4 pulgadas:* ϵ en el Dragón, ϵ_1 y ϵ_2 en la Lira.
Cúmulos y nebulosas: A simple vista: Ninguno. *Prismáticos:* Cúmulo abierto M 39 en el Cisne.

Horas de salida y puesta del Sol (MEZ) para +50° de latitud y 10° de longitud E

	1 sept.	11 sept.	21 sept.
Salida	5.33	5.48	6.03
Puesta	19.06	18.44	18.22

Distancia de las estrellas fijas

Uno de los argumentos principales en contra de los postulados de Copérnico (según los cuales la Tierra describe órbitas alrededor del Sol) consistía en que durante esta rotación anual la Tierra debería estar, ora más cerca, ora más lejos, de las estrellas fijas, y por lo tanto debería aparecer un corrimiento en la posición de las estrellas fijas, como sucede en el caso de los planetas. Como Copérnico rechazó estos argumentos diciendo que la separación de las estrellas fijas era tan inmensa que los cambios de posición no podían ser observados, a la astronomía práctica le correspondió la tarea de demostrar los corrimientos aparentes de las estrellas fijas. Esta tarea sólo era posible realizarla con telescopio y técnicas de observación muy refinadas, que exigían mucho tiempo. Por tanto durante muchos años fracasaron los intentos de determinar la distancia de las estrellas fijas debido a la pequeñez del efecto.

En el caso de las estrellas fijas, en vez de la distancia suele emplearse la paralaje. Se trata del ángulo que abarca el *radio de la órbita terrestre* vista desde la estrella fija. La nueva base es ahora el radio de la *órbita terrestre,* es decir, la distancia Tierra-Sol. Para determinar la distancia de una estrella fija, se observa dicha estrella desde dos puntos de la órbita terrestre diametralmente opuestos (véase la ilustración). Resultan apropiadas para esta determinación casi siempre las estrellas que debido a su gran movimiento propio demuestran su proximidad relativa. De este modo Bessel en Königsberg en 1838 logró la determinación de la paralaje de la estrella 61 Cygni, que entonces tenía el mayor MP conocido. Obtuvo un valor de 0,35", que después de nuevas medidas debía ser todavía más pequeño. Casi al mismo tiempo que Bessel, W. Struve en Dorpat logró determinar el paralaje de Vega, y Henderson desde el observatorio de Ciudad del Cabo consiguió determinar la paralaje de α Centauri. La mayor paralaje que se conoce en la actualidad es de una estrella pálida de Centauro, que por este motivo se denomina Proxima Centauri. Su paralaje es de 0,762" y su distancia es de unos 4,5 años-luz o 300 000 veces la distancia Tierra-Sol. El año-luz no es una unidad de tiempo, sino de longitud: se trata de la distancia que recorre la luz en un año. Por tanto, como la velocidad de la luz es de 300 000 km/seg y el año tiene 365 días, el día 24 horas, la hora 60 minutos, y el minuto 60 segundos:

1 año-luz = 300 000·365·24·60·60 = 9,46 billones de km
= 63 240 veces el radio de la órbita terrestre.

Puede observarse que la órbita terrestre es una unidad muy pequeña. Puede utilizarse otra unidad para expresar la distancia de las estrellas fijas, la que corresponde a una paralaje de 1". Esta unidad tiene el nombre de parsec (abreviatura pc). Para grandes distancias se utiliza 1 Kiloparsec (kpc) = 1000 pc como unidad.
Por tanto, se tiene:

1 parsec = 206 265 veces el radio de la órbita terrestre = 3,26 años-luz
= 30,86 billones de km.

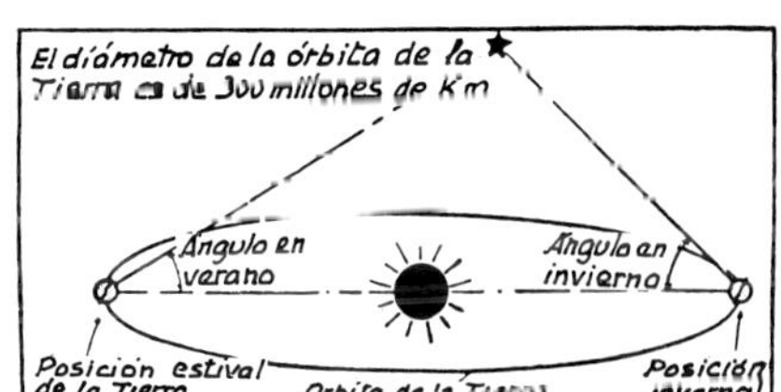

La pequeñez del ángulo que debe considerarse explica la dificultad de su determinación y no resulta sorprendente que la determinación de la primera paralaje estelar no se lograse hasta fecha tan tardía como 1838. El método de la paralaje trigonométrica sólo es aplicable, desde observatorios terrestres, para distancias inferiores a 100 parsec, aunque desde el espacio, gracias al satélite Hipparcos de la Agencia Espacial Europea, se ha podido medir la paralaje de 120 000 estrellas con una precisión de 0,002", equivalente a 500 parsec; la mayoría de las paralajes determinadas de esta manera son tan pequeñas que se encuentran en el límite de la precisión de medición o por debajo de él y por tanto las distancias calculadas no son válidas. En el caso de las estrellas más pálidas, se encuentran todavía paralajes grandes y una recopilación del astrónomo americano Kuiper contiene 254 estrellas en gran parte pálidas en una esfera de 10,5 pc de radio. La suposición anterior de que el brillo aparente de las estrellas era un criterio sobre la distancia de las estrellas ha resultado ser muy inexacta. Hay muchas estrellas pálidas que se encuentran cerca del sol.

En la tabla que viene a continuación aparecen las distancias en años-luz de 11 de las estrellas aparentemente más brillantes después de diversas determinaciones de la paralaje. Se observa que las estrellas brillantes Betelgeuse y Rigel de Orión están mucho más alejadas de lo que indica su brillo aparente. Rigel es la estrella de mayor brillo absoluto que se conoce y Betelgeuse se encuentra entre las 20 estrellas de mayor brillo absoluto.

Nombre	Distancia en años-luz
Sirius	8,7
Vega	27
Betelgeuse	650
Capella	45
Arcturus	36
Rigel	1300
Proción	11
Atair	16
Aldebarán	68
Pólux	35
Spica	217

Para las distancias superiores a los 100 parsec (326 años-luz) desde el suelo, y 500 parsec (unos 1500 años-luz) desde el espacio, hoy por hoy no puede utilizarse la determinación directa de la distancia mediante la paralaje trigonométrica. En este caso deben utilizarse procedimientos indirectos. Se dispone de muchos de estos procedimientos.

Se basan en la determinación del brillo absoluto de una estrella de modo indirecto. Una vez que se conoce el brillo absoluto, por comparación con el brillo aparente observado se deduce la distancia de la estrella. Los dos métodos de este tipo más importantes son:

1. En el caso de las variables del tipo δ–Chephei (véase pág. 125) puede deducirse el brillo absoluto a partir del período de cambio de brillo mediante una ley simple. Las Cefeidas constituyen en cierto modo las velas que nos guían en el espacio sideral.

2. Con frecuencia a partir de determinadas propiedades (intensidades) de las líneas espectrales, es posible deducir el brillo absoluto. Las paralajes determinadas de esta manera se denominan paralajes espectroscópicos.

Uno de los métodos restantes se basa en una proposición hecha por el astrónomo holandés Kapteyn hacia 1900. Parte de la consideración que el movimiento de avance del Sol, que supone cada año unas 2 veces el diámetro de la órbita de la Tierra, debe causar un corrimiento de perspectiva en la posición de las estrellas, a partir del cual puede calcularse su distancia (paralaje secular).

La velocidad radial (VR) de las estrellas

Como se observó con anterioridad, el movimiento propio (MP) sólo representa parte del movimiento que se produce perpendicularmente a la dirección visual. Hace ya más de 100 años se indicó que la aplicación del principio de Doppler a las líneas espectrales (véase pág. 135) de una estrella permitiría determinar el movimiento del cuerpo celeste en la dirección de la línea que une la Tierra y la estrella.

¿En qué consiste el principio de Doppler?

Se sabe que cuando una persona se encuentra cerca de una vía y se acerca silbando una locomotora, aumenta el tono del silbido a medida que se aproxima hasta que pasa por delante del observador, y luego disminuye al alejarse. En este caso, el fenómeno es independiente de si la fuente de sonido se acerca a nosotros o de si nosotros nos aproximamos a ella, sólo depende del movimiento per se.
La explicación de este fenómeno es muy simple.
Cuando nos acercamos a la fuente de sonido, recibimos más ondas sonoras por unidad de tiempo, y el tono aumenta; si nos alejamos, recibimos menos ondas sonoras y el tono disminuye. Éste es el principio de Doppler, que también es válido para las ondas de luz. Cuando una fuente emite una luz de una determinada longitud de onda (unicolora) y se acerca, recibimos más vibraciones por unidad de tiempo que cuando la fuente está quieta o cuando se aleja. En el primer caso la línea espectral se desplaza hacia la región del violeta, y en caso de alejamiento hacia la región del rojo. El color también cambia. En el caso de la luz blanca, integrada por todos los colores, el cambio de color no representa ningún papel, pero las líneas espectrales se desplazan con respecto a su posición normal, en caso de acercamiento hacia la región violeta y en caso de alejamiento hacia la roja. En esta ocasión también es indiferente cuál de los dos cuerpos, el emisor o el receptor, se mueve. Debido a la gran velocidad de la luz y debido a la pequeña velocidad de las estrellas en comparación con la de la luz, los corrimientos de las líneas espectrales son por lo común muy pequeños. Cuando la velocidad es de 1000 km/seg el corrimiento de las líneas del sodio D_1 y D_2 sólo es $^1/_6$ de la distancia entre ambas. Por tanto, no resulta sorprendente que los primeros intentos de Secchi y Huggins, en 1867, destinados a determinar las velocidades radiales mediante las observaciones visuales de las estrellas condujesen a resultados llenos de contradicciones y poco fiables. Además, en caso de acercamiento, la velocidad radial presenta signo negativo (pues la distancia disminuye) y en caso de alejamiento signo positivo (pues la distancia aumenta).
Por vez primera en 1890 Keeler logró determinar velocidades radiales para las estrellas Arcturus, Aldebarán y Betelgeuse mediante el refractor del observatorio de Lick. Las velocidades radiales estaban comprendidas entre —7 km/seg y +55 km/seg y pueden considerarse reales.
Poco después H.C. Vogel y J. Scheiner en Potsdam lograron valores fotográficos de la VR de 52 estrellas que presentaban mucha más exactitud. Y a continuación se utilizó mucho el método de la determinación fotográfica. También en el caso de las observaciones americanas el margen de error en la determinación de la VR disminuyó hasta ±0,5 km. Y puesto que se logró demostrar espectroscópicamente movimientos como la rotación del Sol, el movimiento de los planetas y la Tierra en sus órbitas respectivas, se descartaron las dudas sobre la fiabilidad y la utilidad del principio de Doppler. A diferencia del MP, el método espectroscópico de la determinación de la VR exigía sólo *una* observación, cuyo margen de error es ±0,1 km/seg en condiciones favorables hoy en día, mientras que el valor medio de la VR de las estrellas es de unos ±20 km/seg.
Independientemente de los errores sistemáticos de las VR determinadas en los observatorios, hay otra dificultad fundamental: la determinación espectroscópica está limitada por la intensidad de luz que puede captar el aparato, que en el caso del telescopio de espejo de 2,5 m del observatorio del Monte Wilson es de mag 11 a mag 12. Por tanto, no resulta sorprendente que sólo se conozcan unas 15 000 VR frente al número 20 veces superior de MP.
Recientemente se ha intentado determinar la velocidad radial (VR) con la cámara Reflex; este método permite determinar la VR de un gran número de estrellas, pero con una exactitud menor

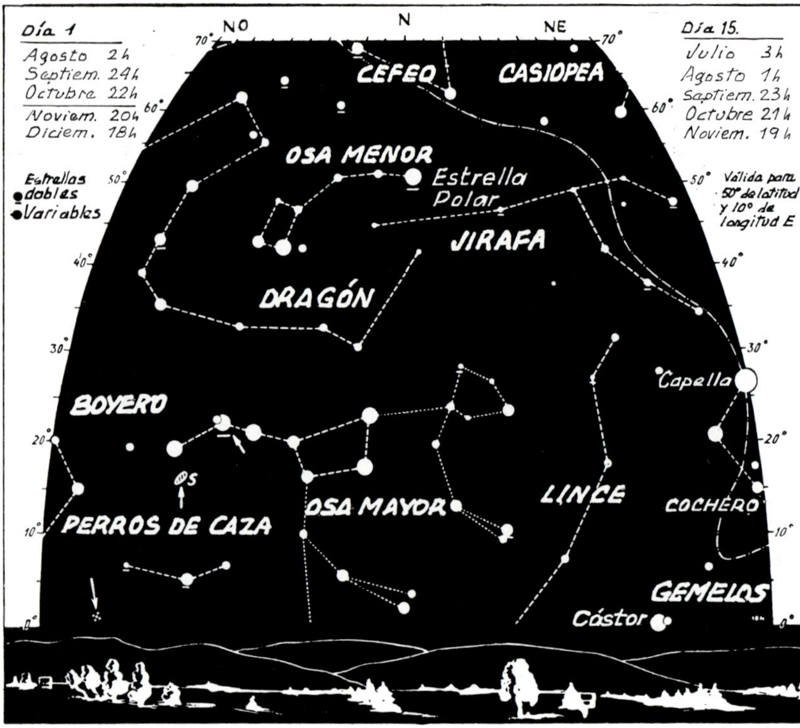

Lo que muestra la carta estelar

El firmamento septentrional está dominado por la *Osa Mayor*, que ha alcanzado su posición más baja, pero permanece sobre el horizonte con casi todas sus estrellas. En cambio, la *Osa Menor* desciende, a partir de la estrella Polar, oblicuamente hacia el NO, y entre las dos Osas puede percibirse el *Dragón* excepto su cabeza. A partir de la estrella Polar se extiende casi horizontalmente hacia el E la constelación extensa, integrada por estrellas pálidas, *Jirafa*. Debajo de ella asciende el *Lince* y en el margen NE se encuentran, además de *Capella*, algunas estrellas del *Cochero*. En posición baja en el NE se produce la salida de los *Gemelos* y en el NO se ponen los *Perros de Caza* y *Bootes* (el Boyero).
La *Vía Láctea* casi ha desaparecido por completo, sólo una franja estrecha asciende oblicuamente en el NE.

A más de 10° de latitud se encuentran los siguientes objetos notables:

Variables perceptibles a simple vista: Ninguna.
Dobles: A simple vista: ζ (Mizar-Alcor), en la Osa Mayor, sirve para demostrar buena vista. Prismáticos: Ninguna. Instrumentos de 2 pulgadas: β en Cefeo, ζ en la Osa Mayor, α en la Osa Menor (estrella Polar). Instrumentos de 3-4 pulgadas: $\varkappa$ en Cefeo, ϵ y η en el Dragón, 19 H en la Jirafa, ι en la Osa Mayor.
Cúmulos y nebulosas: Prismáticos: Algo por debajo de la última estrella de la limonera del Gran Carro (Osa Mayor) se encuentra la nebulosa espiral M 51 en los Perros de Caza.

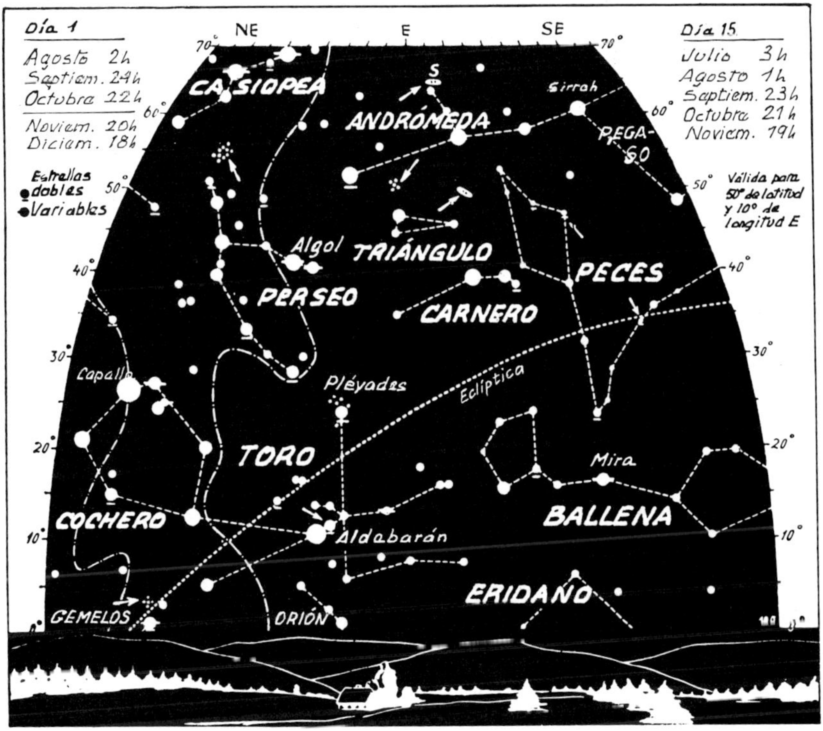

Lo que muestra la carta estelar

Debido a la aparición de la estrella roja brillante *Aldebarán*, con el *Toro*, y de la estrella *Capella*, igualmente brillante, con el *Cochero*, el aspecto del firmamento oriental ha cambiado de modo esencial. Por encima de estas constelaciones se extiende *Perseo* hasta una latitud de más de 50°. *Casiopea* se encuentra encima, contigua. Casi en el E se encuentran, por encima del *Toro* con las *Pléyades*, el *Carnero*, el *Triángulo* y *Andrómeda*. La última se encuentra en el SE por encima de *Pegaso*. Debajo de *Sirrah* (Andrómeda) y junto al *Carnero*, se extienden los *Peces* con sus numerosas estrellas inconspicuas. Debajo se observa una parte de la *Ballena*. Cerca del horizonte las primeras estrellas de los *Gemelos*, de *Orión* y de *Eridano* anuncian el invierno.
La *Vía Láctea* asciende desde el horizonte NE, por encima del *Cochero* y *Perseo*, casi perpendicularmente hasta *Casiopea*. La *eclíptica* asciende desde el horizonte NE a través del *Toro* y los *Peces*.

10
Este

A más de 10° de latitud se encuentran los siguientes objetos notables.

Variables perceptibles a simple vista. α y γ en Casiopea, β y ϱ en Perseo, ϵ y ζ en el Cochero, así como λ en el Toro y Mira en la Ballena
Dobles. A simple vista: ϑ en el Toro (fácil de percibir con buena vista). Prismáticos: ζ y ψ_1 en los Peces. Instrumentos de 2 pulgadas: η en Casiopea, γ en Andrómeda, ϵ, ζ y η en Perseo, γ en el Carnero. Instrumentos de 3-4 pulgadas: α y φ en los Peces, ϑ en Perseo, γ en la Ballena.
Cúmulos y nebulosas: A simple vista: Pléyades, cúmulos de estrellas dobles h y χ en Perseo. Nebulosa espiral M 31 (Andrómeda). Prismáticos: Cúmulos abiertos 752 (Andrómeda), M 33 (Triángulo).

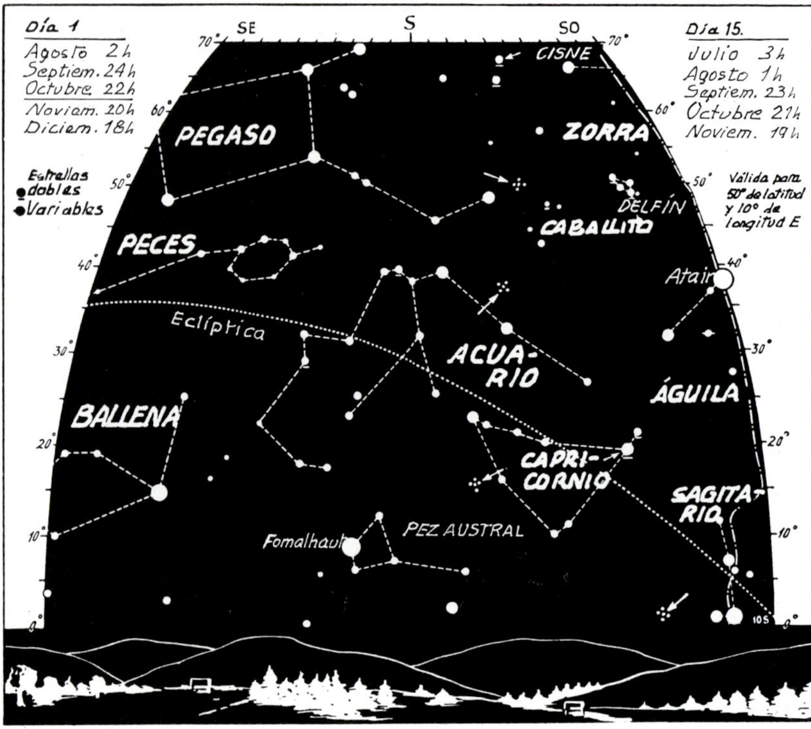

Lo que muestra la carta estelar

El centro de la carta está totalmente ocupado por *Acuario*, extenso y no muy brillante, que ha alcanzado su posición más alta. Junto a Acuario se encuentran hacia el SE parte de los *Peces* cerca de la *eclíptica*, y por encima de *Acuario* es perceptible casi entero a una latitud grande el cuadrado de *Pegaso*. En el SO se ponen el *Cisne*, el *Águila* y *Sagitario*; *Atair* se observa en el margen de la carta. Debajo de *Acuario* empieza a descender *Capricornio*, pero el *Pez Austral*, situado en el meridiano, junto con *Fomalhaut*, ha alcanzado su posición más alta a casi 10° de latitud. Un fragmento de la *Ballena* aparece a menor latitud en el sector SE.
De la *Vía Láctea* aparecen en la carta sólo unas listas estrechas y apenas dignas de atención en el margen SO. La *eclíptica* empieza en el SE a casi 35° de latitud y desciende a través de *Acuario* y de *Capricornio* hasta *Sagitario* en el SO.

A más de 10° de latitud se encuentran los siguientes objetos notables:

Variables perceptibles a simple vista: η en el Águila.
Dobles: A simple vista: Ninguna. Prismáticos: μ en el Cisne, α_2 y β en Capricornio. Instrumentos de 2 pulgadas: γ en el Delfín. Instrumentos de 3-4 pulgadas: ζ en Acuario.
Cúmulos y nebulosas: A simple vista: Cúmulo globular M 2 en Acuario. Prismáticos: Cúmulos globulares M 15 en Pegaso y M 30 en Capricornio.

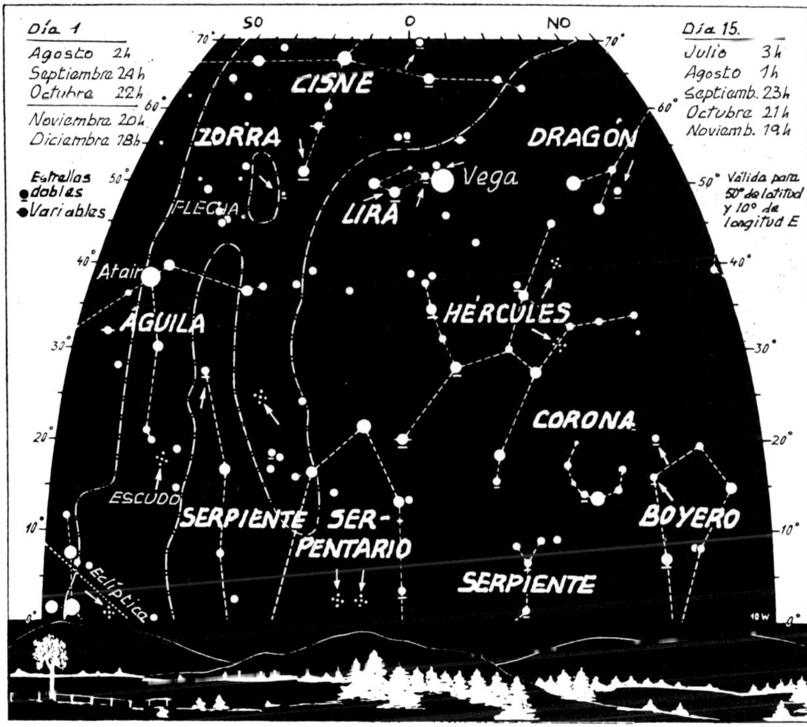

Lo que muestra la carta estelar

Casi al O destaca *Vega* a una latitud de 50°. Sobre ella aparece parte del *Cisne*, y a la misma latitud que *Vega* y la *Lira* se observa en el NO la cabeza del *Dragón*. Debajo de las dos constelaciones desciende lentamente *Hércules*. Debajo de éste se observa claramente la *Corona Boreal*, grácil. *Arcturus* ya ha desaparecido, pero la parte superior de *Bootes*, la *Serpiente* y el *Serpentario* son todavía visibles en parte. En el firmamento SO se extiende la cola de la *Serpiente* casi en perpendicular y por encima aparece el *Águila* y a partir de ésta las constelaciones inconspicuas de la *Flecha* y la *Zorra* conducen al *Cisne*.

La *Vía Láctea* asciende de modo empinado formando una banda ancha y bifurcada en el SO y discurre desde la *Serpiente* por encima del *Águila* hasta el *Cisne*. La *eclíptica* casi ha desaparecido por completo.

10
Oeste

A más de 10° de latitud se encuentran los siguientes objetos notables:

Variables perceptibles a simple vista: β y R en la Lira, η en el Águila, α en Hércules y la estrella del tipo Mira χ en el Cisne.

Dobles: A simple vista: ϵ, en la Lira, sirve para demostrar buena vista. Prismáticos: μ y δ en Bootes, ν en el Dragón, β y ζ en la Lira, β y o_2 en el Cisne (o_2 es triple), θ en la Serpiente, 6 en la Zorra. Instrumentos de 2 pulgadas: α, δ, γ, μ y ϱ en Hércules, ζ en la Corona Boreal, η en la Lira, ζ en la Flecha, 70 en el Serpentario. Instrumentos de 3-4 pulgadas: μ en Bootes, δ en el Cisne, ϵ_1 y ϵ_2 en la Lira.

Cúmulos y nebulosas: A simple vista: Cúmulos globulares M 13 y M 92 en Hércules. Prismáticos: cúmulos galácticos M 11 en el Escudo (extremo caudal del Águila) y 6633 en la Serpiente.

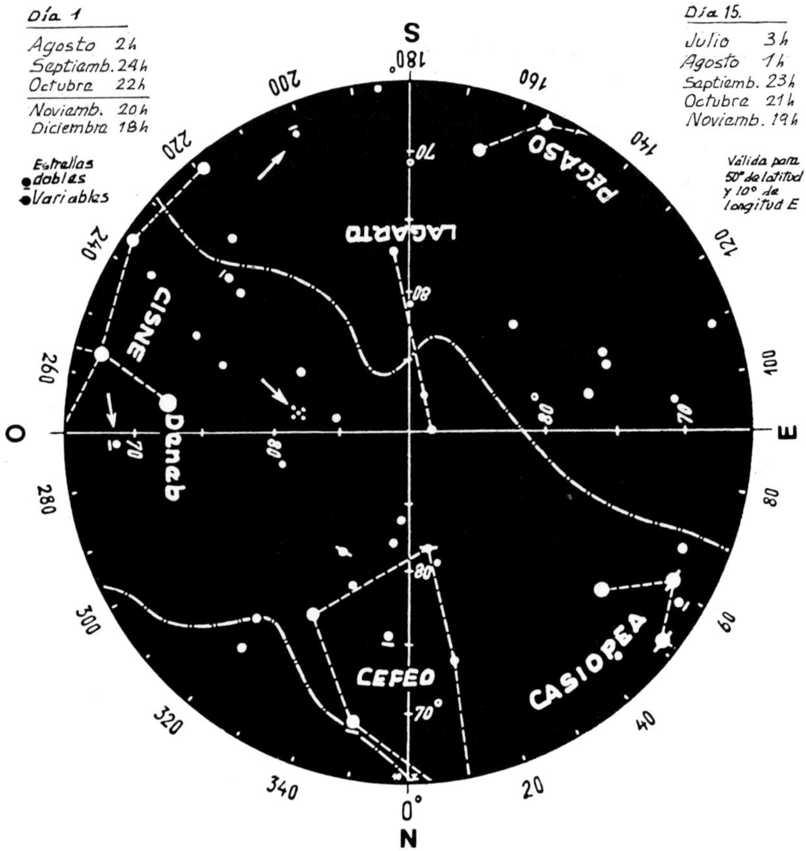

Lo que muestra la carta estelar

En el N y el NO se encuentra *Cefeo* casi entero, en el sector zenital y parte de *Casiopea*. En el E aparecen las primeras estrellas de *Andrómeda* y también *Pegaso* roza el sector. El *Lagarto* está situado en el meridiano y su estrella más brillante se encuentra casi en el zenit. En el SO y O algunas estrellas del *Cisne* son todavía visibles y *Deneb* se encuentra a algo más de 70° de latitud. La franja de la *Vía Láctea* empieza a orientarse hacia el N, pero no llega a la región zenital.

Variables perceptibles a simple vista: δ y μ en Cefeo así como las variables brillantes α y γ en Casiopea.

Dobles: A simple vista: Ninguna. *Prismáticos:* μ y o_2 en el Cisne.

Instrumentos de 2 pulgadas: η en Casiopea, β y ξ en Cefeo.

Instrumentos de 3-4 pulgadas: Ninguna.

Cúmulos y nebulosas: A simple vista: Ninguno. *Prismáticos:* Cúmulo abierto M 39 en el Cisne.

10
Zenit

Horas de salida y puesta del Sol (MEZ) para +50° de latitud y 10° de longitud E

	1 octubre	11 octubre	21 octubre
Salida	6.18	6.34	6.50
Puesta	18.00	17.39	17.19

La determinación de la VR de las estrellas ha producido una serie de resultados importantes, de los que es preciso mencionar:

1. La mayoría de las estrellas tiene una VR pequeña. Sólo unas 500 estrellas —de las 15 000 que se han estudiado— tienen una velocidad radial superior a 65 km/seg. Las máximas VR de las estrellas son +543 y —450 km/seg.
2. Más de 1300 estrellas presentan una VR radial que varía periódicamente. En la mayoría de los casos esto sólo puede explicarse de la siguiente manera: las dos estrellas, conforme a la ley de la gravitación, describen órbitas alrededor de un centro de gravedad común. Aunque con el telescopio sólo parecen una sola estrella, como están tan cerca entre sí y al mismo tiempo tan lejos de nosotros, su naturaleza doble no se puede conocer directamente. Por tanto se denominan dobles espectroscópicos.

Sobre la VR de las nebulosas espirales véase pág. 147.

Estrellas dobles y cúmulos

Aunque el observador siempre se siente atraído por las estrellas perceptibles a simple vista como Mizar de la Osa Mayor y ϑ del Toro o ϵ de la Lira, los astrónomos denominan estrellas dobles sólo a aquellas cuya separación es de unos pocos segundos. De las estrellas perceptibles a simple vista, aproximadamente el 25% son dobles. Tienen gran importancia porque con ellas podemos realizar determinaciones exactas de masa, radios y densidad.
Las dobles ópticas, que sólo están situadas próximas aparentemente, carecen de interés. En el caso de las dobles físicas (reales) se distinguen tres clases:

a) dobles *visuales*, cuyas componentes pueden observarse mediante el telescopio.
b) dobles *espectroscópicas*, tan próximas que no pueden resolverse con telescopio. Su carácter doble puede demostrarse a partir de espectro conjunto o a partir del corrimiento de las líneas espectrales de resultas de las órbitas que describen ambas estrellas una respecto a otra.
c) *variables de ocultación*, en cuyas órbitas tienen lugar una ocultación y un cambio de brillo, toda vez que el plano de la órbita de ambas componentes se encuentra casi en la línea visual (véase pág. 131).

El número de dobles visuales de hasta mag 9 se calcula en más de 30 000, pero sólo se han determinado con exactitud 750 órbitas. El último gran catálogo de dobles visuales contiene más de 64 000 objetos. Los períodos de revolución están comprendidos entre algunos centenares de días y 10 000 años. Debe mencionarse que las órbitas de estas dobles visuales de ordinario son muy excéntricas. En la tabla de la pág. 164 hay una lista seleccionada de dobles que también aparecen en las cartas.
Las dobles de período de revolución pequeño presentan sus componentes tan próximas que sólo pueden reconocerse espectroscópicamente. Aunque sólo se conocen unas 1300 estrellas con VR variable, la mayoría deben ser dobles espectroscópicas, por lo que el número de dobles espectroscópicas de hasta mag 9 se calcula en 33 000. Los períodos de revolución están comprendidos entre 2 y 50 días, y sus órbitas son de ordinario más parecidas a círculos.
Las variables de ocultación forman parte también de las variables (pág. 131). En este libro sólo se indican variables de ocultación muy interesantes. Por ejemplo, la estrella ζ del Cochero, cerca de Capella. La estrella principal es una supergigante, y su compañera presenta un brillo intrínseco grande, pero sólo $^1/_{75}$ del diámetro de la principal.

Debido a esto, la ocultación de la estrella principal por la compañera produce un efecto sin importancia. En cambio, la ocultación de la compañera por la estrella principal da lugar a observaciones muy interesantes, por cuanto la luz de la compañera se debilita antes y después de la ocultación propiamente dicha a causa de la atmósfera débilmente dilatada de la estrella gigante.

En el caso de los cúmulos se distinguen unos 1100 *cúmulos abiertos* y unos 150 *cúmulos globulares.* Ambos tipos pertenecen al sistema de la Vía Láctea, pero se distinguen, como indica el nombre, por la concentración de las estrellas que contienen. Ejemplos típicos de cúmulos abiertos son las Pléyades, Praesepe y las Híadas, cada uno con algunos centenares de estrellas. Cabe mencionar asimismo el cúmulo estelar doble llamado h y χ de Perseo.

Se denominan cúmulos abiertos las concentraciones locales del sistema de la Vía Láctea. En cambio los cúmulos globulares rodean al sistema, estando casi uniformemente distribuidos hasta una distancia de 160 000 años-luz. Los tres cúmulos más brillantes visibles desde el centro de Europa son M 13 (Hércules), M 22 (Sagitario) y M 5 (la Serpiente); cada uno de ellos contiene decenas de millares, cuando no centenas de millares, de estrellas. Los cúmulos globulares aparecen sobre todo en el firmamento meridional y presentan una intensa aglomeración en una dirección determinada, que se denomina centro del sistema de la Vía Láctea. Esta asimetría aparente es causada por la posición excéntrica del Sol. En la zona ecuatorial de la Vía Láctea, donde aparecen con más frecuencia los cúmulos abiertos, hay muy pocos cúmulos globulares. Cabe mencionar que en los distintos cúmulos globulares se han encontrado globalmente unas 1600 variables.

Otra diferencia importante entre los dos tipos de cúmulos es la distinta velocidad radial. Mientras que la VR media de los cúmulos abiertos corresponde a la de las estrellas fijas, en los cúmulos globulares se encuentran a menudo VR de varios centenares de km/seg.

Los diámetros de los cúmulos abiertos son pequeños y están comprendidos entre 5 y 50 años-luz, pero el valor medio del diámetro de los cúmulos globulares es de 200 años-luz. En los cúmulos abiertos muy dilatados la densidad espacial de las estrellas es 20-30 veces mayor que en el sistema solar y en el centro del cúmulo globular la densidad es muchos miles de veces mayor.

Las estrellas variables

Hace casi 400 años (en 1596) Fabricius observó en la estrella o de la Ballena que su brillo oscilaba mucho durante un período de 11 meses. Esta estrella recibió el nombre de Mira, que significa «maravillosa». Su brillo máximo es de ordinario de la mag 3, pero a veces alcanza el valor de mag 2, y luego pasa a 10 y por tanto a lo largo de meses es imperceptible a simple vista. Sus oscilaciones de brillo implican más de 7 clases de magnitud.

Todas estas estrellas, cuyo brillo está sometido a oscilaciones mesurables, reciben el nombre de *variables.* Desde el descubrimiento de la estrella Mira el número de variables observadas —particularmente en las últimas décadas— ha aumentado mucho. De las estrellas perceptibles a simple vista sólo son variables el 3%. Incluyendo a muchas estrellas pálidas, en 1920 se conocían unas 2000 variables, en 1933 ese número había aumentado hasta 6000 y en 1948 se conocían más de 10 000 variables de hasta mag 17 y en 1958 más de 23 000.

Siempre y cuando las variables no sean estrellas brillantes (éstas ya tienen nombres especiales) se denominan uniendo las letras R, S ... Z al nombre de la constelación; cuando esto no basta se duplican las letras; RR, RS, ... hasta ZZ. Si esto no es suficiente se utilizan las combinaciones AA hasta QZ. En muchos casos esto tampoco es suficiente, aunque hay 334 posibilidades de combinación. Entonces empieza la numeración a partir de V 335, como sucede en el Serpentario y Sagitario. En el Serpentario se conocen más de 1000 variables y en el Cisne más de 800 variables, de ordinario muy pálidas.

La forma del cambio de brillo de las variables es tan diversa que resulta necesario establecer una clasificación.

Con base en una recomendación de la Unión Astronómica Internacional celebrada en el año 1958 se dividió a las variables en 3 clases principales atendiendo a sus propiedades físicas.

Las variables de la *primera clase* se denominan *variables pulsantes*. Se trata de las denominadas gigantes y supergigantes de todas las clases espectrales, cuyo cambio de brillo puede atribuirse a una pulsación más o menos marcada de su atmósfera.

Las variables de la *segunda clase* se denominan *variables eruptivas*; la atmósfera de éstas presenta erupciones más o menos irregulares.

Las variables de la *tercera clase* son las *variables de ocultación del tipo Algol*.

Naturalmente hay muchos subgrupos. En este libro, nos limitaremos a estudiar unos cuantos grupos importantes.

La estrella *Mira*, la primera variable conocida, pertenece a la primera clase y ha dado su nombre a un grupo entero de variables, las estrellas del *tipo Mira*. Constituyen uno de los mayores grupos de variables: 3650 estrellas. Su cambio de brillo es perceptible y a menudo implica hasta 10 clases de magnitud. Los períodos de cambio de brillo están comprendidos entre 63 y 1374 días, siendo el período más frecuente de 270 días. La amplitud del cambio de brillo y la magnitud del período correspondiente con frecuencia están sometidos a oscilaciones. En el caso de Mira el brillo máximo es de mag 3; en 1969 el máximo fue de mag 2,4. El brillo visual implica un intervalo de 7-8 clases de magnitud y el valor medio del período es de 331 días. Todas las estrellas del tipo Mira son gigantes y supergigantes rojas y tienen temperaturas superficiales comprendidas entre 2000° y 4000°C. El diámetro de Mira es de unas 400 veces el radio del Sol.

Un segundo grupo, algo menor, pero también muy importante, de la primera clase, es el que está integrado por las *estrellas δ-Cephei* y *RR-Lyrae*, cuyo nombre deriva de la primera estrella representativa, la estrella δ de Cefeo. El período de cambio de brillo es de 5,37 días y el brillo fotográfico de mag 0,7. Se distinguen claramente dos grupos, las Cefeidas con período de cambio de brillo de 1-45 días y las Cefeidas con un período de menos de 1 día a 80 minutos. Este último grupo se denomina: *estrellas RR-Lyrae*.

Cabe mencionar que el tipo espectral y la velocidad radial varían con el cambio de brillo aun siendo el período idéntico. Cuando el brillo es máximo la velocidad radial (VR) presenta el máximo valor negativo (acercamiento hacia nosotros) y cuando el brillo es mínimo la VR tiene el máximo valor positivo (alejamiento de nosotros). Como explicación de estas propiedades de las Cefeidas la teoría de las pulsaciones supone que el diámetro de estas estrellas varía en un 10% de su valor durante el período de cambio de brillo. Las Cefeidas también son supergigantes, y sus radios son 10-15 veces superiores al del Sol.

Las Cefeidas son importantes porque entre el período de cambio de brillo y su brillo absoluto hay una relación que pudo demostrarse en las Cefeidas presentes en la Pequeña Nube de Magallanes (en el firmamento meridional). Según esto el brillo absoluto de una Cefeida es tanto mayor cuanto mayor sea su período. Esta relación entre el período y el brillo desempeña un papel fundamental en la determinación de la distancia de objetos extragalácticos más lejanos, pues a partir del período observado en una Cefeida se deduce el brillo absoluto y a partir del brillo absoluto, por comparación con el brillo aparente, se deduce la distancia.

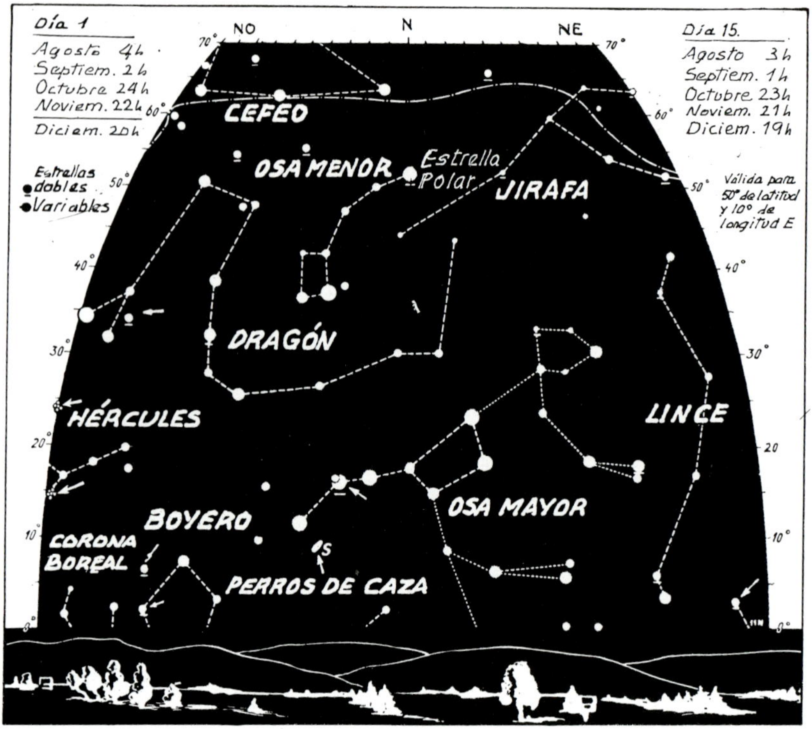

Lo que muestra la carta estelar

La *Osa Mayor* ha alcanzado en parte su posición más baja en el N y su cabeza asciende de nuevo. La *Osa Menor* desciende a partir de la estrella Polar de manera bastante pronunciada, mientras que el *Dragón* serpentea entre ambas Osas en una región casi horizontal y aparece entero en la carta. De las configuraciones restantes en el NE todavía se observa el *Lince*, que asciende casi en perpendicular. La *Jirafa*, cuyo cuello está debajo de la estrella Polar, asciende hacia el E. *Cefeo* aparece en posición alta en el NO. Debajo de la cabeza del *Dragón* en el NO aparece ocasionalmente a una latitud de 20° *Hércules*, mientras que más hacia el N, las estrellas superiores de *Bootes* (el Boyero) se acercan a su posición más baja. De los *Perros de Caza* todavía es visible la conocida nebulosa espiral.

La franja de la *Vía Láctea* se encuentra en posición alta y se extiende casi paralela al horizonte.

A más de 10° de latitud se encuentran los siguientes objetos notables:

Variables perceptibles a simple vista: Ninguna.
Dobles: A simple vista: ζ (Mizar-Alcor), en la Osa Mayor, sirve para demostrar buena vista. Prismáticos: ν en el Dragón. Instrumentos de 2 pulgadas: ζ en la Osa Mayor, β y ξ en Cefeo, α en la Osa Menor (estrella Polar). Instrumentos de 3-4 pulgadas: ϵ y η en el Dragón, ι en la Osa Mayor, $\varkappa$ en Cefeo, 19 H en la Jirafa.
Cúmulos y nebulosas: A simple vista: M 13 en Hércules, el cúmulo globular más bello del firmamento septentrional y en condiciones favorables perceptible a simple vista. El otro cúmulo globular conocido, M 92, es algo más pálido.

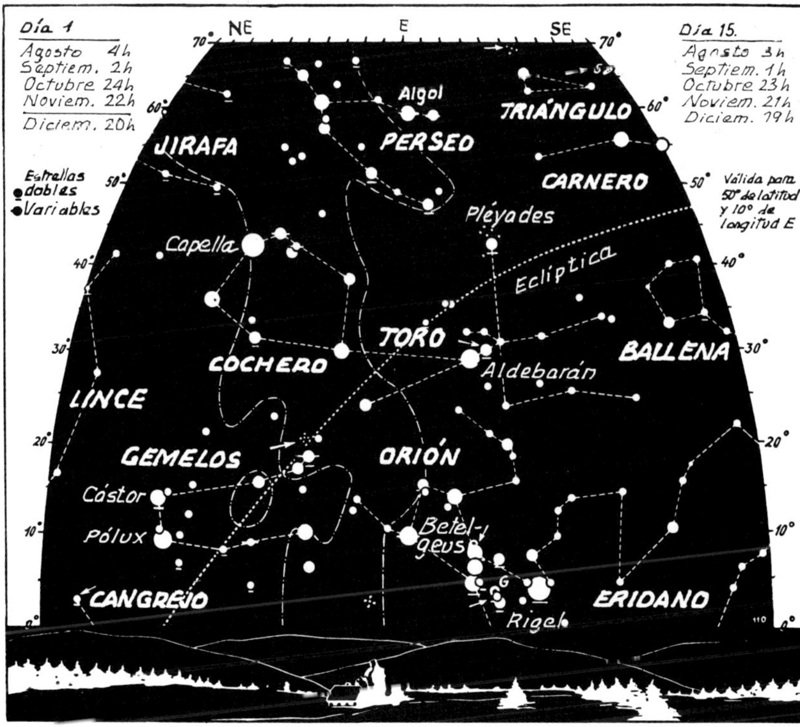

Lo que muestra la carta estelar

El firmamento oriental presenta una gran parte de la esplendidez de invierno. En la parte central de la carta dominan el *Toro* con la estrella, brillante y rojiza, *Aldebarán*, y el *Cochero*, con la estrella brillante *Capella*. Por encima de ambas constelaciones se encuentra *Perseo* a una latitud grande. *Orión* casi se ha puesto por completo y algo más al NE los *Gemelos* han desaparecido totalmente del firmamento. Las constelaciones situadas en el margen no desempeñan ningún cometido importante. En el SE junto con *Orión* ha ascendido una gran parte de *Eridano*. Sobre *Eridano*, todavía permanece una parte de la *Ballena* y en posición más alta se observan el *Carnero* y el *Triángulo*.
La *Vía Láctea* asciende a partir del E de modo bastante empinado y se extiende a través de los *Gemelos*, el *Cochero* y *Perseo* hasta la *Jirafa*. La *eclíptica* se acerca a su posición más alta, empieza casi en el horizonte NE y discurre a través de los *Gemelos* y el *Toro* hasta casi 50° de latitud en el SE.

A más de 10° de latitud se encuentran los siguientes objetos notables

Variables perceptibles a simple vista: Algol y ϱ en Perseo; en el Cochero la variable de ocultación ϵ; ζ y λ en el Toro y η en los Gemelos.
Dobles: A simple vista: ϑ en el Toro (fácil de percibir con buena vista). Prismáticos: Ninguna. Instrumentos de 2 pulgadas. λ en Orión, ϵ, ζ y η en Perseo, α en los Gemelos (Cástor, múltiple). Instrumentos de 3-4 pulgadas; ϑ en Perseo, γ en la Ballena.
Cúmulos y nebulosas: A simple vista. Pléyades. Prismáticos: Cúmulos abiertos M 35 en los Gemelos y 752 en Andrómeda, nebulosa espiral M 33 en el Triángulo

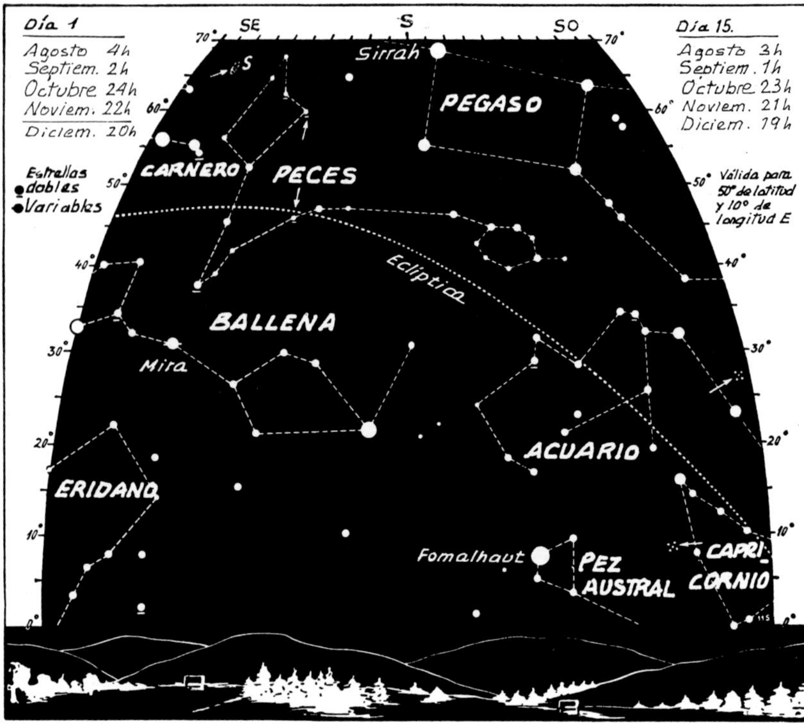

Lo que muestra la carta estelar

Además del cuadrado grande y brillante de *Pegaso*, junto con *Sirrah* en posición alta en el S, en toda la carta sólo se encuentran dos estrellas brillantes: en posición baja en el SO, *Fomalhaut* en el *Pez del Sur* y a 20º de latitud, casi en el S, la estrella β en la *Ballena*. El espacio comprendido entre *Pegaso* y la *Ballena* está ocupado por la constelación, dilatada y constituida por estrellas pálidas, de los *Peces*, y junto a ella, en el SE, se encuentran las primeras estrellas del *Carnero*. Debajo de la *Ballena* se observan, en posición baja en el SE, algunas estrellas de *Eridano*; a partir de la misma altura que la *Ballena*, *Acuario* desciende en el SO, lentamente, hacia el horizonte. Debajo de él, *Capricornio* ha desaparecido en parte.
La *Vía Láctea* no figura en esta carta. La *eclíptica* alcanza en los *Peces* la latitud de casi 50º, pero luego desciende de modo empinado en el SO.

A más de 10º de latitud se encuentran los siguientes objetos notables:

Variables perceptibles a simple vista: Mira en la Ballena.
Dobles: A simple vista: Ninguna. Prismáticos: ζ y ψ_1 en los Peces.
Instrumentos de 2 pulgadas: γ en el Carnero. Instrumentos de 3-4 pulgadas: α y φ en los Peces, ζ en Acuario, γ en la Ballena.
Cúmulos y nebulosas: A simple vista: Cúmulo globular M 2 en Acuario. Prismáticos: Nebulosa espiral M 33 en el Triángulo (en posición alta en el SE).

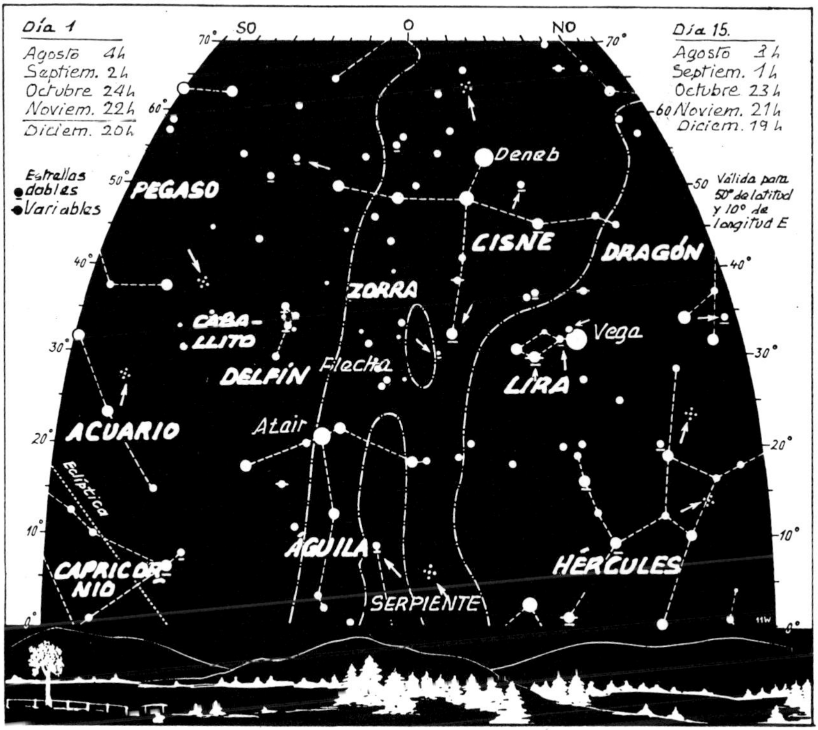

Lo que muestra la carta estelar

Las tres constelaciones que dominan el firmamento occidental son: en posición bastante baja en el O el *Águila* con la estrella brillante *Atair*, a una latitud media la *Lira* con la estrella brillante *Vega* y por encima de ambas constelaciones el *Cisne*, dilatado, que aparece entero en la carta. *Hércules* con sus numerosas estrellas pálidas se inclina hacia el horizonte NO. Del *Dragón* a una latitud media en el NO sólo se percibe la cabeza. La parte central de la carta está ocupada por la *Flecha*, la *Zorra*, el *Delfín* y el *Caballito*, constelaciones situadas aproximadamente a la misma altura que *Vega*. En el SO aparece próxima al horizonte una parte pequeña de *Capricornio* junto con la *eclíptica*. Por encima se encuentran algunas estrellas de *Acuario* y de *Pegaso*. La *Vía Láctea* asciende casi en perpendicular en el centro de la carta, y se extiende desde el *Águila* por encima de la *Zorra* y el *Cisne* hasta *Cefeo*.

A más de 10° de latitud se encuentran los siguientes objetos notables:

Variables perceptibles a simple vista: β y R en la Lira, μ en Cefeo y la estrella del tipo Mira χ en el Cisne.
Dobles: A simple vista: ϵ, en la Lira, sirve para demostrar buena vista. Prismáticos: ν en el Dragón, β y ζ en la Lira, β, μ y o_2 en el Cisne (o_2 es triple), δ en la Zorra. Instrumentos de 2 pulgadas: μ y ϱ en Hércules, γ en el Delfín, η en la Lira, ζ en la Flecha. Instrumentos de 3-4 pulgadas: δ en el Cisne, ϵ_1 y ϵ_2 en la Lira.
Cúmulos y nebulosas: A simple vista: Los espléndidos cúmulos M 13 y M 92 de Hércules están en posición demasiado baja para ser percibidos a simple vista. Cúmulo globular M 2 en Acuario. Prismáticos: Cúmulo globular M 15 en Pegaso y cúmulo abierto M 39 en el Cisne.

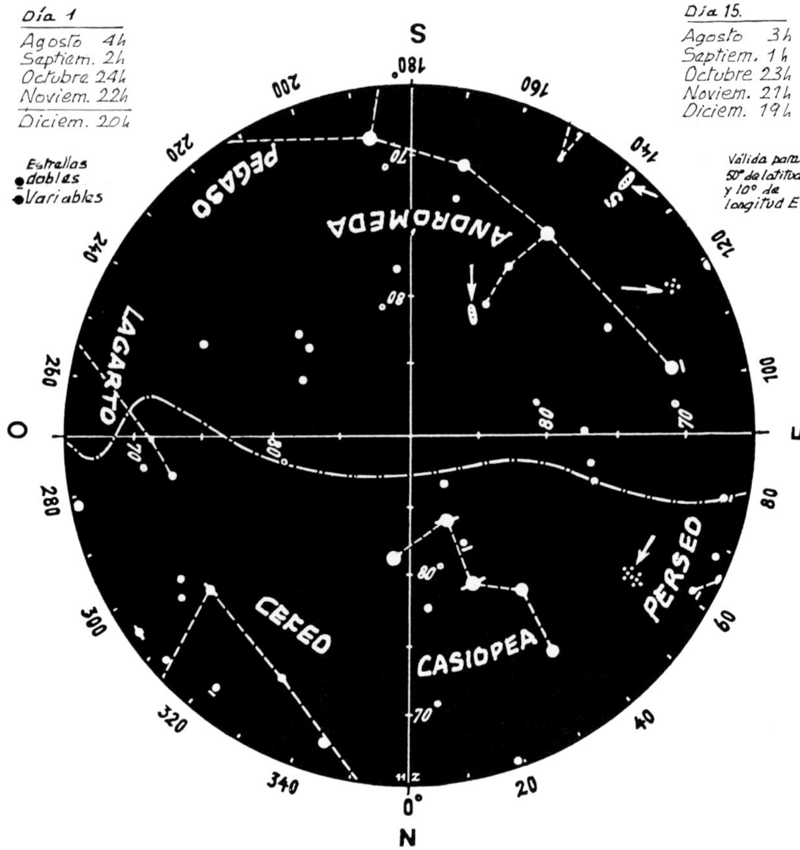

Lo que muestra la carta estelar

En el N Casiopea domina el sector, la estrella β ha pasado por el meridiano. *Cefeo*, en el NO, está a punto de abandonar el sector. A partir del E algunas estrellas de *Perseo* rozan el sector. El SE está completamente ocupado por la cadena de estrellas brillantes de *Andrómeda*, junto a las cuales en el S se encuentra una parte de *Pegaso*. En el O el *Lagarto* desciende por el sector de la carta. Toda la mitad septentrional está ocupada por la franja de la *Vía Láctea*, que no alcanza el zenit.

Variables perceptibles a simple vista: δ y μ en Cefeo, las variables brillantes α y γ en Casiopea.

Dobles: A simple vista y con *prismáticos:* Ninguna. *Instrumentos de 2 pulgadas:* γ en Andrómeda, η en Casiopea, ξ en Cefeo, η en Perseo. *Instrumentos de 3-4 pulgadas:* ϑ en Perseo.

Cúmulos y nebulosas: A simple vista: Cúmulos de estrellas dobles h y χ en Perseo, nebulosa espiral M 31 en Andrómeda. *Prismáticos:* Cúmulo abierto 752 en Andrómeda.

11
Zenit

Horas de salida y puesta del Sol (MEZ) para +50° de latitud y 10° de longitud E

	1 novbre.	11 novbre.	21 novbre.
Salida	7.08	7.25	7.41
Puesta	16.58	16.42	10.00

El tercer grupo de variables que desempeñan un papel importante en la astronomía estelar está constituido por las *variables de ocultación* del *tipo Algol*, llamadas también *estrellas del tipo Algol.* Se conocen unas 4000 estrellas de este tipo, cuyo período de cambio de brillo de ordinario está comprendido entre 2 y 5 días. Pero también existe una variable de ocultación con un período de 1,78 horas y el período más largo de una estrella de este tipo es de unos 200 años. *Algol* o *β Persei* es la estrella representativa de este grupo de variables; fue descubierta en 1667 y normalmente su brillo es de la mag 2,2. Cada 68 horas 48,9 minutos su brillo disminuye bruscamente y dentro de un intervalo de 5 horas se reduce hasta la mag 3,5 y al cabo de otras 5 horas alcanza de nuevo su valor de origen. La curva lumínica presenta una gran regularidad. En el caso de Algol tenemos una estrella doble, y el plano de su órbita está situado casualmente en nuestra línea visual, de manera que tiene lugar la ocultación de ambas estrellas. Durante la ocultación de la estrella principal brillante por la compañera oscura, la luz presenta un mínimo nítido de corta duración. La pequeña depresión en el centro de la curva lumínica (véase la ilustración de arriba) es debida a que en la mitad de su órbita, la compañera oscura es ocultada por la estrella principal. Con las estrellas del tipo Algol están emparentadas las *estrellas β-Lirae*, que presentan oscilaciones de brillo durante todo el período. La causa de estas oscilaciones es probablemente que ambas componentes no tienen forma esférica, sino elíptica. Por tanto, las variables de ocultación son las únicas variables en las que se conoce la causa del cambio de brillo.

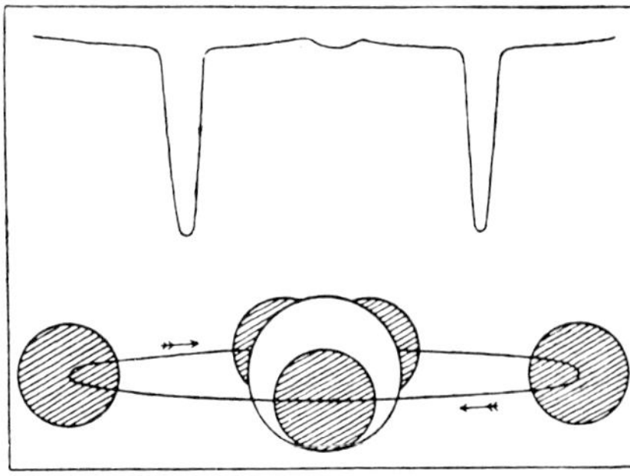

De esta manera Algol es ocultada por una compañera oscura. Si la compañera oscura está situada entre Algol y la Tierra, entonces Algol presenta su luz más débil. Estos eclipses parciales se producen aproximadamente cada 2 días y 22 horas. La curva superior muestra el curso del cambio de brillo.

Cabe mencionar todavía un grupo muy interesante de variables, el integrado por las *novas* y las *supernovas.* Ya en el año 134 a. de J., el astrónomo griego Hiparco observó la aparición brusca de una nueva estrella en el *Escorpión,* y hasta 1958 se descubrieron en la Vía Láctea, aproximadamente, 150 *novas.* Las investigaciones más profundas dieron por resultado que las novas no son nuevas estrellas; en su posición siempre se encuentra previamente una estrella muy pálida. Por cierto motivo la estrella se ve obligada mediante una explosión de gas a desprenderse de una parte de su materia y energía, por lo que su brillo, al cabo de unos pocos días, aumenta unas 10 clases de magnitud. Como aproximadamente sólo se desprende una centésima parte de la energía global, la estrella todavía persiste, y se encuentra en la misma posición una estrella pálida, denominada *ex-nova,* después de concluir el proceso eruptivo, que puede durar años. Los cambios también aparecen en el espectro en forma de un corrimiento típico.

Las *supernovas* constituyen un tipo especial, cuyo brillo es 10 clases de magnitud mayor que el de las novas y puede llegar a superar 100 millones de veces al del Sol. En sus espectros se observan velocidades de expansión de hasta 10 000 km/seg. Probablemente en estas supernovas se produce una explosión estelar verdadera. La *nebulosa del Cangrejo* (véase la lámina de la página 133) es probablemente el residuo de una de estas supernovas.

En la misma posición del firmamento los chinos observaron en el año 1054 la aparición de una nueva estrella, muy brillante. Hasta mayo de 1971 se descubrieron en total unas 300 supernovas; también deben tenerse en cuenta las presentes en *otros* sistemas de la Vía Láctea (nebulosas espirales). Cada año se descubren unas 20 supernovas. En la página 163 aparece una lista pequeña de estrellas variables. Estas estrellas predominantemente alcanzan como mínimo el brillo de mag 4,3 en su punto máximo y su cambio de brillo implica como mínimo 0,3 magnitudes.

Lámina 5. Nebulosa del Cangrejo en el Toro. Residuo de una supernova del año 1054; distancia de unos 3000 años-luz; fotografía tomada mediante el telescopio de espejo de 5 m del observatorio del Monte Palomar y cedida por el Observatorio Hale.

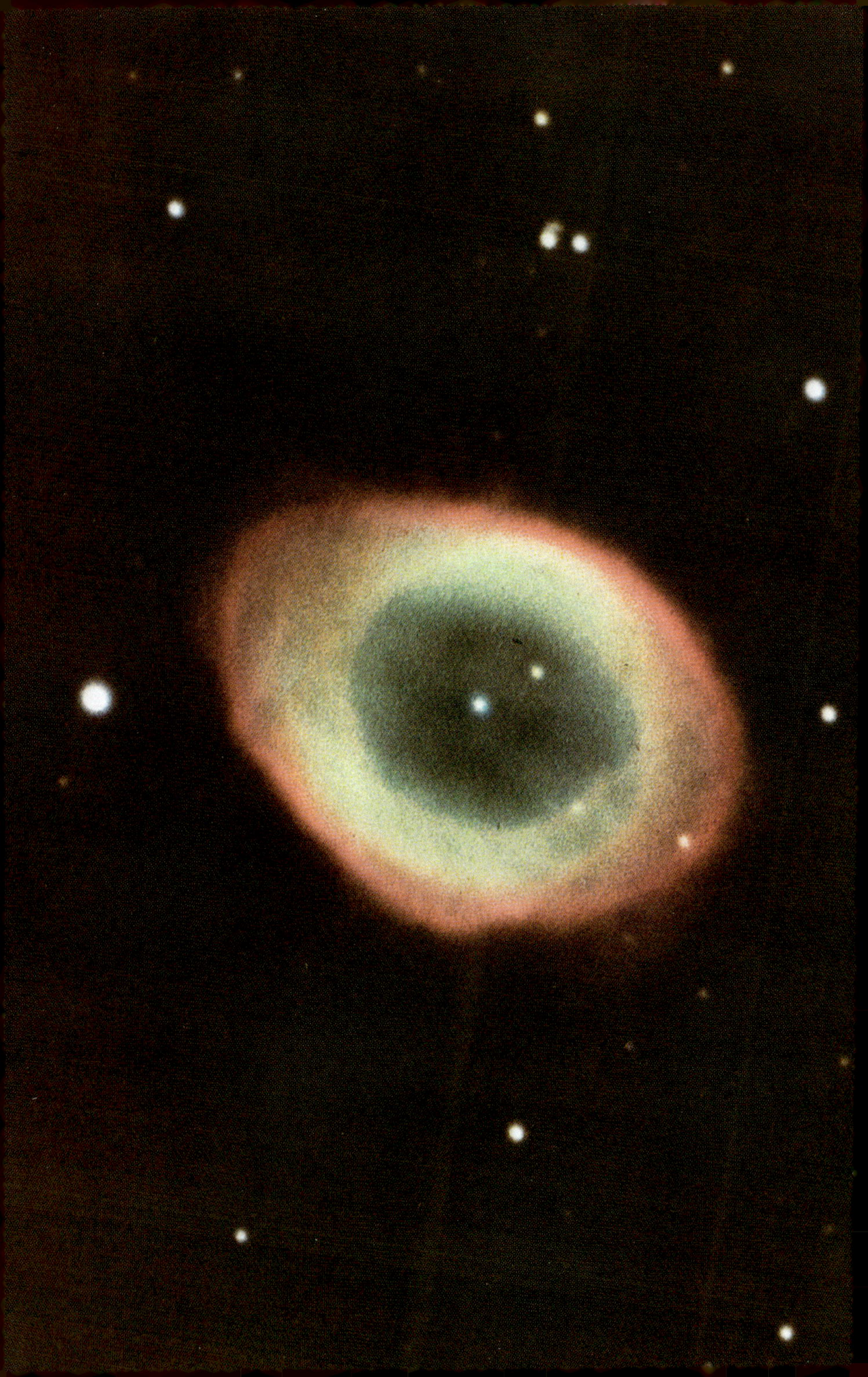

Asignación de las estrellas a clases espectrales

Gigantes y enanas

Si se hace pasar la luz del Sol por una rendija fina de modo que penetre en una cámara oscura y en el camino que debe recorrer la luz se coloca un prisma, ésta se desvía marcadamente escindiéndose en las partes que la componen. La luz blanca se escinde en sus colores fundamentales, y da lugar a una imagen más o menos ancha y llena de color: el espectro integrado por los colores rojo, anaranjado, amarillo, verde, azul y violeta. Los aparatos que se construyen con base en este principio se denominan *espectroscopios* y si están provistos de placas fotográficas, *espectrógrafos*.

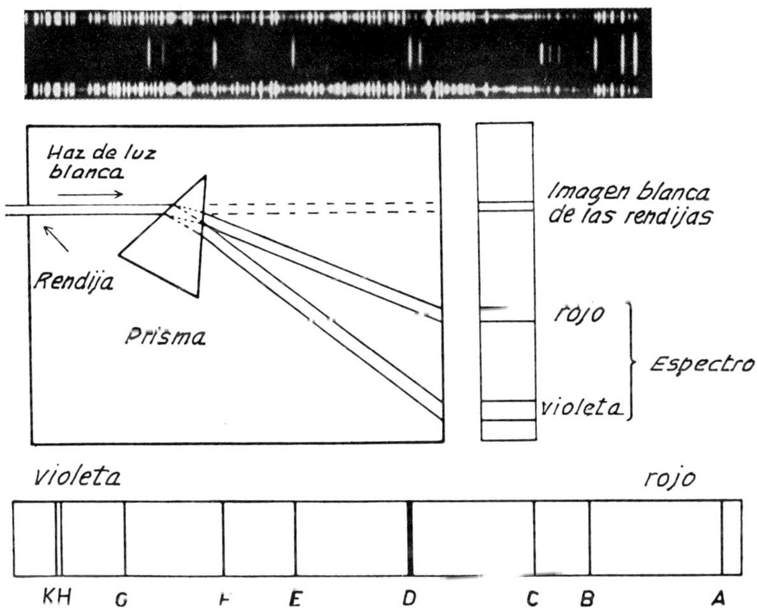

Formación del espectro.
Parte central: Formación del espectro mediante la escisión del haz de luz por un prisma. *Arriba:* espectro lineal de una nebulosa de gas (por encima y por debajo se encuentra un espectro de referencia. *Abajo:* las líneas de Fraunhofer más importantes del espectro solar (el espectro solar continuo se encuentra en la pág. 142).

Lámina 6. Nebulosa del Anillo en la Lira. Se trata de una nebulosa planetaria, de gas, a la que energiza una estrella central caliente; fotografía tomada mediante el telescopio de espejo de 5 m del observatorio del Monte Palomar y cedida por el Observatorio Hale.

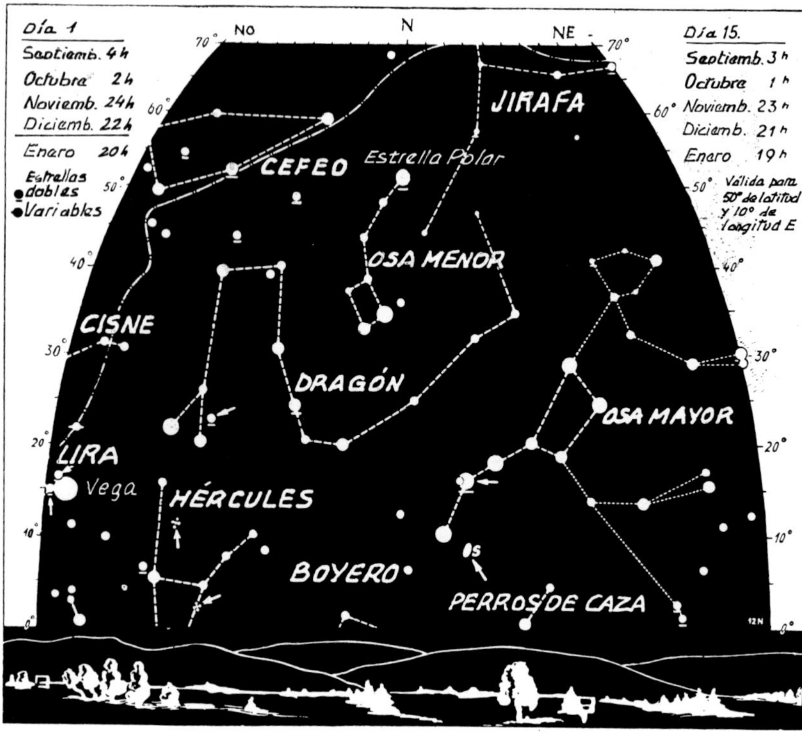

Lo que muestra la carta estelar

Sólo tres constelaciones aparecen enteras en la carta. Son primero, a partir de la estrella Polar, la *Osa Menor*, que parece descender casi en perpendicular, segundo, debajo de la *Osa Menor* y a ambos lados, el *Dragón*, una constelación extensa, y, tercero, en el firmamento NE la *Osa Mayor* que siempre sirve para orientarse con facilidad y rapidez. En posición alta en el NE se extienden partes de la *Jirafa*, y en posición alta en el NO se encuentra *Cefeo*. En el margen NO aparecen a una latitud media las primeras estrellas del *Cisne*, y por debajo, las partes principales de la *Lira* con la estrella brillante *Vega*, y entre ésta y el punto cardinal N otras partes de *Hércules*. En el N, en posición más baja, se encuentran todavía algunas estrellas del *Boyero* en las proximidades de la limonera del *Gran Carro*.

La *Vía Láctea* se extiende formando un arco amplio primero en posición alta a través de la *Jirafa* (en el NE), después por encima de *Cefeo* hacia el NO, hacia abajo hasta el *Cisne*, pero ahora ya en el margen de la carta.

A más de 10° de latitud se encuentran los siguientes objetos notables:

Variables perceptibles a simple vista: R en la Lira (margen NO de la carta).

Dobles: A simple vista: ζ (Mizar-Alcor), en la Osa Mayor, sirve para demostrar buena vista. Prismáticos: ν en el Dragón, ζ en la Lira. Instrumentos de 2 pulgadas: β y ξ en Cefeo, ζ en la Osa Mayor, α en la Osa Menor (estrella Polar). Instrumentos de 3-4 pulgadas: $\varkappa$ en Cefeo, ϵ y η en el Dragón, ι en la Osa Mayor, 19 H en la Jirafa, ϵ_1 y ϵ_2 en la Lira.

Cúmulos y nebulosas: A simple vista: M 92, el conocido cúmulo globular de Hércules.

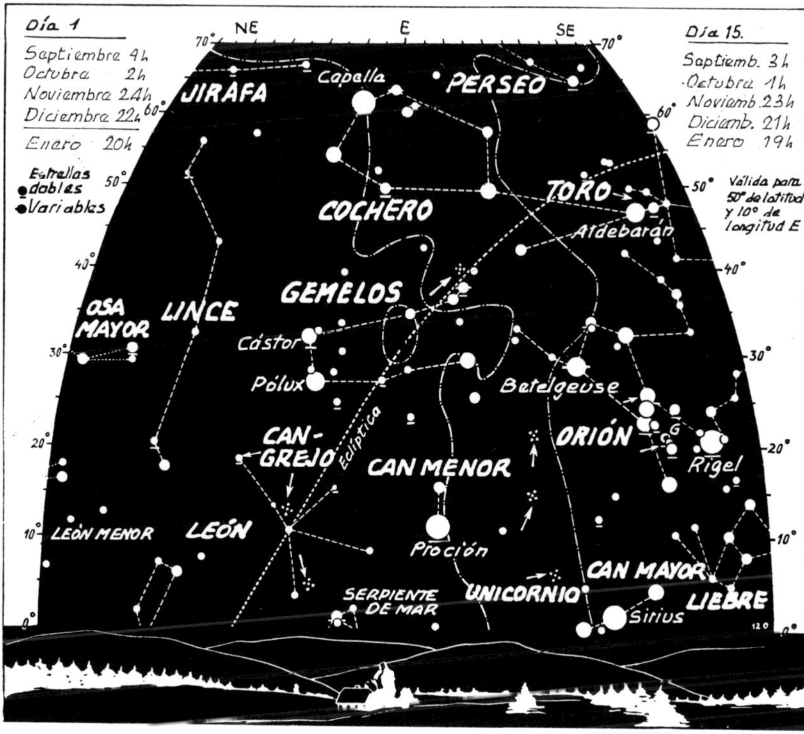

Lo que muestra la carta estelar

El firmamento oriental muestra completamente la magnificencia de las constelaciones invernales, que en parte se desplazan hacia el firmamento meridional. De las 10 estrellas más brillantes visibles desde nuestras latitudes, 7 aparecen en esta carta. A una latitud grande destaca en el E el *Cochero* con *Capella*, por debajo destacan los *Gemelos* con *Cástor* y *Pólux*, y debajo de éstos el *Can Menor* con *Proción*. En el SE aparece *Sirius* en el *Can Mayor*. Por encima se observan las 7 estrellas brillantes de *Orión* y sobre éstas se encuentra *Aldebarán* en el *Toro*. Las constelaciones restantes desempeñan un papel secundario.

La *Vía Láctea* se extiende por el E-SE hacia arriba a través del *Can Menor*, los *Gemelos* y el *Cochero*. La *eclíptica* asciende de modo empinado a través del *Cangrejo* y los *Gemelos* hasta el *Toro*.

A más de 10° de latitud se encuentran los siguientes objetos notables:

Variables perceptibles a simple vista: ϵ y ζ en el Cochero (en el E) Betelgeuse en Orión, ζ y η en los Gemelos.
Dobles: A simple vista: ϑ en el Toro (fácil de percibir con buena vista). Prismáticos: ι en el Cangrejo, ϑ_1, ϑ_2 y δ en Orión. Instrumentos de 2 pulgadas: ζ en el Cangrejo (triple), β en el Unicornio (triple), β, ι, λ, σ y ϑ_1 en Orión, ζ en Perseo, α en los Gemelos (Cástor, múltiple), λ en los Gemelos. Instrumentos de 3-4 pulgadas: ι en la Osa Mayor, 30 en el Lince, ζ en Orión, δ y $\varkappa$ en los Gemelos.
Cúmulos y nebulosas: A simple vista: Praesepe en el Cangrejo, nebulosa de gas en Orión (M 42). Prismáticos: Cúmulo abierto: M 35 en los Gemelos, 2244 y 2301 en el Unicornio (entre Orión y el Can Menor).

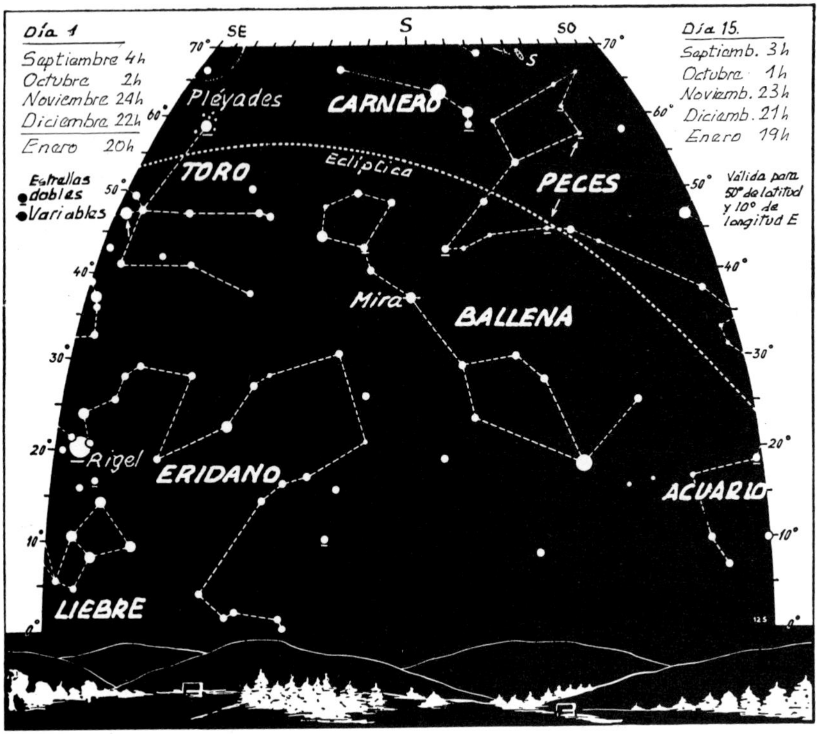

Lo que muestra la carta estelar

El firmamento meridional está dominado por constelaciones pálidas. El centro de la carta está ocupado en gran parte por la *Ballena*, extensa. La mitad inferior de la zona SE está ocupada por las líneas zigzagueantes de *Eridano*, en cuyo principio aparece *Rigel*, estrella del pie de *Orión*. Debajo de *Rigel* se observa parte de la *Liebre* y por encima de las estrellas de *Orión* se extiende gran parte del *Toro* con las *Pléyades* hasta una latitud grande. En el SO desaparecen las últimas partes de *Acuario*. A una latitud grande, casi en el meridiano, se observa el *Carnero*, delante del cual, hacia el SO, se encuentran los *Peces* en ascensión.

La *Vía Láctea* no aparece en la carta. La *eclíptica* casi ha alcanzado su posición más alta. Se extiende, densa, por debajo de las *Pléyades* y luego atraviesa el *Carnero* y los *Peces* hasta alcanzar *Acuario* en el SO.

A más de 10° de latitud se encuentran los siguientes objetos notables:

Variables perceptibles a simple vista: Mira en la Ballena, λ en el Toro.
Dobles: A simple vista: ϑ en el Toro (fácil de percibir con buena vista). Prismáticos: ζ y ψ_1 en los Peces. Instrumentos de 2 pulgadas: β en Orión (Rigel), γ en el Carnero. Instrumentos de 3-4 pulgadas: $\varkappa$ en la Liebre (debajo de Rigel), α y ψ en los Peces, γ en la Ballena.
Cúmulos y nebulosas: A simple vista: En posición alta en el SE se observan las Pléyades en el Toro y en posición algo más alta, pero en el SO, se percibe la nebulosa espiral M 33 en el Triángulo

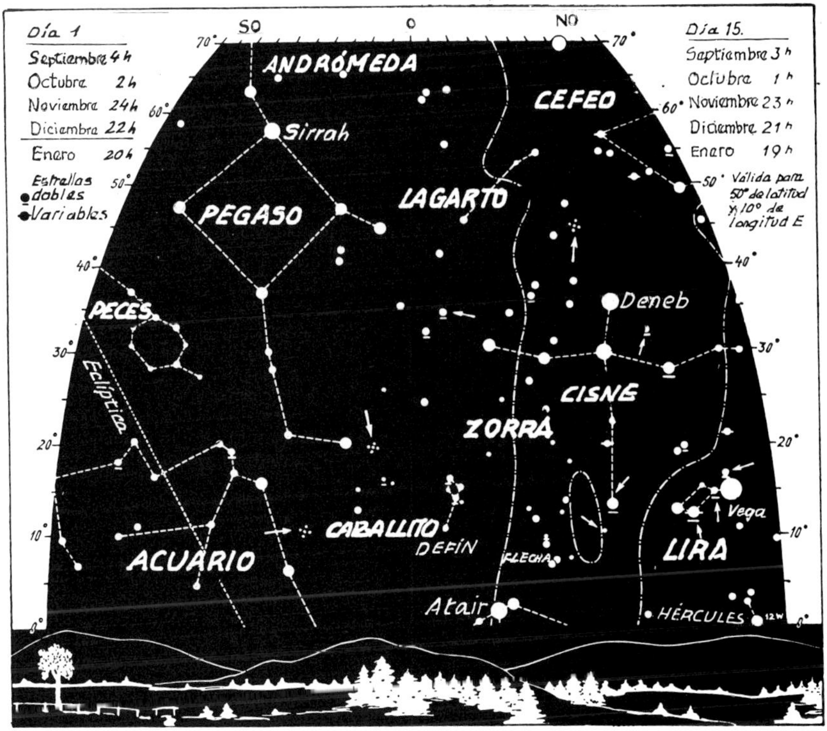

Lo que muestra la carta estelar

En el NO destaca la estrella, situada en posición baja, pero siempre muy brillante, *Vega* en la *Lira*. Por encima se extiende el *Cisne* hasta una latitud media. En posición alta en el NO se observa el *Lagarto*, y partes de *Cefeo* descienden hacia el N. En posición baja en el SO se observa *Acuario*, y por encima aparece una parte pequeña de los *Peces*. *Pegaso* con su gran Cuadrado se extiende desde 20° de latitud en el O hasta casi 60° de latitud en el SO. Sobre él aparecen las primeras estrellas de *Andrómeda*. Cabe mencionar las constelaciones pequeñas de la *Zorra*, el *Caballito*, el *Delfín* y la *Flecha*, que ocupan el espacio comprendido entre *Pegaso* y el *Cisne* por un lado y entre *Pegaso* y el *Águila* por otro.
La franja de la *Vía Láctea* asciende de modo bastante empinado en el NO a través del *Cisne* y *Cefeo*, mientras que la *eclíptica* empieza a ascender en el SO y en los *Peces* alcanza de nuevo 30° de latitud.

A más de 10° de latitud se encuentran los siguientes objetos notables:

Variables perceptibles a simple vista: β y R en la Lira, δ y μ en Cefeo y la estrella del tipo Mira χ en el Cisne. Dobles: A simple vista: ϵ, en la Lira, sirve para demostrar buena vista. Prismáticos: β y ζ en la Lira, β, μ y o_2 en el Cisne (o_2 triple). Instrumentos de 2 pulgadas: ξ en Cefeo, γ en el Delfín η en la Lira, ζ en la Flecha. Instrumentos de 3-4 pulgadas: δ en el Cisne, ζ en Acuario, ϵ_1 y ϵ_2 en la Lira.
Cúmulos y nebulosas: A simple vista: Ninguno. Prismáticos: El cúmulo globular M 2 de Acuario debido a su baja posición no es perceptible a simple vista. M 15 en Pegaso. M 39 en el Cisne, muy adecuada, en posición alta.

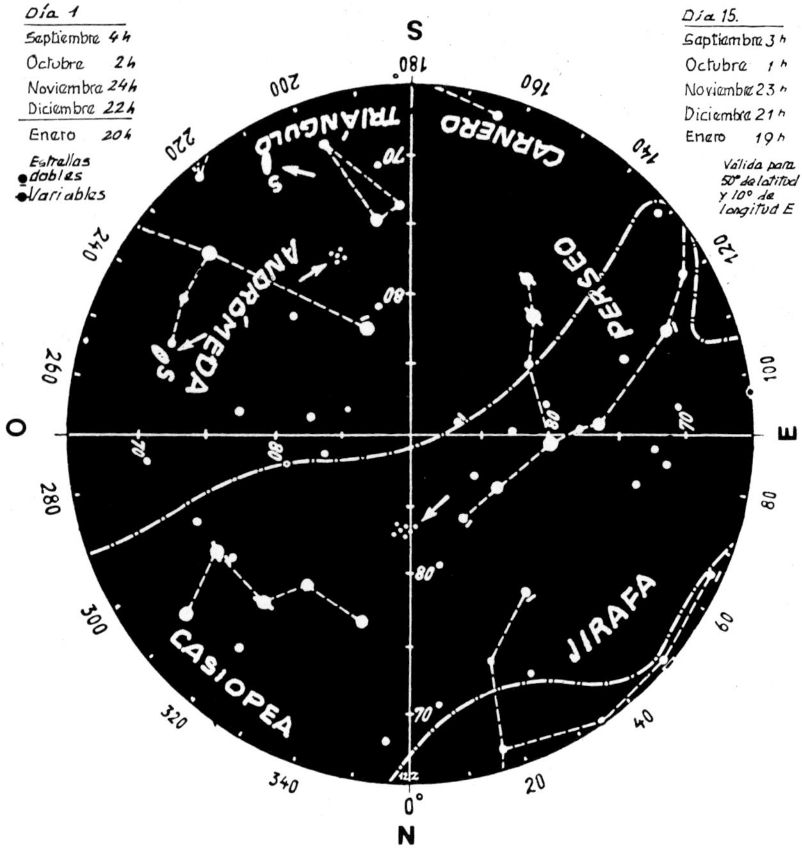

Lo que muestra la carta estelar

Casiopea domina la zona NO y empieza a descender con lentitud. Algunas partes de la constelación inconspicua *Jirafa* aparecen en el N. Las zonas E y SE están casi completamente ocupadas por *Perseo*, que llega hasta la región zenıtal. En el S aparece entero el *Triángulo*, pero el *Carnero* sólo se ve en parte. *Andrómeda* ha pasado por el meridiano y se observa en el SO con algunas estrellas brillantes. La *Vía Láctea* se extiende formando una franja ancha desde el NO hasta el E, pero sin tocar la región zenital. *Variables perceptibles a simple vista:* α y γ en Casiopea, β (Algol) en Perseo, ϱ en Perseo. *Dobles: A simple vista* y con *prismáticos:* Ninguna. *Instrumentos de 2 pulgadas:* γ en Andrómeda, η en Casiopea, ϵ y η en Perseo. *Instrumentos de 3-4 pulgadas:* ϑ en Perseo. *Cúmulos y nebulosas: A simple vista:* Los cúmulos de estrellas dobles h y χ en Perseo presentan su posición más alta, a sólo 7° del zenit. La nebulosa de Andrómeda (M 31) se encuentra en el O-SO a 70° de latitud. *Prismáticos:* Cúmulo abierto 752 en Andrómeda y a casi 70° de latitud la nebulosa espiral M 33 en el Triángulo.

Horas de salida y puesta del Sol (MEZ) para +50° de latitud y 10° de longitud E

	1 dicbre.	11 dicbre.	21 dicbre.
Salida	7.56	8.08	0.16
Puesta	16.22	16.18	16.21

Un cuerpo que brilla constantemente da lugar a un espectro que a primera vista parece desprovisto de espacios vacíos, por lo que se denomina *espectro continuo*. Si se examina el espectro del Sol más detenidamente, se observa que la continuidad no es perfecta, sino que hay un gran número de líneas débilmente oscuras, denominadas *líneas de Fraunhofer*. Cabe mencionar primero que estas líneas aparecen en el mismo lugar donde se encuentran las líneas brillantes de un gas (véase abajo). Esto se explica de la manera siguiente: los gases de la superficie del Sol —indudablemente más fríos que los del núcleo— absorben la luz emitida continuamente por los gases del núcleo y luego la emiten. Por tanto la región correspondiente del espectro permanece oscura. Este tipo de espectro se denomina *espectro de absorción*.
El espectro de un gas emisor de luz es totalmente distinto. Está constituido por líneas aisladas de color sobre un fondo oscuro y por tanto se denomina *espectro de emisión*. El número y la ordenación de estas líneas depende de la naturaleza del gas. El vapor de sodio, por ejemplo, produce, entre otras, las dos líneas amarillas D_1 y D_2.
Con ayuda del análisis espectral es posible investigar la composición a partir de los enlaces químicos. Desde el comienzo del análisis espectral de las estrellas hacia 1860 (Kirchhoff y Bunsen) se desarrolló una rama muy especializada, la astrofísica, que conjuntamente con la física atómica moderna ha posibilitado realizar avances imprevisibles en la investigación.
Atendiendo a su espectro las estrellas se dividen en una serie de tipos, cuya denominación, a pesar de muchas modificaciones necesarias, se basa en las proposiciones de Pickering y Cannon, del observatorio de Harvard. Con ayuda de fotografías con cámara Reflex fue posible ampliar el número de estrellas de tipos espectrales conocidos, y el catálogo de Henry Draper aporta en la actualidad los tipos espectrales de unas 268 000 estrellas de hasta la mag 9.
Sin entrar en detalles, en la siguiente tabla se indican los tipos principales:

Tipo	Descripción breve	Ejemplo
O	Líneas brillantes del hidrógeno, bandas brillantes del nitrógeno	γ Velorum
B	Líneas del hidrógeno y del helio (estrellas de helio)	ϵ en Orión
A	Líneas intensas de hidrógeno (sin helio)	Sirius
F	Líneas de hidrógeno en retirada, líneas de calcio apareciendo	δ Geminorum
G	Las líneas del hidrógeno se retiran más, y aparecen líneas de vapor de metal	Capella
K	Las líneas de calcio presentan un máximo, bandas de cianógeno	Arcturus
M	Aparición de óxidos de metal	Betelgeuse
N	Bandas oscuras anchas de hidratos de carbono	19 Piscium

La serie de tipos espectrales se corresponde con una escala de temperatura: cuanto más anterior es un tipo, tanto más caliente es la estrella. Una estrella B presenta una temperatura superficial de unos 22 000°C y una estrella M de 3000°C.
Esta clasificación no permite establecer diferencias finas, y por tanto se divide a cada tipo en 10 subtipos. El número del subtipo se coloca detrás de la letra del tipo. Así, F 5 implica un tipo espectral situado entre los tipos F y G. No se estudian aquí otras peculiaridades de las subdivisiones y las denominaciones espectrales. En la pág. 142 están ilustrados los tipos espectrales más importantes.
Ahora no es difícil calcular para todas las estrellas de distancia conocida el brillo absoluto. Si se ordenan todas las estrellas con tipo espectral conocido y con brillo absoluto

Los tipos más importantes de espectros de estrellas fijas

(Según W.C. Rufus, Publ. of the Observatory of the University of Michigan, Volumen III, pág. 257)

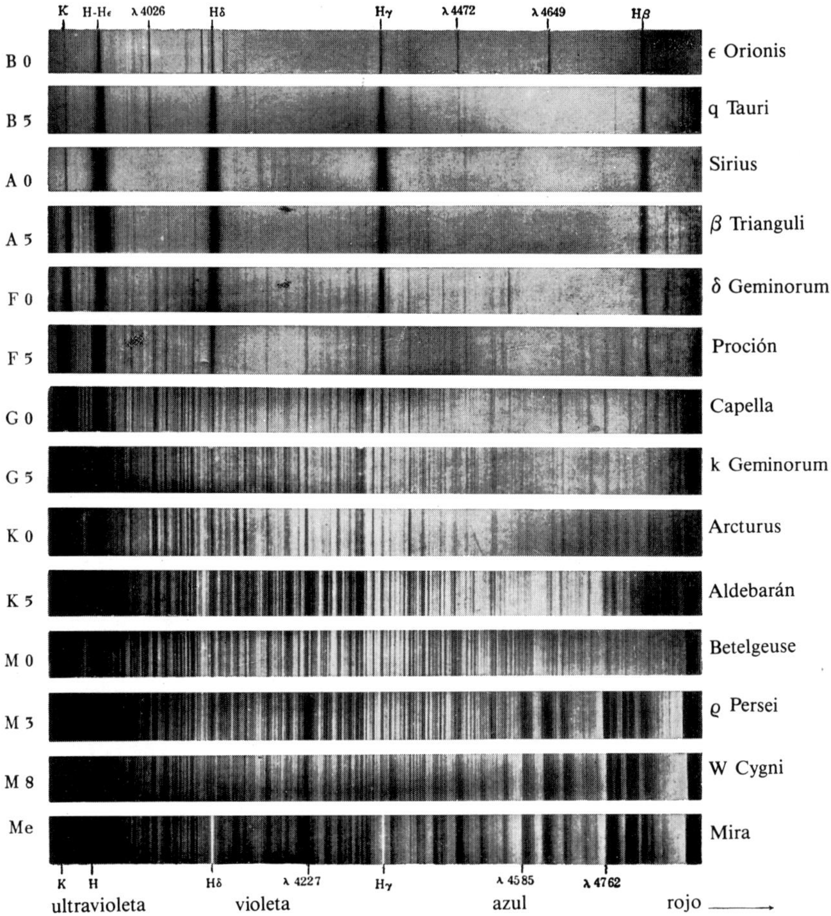

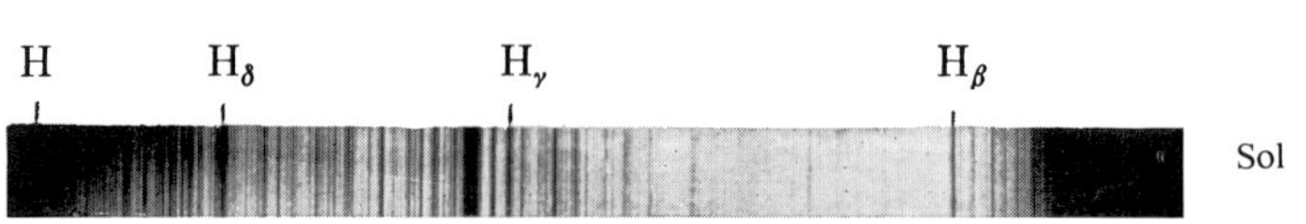

conocido en un gráfico, en cuyo eje horizontal figuran los tipos espectrales y en cuyo eje vertical figuran los brillos absolutos, entonces se obtiene un diagrama famoso, que estudiaron primero E. Hertzsprung (1907) y luego Russell (1914): el diagrama de Hertzsprung-Russell.

En este diagrama las estrellas no están distribuidas al azar, sino que presentan un orden regular, que en la actualidad constituye el punto de partida de innumerables investigaciones posteriores. La discusión detallada del diagrama de Russell, que está reproducido esquemáticamente abajo, presenta los siguientes puntos esenciales:

La mayoría de las estrellas están situadas en una línea que va de la parte superior izquierda a la parte inferior derecha.

Esta línea se denomina serie principal o también rama de las enanas, porque en ella se encuentran la mayoría de las estrellas. Nuestro Sol es una estrella normal de esta serie principal, perteneciente al tipo G 2 y con el brillo absoluto de mag 4,8. Todas las estrellas del entorno próximo al Sol, cuya distancia se conoce con seguridad, están situadas cerca de una recta que atraviesa esta serie.

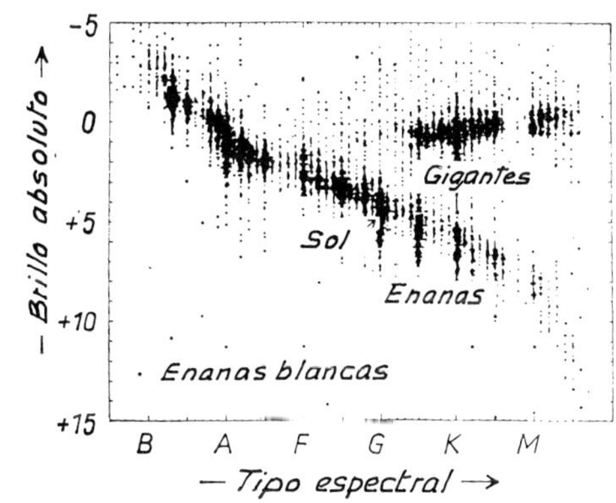

Diagrama de Russell para unas 6000 estrellas del entorno solar.

Cuando el brillo absoluto es de mag 0, se obtiene una segunda rama, casi horizontal, la denominada *rama de las gigantes*.

Además de estos grupos hay otros dos:

Primero hay un grupo de estrellas, cuyo brillo absoluto es 3-4 clases de magnitud superior al de las gigantes habituales. Estas estrellas se denominan *supergigantes*.

Un grupo muy pequeño pero muy importante y lleno de interés está constituido por las *enanas blancas*, cuyo brillo absoluto parece unas 10 clases de magnitud demasiado pequeño. Pertenecen por regla general a los primeros tipos espectrales y deben presentar un gran brillo superficial. El hecho de que su brillo absoluto sea tan pequeño, sólo puede explicarse si su superficie es pequeña, es decir, en caso de que su radio sea pequeño. En la actualidad sólo se conocen unas 100 enanas blancas; ejemplos conocidos son las compañeras de Sirius, Proción y Mira Ceti B. Los radios de estas estrellas son tan sólo $^{1}/_{100}$ del radio del Sol, pero su densidad es casi 10 órdenes de magnitud superior.

Es de importancia la relación existente entre el brillo absoluto y la masa, según la cual el brillo absoluto aumenta con la masa. Esta relación fue descubierta teóricamente por Eddington en 1924. Pero esto no debe hacer que se interprete mal la denominación de gigantes y enanas. Estas denominaciones están relacionadas con el *diámetro* pero no con la masa. Hay supergigantes con 400 veces el diámetro del Sol, pero con sólo 30 veces su masa. Por tanto, estas supergigantes tienen una densidad muy baja, inferior a la de nuestra atmósfera.

Las estrellas de la serie principal tienen masas del orden de magnitud de la masa solar y densidades correspondientes, mientras que las enanas blancas con radio y masa pequeña, inferior a la del Sol, presentan una densidad muy alta. El diagrama superior sólo es válido para las estrellas situadas en las proximidades del Sol.

El sistema de la Vía Láctea

La contemplación a simple vista del firmamento nos da la impresión de que las estrellas están distribuidas irregularmente. Sin duda, existe una concentración intensa de estrellas hacia el plano de la Vía Láctea. W. Herschel, el padre de la astronomía estelar, habló de la necesidad de recoger material para la investigación de la estructura del universo mediante el recuento de estrellas. Él y su hijo, John Herschel, realizaron recuentos en más de 3300 regiones del firmamento. El resultado fue que hasta la mag 14 hay unos 20 millones de estrellas y además, las estrellas son 14 veces más abundantes en el plano galáctico que en los polos. Utilizando cierta hipótesis Herschel llegó a la idea que todas estas estrellas se encuentran en un sistema lenticular, cuya longitud y cuyo grosor son respectivamente 14 000 y 2500 años-luz.

Pero sus suposiciones de que todas las estrellas poseen el mismo brillo y además están distribuidas regularmente en el espacio, ya no pueden sostenerse. Por tanto, Herschel sólo pudo hacerse una idea bastante aproximada del universo. Sin embargo, sus investigaciones aportaron la base y constituyeron el estímulo para otros estudios, cuyos resultados, logrados de modo paulatino y con esfuerzo, hacen que tengamos una idea mejor, pero todavía aproximada de la Vía Láctea.

Al contemplar más detenidamente la distribución de las estrellas en el plano de la Vía Láctea, se percibe a simple vista una

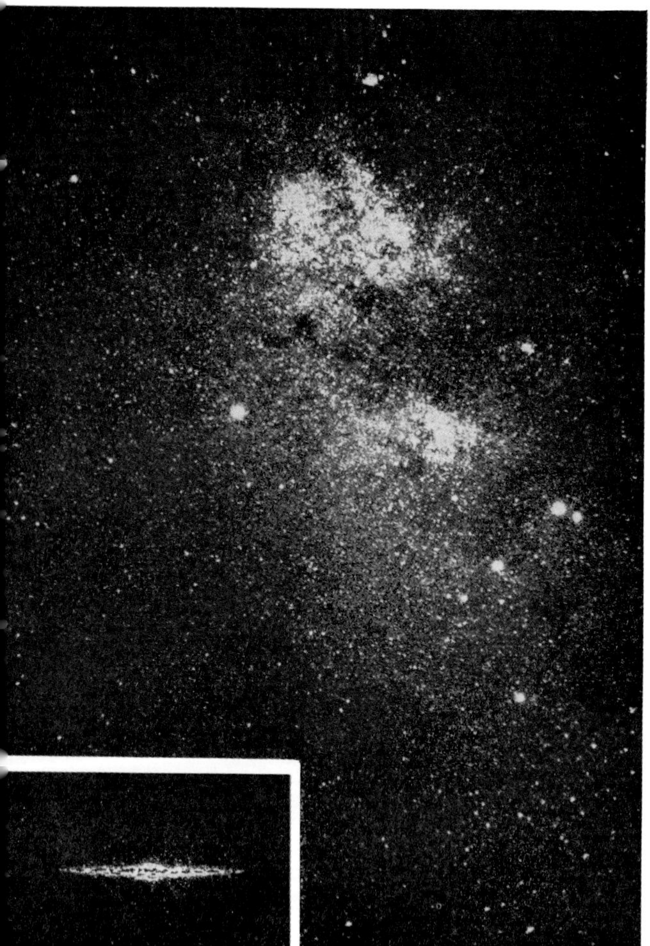

Región rica en estrellas del Escorpión en donde se encuentra el centro del sistema de la Vía Láctea. Recuadro: Aspecto esquemático del sistema de la Vía Láctea visto desde fuera. (Foto: Prof. Hoffmeister.)

aglomeración clara a una longitud de unos 325°. De ahí se deduce que el Sol ocupa una posición muy excéntrica en la Vía Láctea y esto pone de manifiesto indirectamente que en esta dirección hay que buscar el centro de la Vía Láctea. Más tarde se observó al comparar los números de estrellas de los hemisferios norte y sur una preponderancia notable en el sur, y de esto se deduce que el Sol no se encuentra exactamente en el plano de la Vía Láctea, sino algo al norte de este plano de simetría.
Se han estudiado detenidamente las proximidades inmediatas del Sol y hasta una distancia de 35 años-luz se conocen 254 estrellas, en su mayoría pálidas. El estudio de regiones siderales más alejadas presenta dificultades importantes, entre ellas la existencia de una materia interestelar, por lo que debe tenerse en cuenta el efecto de su absorción cuando las distancias son muy grandes. Además la investigación del sistema de la Vía Láctea no debe limitarse a indagar la mera estructura, sino que también debe considerarse los movimientos espaciales de las estrellas con base en el MP y la VR. En donde hay fuerzas atractivas, hay también movimientos, y por tanto nos topamos con las cinemática y dinámica modernas del sistema de la Vía Láctea, que se encuentran en sus etapas iniciales. Primero se debía determinar el movimiento del Sol. En la actualidad se conoce a partir del MP y la VR de las estrellas restantes con bastante exactitud, y se sabe que el Sol se desplaza a una velocidad de unos 20 km/seg respecto a un punto de la constelación de Hércules, el denominado «ápice». El aumento del material de observación y la discusión sobre la velocidad de las estrellas, su MP y su VR condujo al concepto de que el sistema de la Vía Láctea presenta un movimiento de rotación, que en las proximidades del Sol se verifica con una velocidad de 268 km/seg, en relación al grupo del cúmulo globular. Este movimiento se produce en el plano de la Vía Láctea, de manera que el sentido de la rotación alrededor del centro de la Vía Láctea es opuesto al de los planetas alrededor del Sol.
Por tanto, en la actualidad se tiene una idea del sistema de la Vía Láctea integrada por más detalles de los que aparecen en el compendio siguiente:

Elementos del sistema de la Vía Láctea

Diámetro en el plano de la Vía Láctea	100 000	años-luz
Diámetro en la zona perpendicular al plano de la Vía Láctea	16 000	años-luz
Achatamiento	1:6	
Diámetro del sistema del cúmulo globular	160 000	años-luz
Distancia del Sol con respecto al plano de la Vía Láctea	50	años-luz
Distancia del Sol con respecto al centro de masa	32 000	años-luz
Orientación del Sol con respecto al centro de masa	325°	de long. galác.
Velocidad de rotación del sistema en el punto donde se encuentra el Sol	220	km/seg
Período de rotación en el punto donde se encuentra el Sol	250×10^6	años
Masa en el centro	2×10^0	Soles
Masa global	$2{,}0 \times 10^{11}$	Soles
Densidad másica media	0,1	Soles/pc^3
Brillo global absoluto (estimación aprox.)	mag —18	
Masa del Sol	$1{,}98 \times 10^{33}$	g

Estos valores presentan cierto margen de incertidumbre. Por tanto, en las nuevas investigaciones se encontrarán números algo distintos.

Nebulosas difusas, nebulosas oscuras, nebulosas planetarias y nebulosas espirales (galaxias)

Herschel ya conocía algunas de las *nebulosas difusas* impresionantes, que se encuentran sobre todo en las proximidades de estrellas brillantes y que a menudo ocupan regiones bastante extensas. En el año 1880, con la introducción de la fotografía del firmamento, en la que tomaron parte el americano Barnard y el alemán M. Wolf, empieza la investigación más exacta de estas formaciones. En la actualidad el número de nebulosas difusas se estima en 1000.

La nebulosa representativa más conocida es la *nebulosa Orión* (véase la lámina de la pág. 100), que se encuentra debajo del cinturón de Orión y es perceptible a simple vista. Está separada a una distancia de 1750 años-luz, su extensión es de unos 100 años-luz y su masa global es de sólo 180 veces el Sol, de modo que es muy poco densa. Por tanto, la luz de esta nebulosa procede sobre todo de las estrellas propias o situadas en su proximidad inmediata. Otras nebulosas difusas conocidas son la *Nebulosa de Norteamérica* y la *Nebulosa de las Pléyades.*

Por otro lado hay *nubes oscuras*, que no emiten luz y por tanto se sustraen a la observación directa. Pero ejercen influencia en la luz de las estrellas situadas detrás suyo, ya que la absorben en gran parte. Se sabe que la estructura en apariencia desmembrada de la Vía Láctea, con regiones claramente delimitadas pobres en estrellas, es debida a estas nubes oscuras. Se han observado nubes oscuras de este tipo, de forma aplanada y en parte de mayor tamaño, incluso de varios centenares de grados de ángulo sólido en las constelaciones: el *Toro*, *Orión*, el *Cochero*, *Cefeo*, *Casiopea* y el *Cisne*. Su separación llega a ser de más de 2000 años-luz, y su diámetro implica hasta 200 años-luz, su masa está comprendida entre 100 y 1400 veces la masa del Sol y la absorción de la luz es de aproximadamente la clase de magnitud 1. Se trata de una materia en forma de polvo fino, cuyas partículas a veces presentan un diámetro de aprox. $^{1}/_{1000}$ mm, de manera que todavía pueden considerarse gruesas. Para el análisis de la absorción global en el espacio interestelar no debe pasarse por alto que además de estar presente en estas nubes oscuras, también se encuentra materia en forma de polvo, que absorbe de modo continuo, en *toda* la zona de la Vía Láctea y también hay materia gaseosa que absorbe radiación.

A este respecto, representan un papel menos importante unas 1000 *nebulosas planetarias*, que muestran una concentración clara hacia el plano de la Vía Láctea y por tanto pertenecen a ella. Estas nebulosas son muy pequeñas y su diámetro es de 1'. De ordinario presentan una estrella central muy caliente. El ejemplo más conocido es la *Nebulosa del Anillo*, en la *Lira*. En muchas de estas nebulosas planetarias se ha observado una expansión de la capa externa, y son el resultado de expulsión de material por parte de las estrellas cierta masa al finalizar la primera y más larga etapa de sus vidas (véase la lámina de la Nebulosa del Anillo, en la Lira, en la pág. 134).

Las *nebulosas espirales* son de mucha mayor importancia debido a su número y a su posición cosmogónica. Desde hace algunas décadas se denominan también nebulosas extragalácticas o galaxias. La nebulosa espiral más conocida es la *Nebulosa* de *Andrómeda*, brillante (véase la ilustración de la pág. 14), que en condiciones favorables es perceptible a simple vista. El nombre de nebulosa se continúa aplicando a todos estos objetos, pero en este caso no se trata de nebulosas de gas, y las anteriores sí lo son. Desde hace algunas décadas se sabe, a partir del espectro, que la Nebulosa de Andrómeda es una aglomeración de estrellas. Desde 1926 se ha logrado en algunas de estas nebulosas resolver como mínimo las partes externas de sus estrellas. También se ha intentado resolver el interior de la Nebulosa de Andrómeda. En la actuali-

Nebulosa espiral 101 en la Osa Mayor. Se observa casi verticalmente la espiral, cuya distancia se ha estimado en 10-14 millones de años-luz. Foto mediante el telescopio de espejo de 200 pulgadas de los observatorios del Monte Wilson y del Monte Palomar.

dad no cabe duda alguna de que cada nebulosa espiral representa una isla en el universo, una especie de Vía Láctea.

El primer catálogo general de la nebulosa, de 1864, contiene 5079 objetos; el NGC (New General Catalogue) de 1888, con dos apéndices (nueva edición 1953 en Londres), contiene unos 13 000 objetos, de los que no todos son nebulosas espirales. Al disminuir el brillo aumenta mucho el número de las nebulosas espirales, de modo que el número de nebulosas es del mismo orden de magnitud que el de las estrellas. El número de nebulosas espirales, que pueden observarse con instrumentos modernos, se estima en como mínimo cien mil millones. ¿Quién se atreve a hacerse una idea del número de Soles que cada nebulosa presenta? Debe tenerse en cuenta que cada nebulosa espiral es un sistema del tipo de la Vía Láctea como el nuestro.

La Nebulosa de Andrómeda, brillante, cuya distancia se estima en 2 400 000 años-luz, es aparentemente la de mayor tamaño, por ser la más próxima al sistema de la Vía Láctea. Casi tan cerca se encuentra la nebulosa M 33 en el Triángulo, pero las demás nebulosas están más alejadas y las distancias a veces alcanzan millones de años-luz. Los métodos para determinar las distancias son naturalmente indirectos, por ejemplo, con ayuda de las Cefeidas (véanse págs. 116, 125).

La velocidad radial de las nebulosas espirales causó una gran sorpresa. En 1912 el astrónomo americano Slipher, del orbservatorio de Lowell, a partir del corrimiento de las líneas del espectro de absorción de la nebulosa de Andrómeda dedujo una VR de –300 km/seg (según las investigaciones recientes el valor es de –61 km/seg). Las mejoras sucesivas en la tecnología de telescopios y de los detectores de luz ha conducido a realizar grandes reconocimientos del cielo para la medida precisa de la velocidad radial de multitud de galaxias, en número que en el momento actual es de bastantes millares. Se confirma plenamente el cuadro apuntado en los primeros tiempos de investigación del mundo extragaláctico: todos los movimientos aparentes de las nebulosas espirales son positivos y se incrementan al aumentar la distancia. Para la nebulosa espiral más alejada que se había observado, R. Minkowsky en 1960 calculó una VR de unos 130 000 km/seg; esto corresponde a una distancia de unos 4500 millones de años-luz, teniendo en cuenta que puede interpretarse el corrimiento hacia el rojo como efecto Doppler. Las nebulosas espirales constituyen uno de los grandes problemas de la cosmogonía moderna.
Un nuevo dato importante se ha logrado mediante el telescopio de Hale. W. Baade observó que las Cefeidas (que constituyen puntos de referencia para la determinación de las distancias) se dividen en dos grupos, con curvas de brillo periódico distinto. Debido a ello en 1952 debieron duplicarse todas las distancias de las nebulosas extragalácticas.

Radioondas, radioestrellas, quásars y púlsars

La luz visible constituye sólo una parte pequeña del espectro de las radiaciones electromagnéticas. La atmósfera constituye una zona permeable a la luz visible.
Hay una segunda zona del espectro para la que la atmósfera también resulta permeable. Se trata de las radioondas, cuya longitud de onda está comprendida entre 1 mm y 20 o 30 m. Estas radiaciones son invisibles.
La radioastronomía empezó en la década de los 40 hablando con rigor, pero ya en el año 1886 el físico alemán *Heinrich Hertz* logró captar ondas eléctricas de gran longitud. Para estas ondas se utiliza como nueva unidad 1 Hertz (1 Hz), que equivale a una oscilación por segundo. Pero en el caso de las radioondas el número de oscilaciones es todavía muy grande y se emplean las siguientes unidades:

1 000 oscilaciones por segundo = 1 kilohertz = 1 kHz
1 000 000 oscilaciones por segundo = 1 Megahertz = 1MHz

Por tanto las correspondencias para las longitudes de ondas son:

1 cm	....	30 000 MHz
1 m	....	300 MHz
15 m	....	20 MHz

Se distinguen principalmente dos tipos de radioondas cósmicas:

1. Las radioondas *térmicas*, en este caso se considera que el emisor es un cuerpo negro y se puede calcular la temperatura del emisor.
2. En el caso de gases muy enrarecidos se habla de radioondas *no térmicas*.

Las radioondas pueden captarse mediante un radiotelescopio de espejo y conducirse hasta un dispositivo receptor. La superficie del espejo puede ser mucho mayor que la de los espejos habituales; pero con frecuencia basta usar una rejilla de alambre. La otra gran ventaja de los radiotelescopios es que pueden utilizarse de día y de noche, prescindiendo de las capas de nubes que puedan haberse formado. Pero la gran desventaja es que su posibilidad de resolución es 100 000 menor que la de los espejos ópticos.
Hay unos 100 radiotelescopios en la Tierra, algunos son inmóviles, otros sólo pueden desplazarse a lo largo del meridiano y otros pueden moverse con plena libertad (en cuanto a ascensión recta y a declinación). El mayor telescopio de movimiento libre fue construido con fondos procedentes de la fundación Volkswagen y funciona desde el año 1971 cerca de Effelsberg, en la región de Eifel, situada en el oeste de Alemania. Telescopios casi del mismo tamaño se encuentran en *Green Bank* (EEUU) y en *Jodrell*

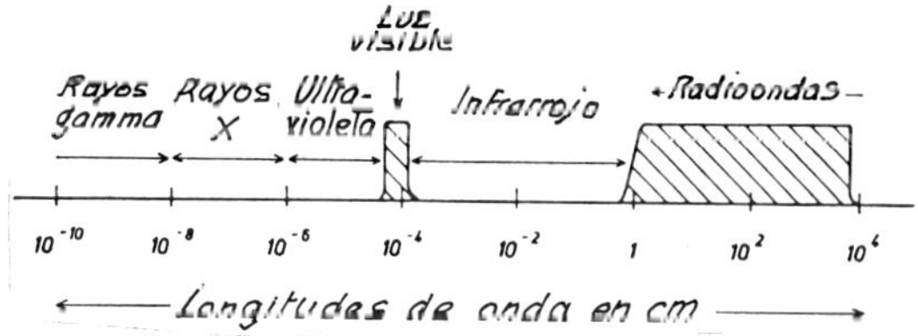

Permeabilidad de la atmósfera frente a diversas longitudes de onda.

Radiotelescopio nuevo, totalmente movible, de 100 m de diámetro, situado en la región alemana de Eifel. Fue construido con fondos de la fundación Volkswagen y fue puesto en servicio en 1971. (Fotografía de Hans Wolf.)

Bank (Inglaterra). Pero el telescopio de mayor tamaño, si bien es inmóvil, con un diámetro de 300 m, se encuentra en Arecibo, Puerto Rico. El descubridor propiamente dicho de las radioondas cósmicas fue el americano *Karl G. Jansky* (1931).

Las radioondas del *Sol* son bastante débiles; sólo fueron descubiertas (en febrero de 1942) porque entonces en el Sol se produjo por casualidad una explosión intensa de radiaciones, y estas radioondas no serían mesurables, si el Sol no estuviera tan próximo. Las radioondas de la *Luna* proceden de una capa profunda de este satélite. En el caso de los planetas sólo merecen mencionarse las radioondas de Júpiter; fueron descubiertas en el año 1950 y en el año 1960 se encontraron 3 fuentes de radioondas de actividad irregular en *Júpiter*. Cabe decir que estas fuentes presentan un período de rotación 11 segundos inferior al segundo de los períodos que se utilizan para las observaciones ópticas. En la actualidad se supone que este período corresponde a la superficie rígida de Júpiter. En el caso de los demás planetas, sólo ha podido comprobarse emisión de radioondas en *Urano* (longitud de onda 11,13 cm).

Probablemente los *cometas* también emitan radioondas. Pero hasta ahora esto sólo se ha comprobado en el cometa *Arend-Roland* (= 1956 III), siendo la longitud de onda de 11 m.

También tiene una importancia especial la *astronomía mediante radar*, que se basa en la reflexión de las radioondas reflejadas. Los ecos de radar pueden ser captados por el *Sol, Mercurio, Marte* y *Júpiter*. El radar también se utiliza para estudiar los meteoros.

Para la *Vía Láctea* el astrónomo holandés *H. V. Van de Hulst* en 1944 predijo una radioonda derivada del hidrógeno neutro con una longitud de onda de 21 cm. Esta radioonda fue captada en 1951.

Al principio ciertas fuentes de radioondas de la galaxia fueron denominadas *radioestrellas*. Primero se descubrió la *fuente de Cygnus* en 1946; más tarde resultó ser extra-

Lámina 7. Nebulosa de la Cabeza de Caballo junto a la estrella ζ de Orión. Se trata de una nube oscura integrada por gas y polvo; a una distancia de unos 1700 años-luz; fotografía tomada mediante el telescopio de espejo de 5 m del observatorio del Monte Palomar. Cedida por el Observatorio Hale.

galáctica. Luego se descubrieron fuentes galácticas intensas como *Cassiopeia A, Taurus A* y *Sagittarius A.*
Cassiopeia A es la fuente de radioondas más intensa (longitud de onda de 5 m). Probablemente se trata de los residuos de una supernova. En la actualidad se conocen en la Vía Láctea como mínimo 12 000 fuentes de radioondas, cuya identificación con objetos ópticos o fotográficos sólo se ha logrado en parte.
Entre los descubrimientos de los últimos 10 años se encuentran los *quásars* y los *púlsars.* El término *quásar* es la abreviación de *Quasi stellar radio sources.* En 1963 se descubrieron los 3 primeros objetos de este tipo, y en 1967 su número ya había aumentado hasta 150. Se trata de fuentes puntiformes de aspecto totalmente parecido al de las estrellas.
Las líneas del espectro de los quásars presentan un fuerte corrimiento hacia el rojo; los quásars deben estar muy alejados. La interpretación todavía se complica más por cuanto muchos quásars presentan oscilaciones intensas en sus emisiones de luz y de radioondas. Cada día parece más claro que se trata de los núcleos activos de galaxias muy lejanas, que emiten grandes cantidades de radiación al engullir materia de su entorno. Tal vez alojen en su centro agujeros negros supermasivos, aunque los detalles de los mecanismos de producción de energía en este tipo de objetos siguen en proceso de estudio.
Todavía más importantes que los quásars son los púlsars, descubiertos por vez primera en 1967. Aquel año *A. Hewish* y sus colaboradores descubrieron una determinada región en *Vulpecula* (la Zorra), cuyos radioimpulsos pulsantes (longitud de onda de 3,68 m) sólo duraban 0,016 segundos y se repetían regularmente al cabo de 1,337 segundos. El objeto estaba situado claramente en la Vía Láctea. No pudo observarse una variabilidad óptica.
La suposición inicial de que se trataba de una estrella enana blanca pulsante no pudo comprobarse teóricamente. Se trata en realidad de una estrella de neutrones, que es miles de millones más densa que el agua y que rota con un período inferior a 1 segundo. Otro púlsar, descubierto un año más tarde, pudo identificarse con la estrella central de la *Nebulosa del Cangrejo.* Pudo demostrarse que esta estrella emitía luz visible (0,0033 segundos de duración) al mismo tiempo que radioimpulsos. Este púlsar fue también el primero en donde pudo comprobarse un aumento lento del período de oscilación. Hasta finales de 1973 se conocían 100 púlsars. Aún estamos lejos de poder intepretar su mecanismo. Quizá se acerque a la realidad la concepción de un astrofísico americano. Esta concepción supone que se encuentra gas caliente (plasma) en el campo magnético intenso de una estrella de neutrones. Este gas es absorbido por la estrella en rotación; cuando la radiación procede sólo de una parte determinada de la nube —como en el caso de los rayos de luz de un faro— se emite un impulso regular y de breve duración
También se observaron radioondas intensas procedentes de objetos extragalácticos; asimismo cabe mencionar la existencia de radioondas procedentes de sistemas anormales y colindantes, y fuentes múltiples integradas de ordinario por dos sistemas situados uno cerca del otro.

Lámina 8. Nebulosa Trífida en Sagitario. Se trata de una nebulosa de gas, difusa, a la que las estrellas calientes vecinas hacen fluorescer. Foto tomada mediante el telescopio de espejo, del tipo Schmidt, del observatorio del Monte Palomar. Cedida por el Observatorio Hale.

Tres modelos del universo

Para terminar estas consideraciones se intentará dar una idea de la magnitud del universo tal como se conoce en la actualidad. Esto sólo puede lograrse mediante una reducción de la escala. De lo contrario, ¿cómo sería posible imaginarse la separación de Plutón, que supone 6000 millones de kilómetros?

El primer paso debe ser concebir un modelo reducido del sistema solar que resulte expresivo. Debe aplicarse el mismo factor de reducción no sólo a las magnitudes sino también a las velocidades. Esto se logra mediante una reducción de 1:1000 millones. ¿Qué significa esto? 1 000 000 km tienen 1 000 000 000 m. Si esta última cantidad se reduce según 1:1000 millones, entonces se convierte en 1 m. O, lo que es lo mismo, cada 1000 km se transforman en 1mm. Entonces se tiene el modelo siguiente:

Modelo I. Escala 1:1000 millones, escala planetaria
(1000 km en el universo = 1 mm en el modelo)

Diámetro de la Tierra	=	12,7 mm
Diámetro del Sol	=	1,4 m
Distancia Tierra-Luna	=	0,4 m
Distancia Tierra-Sol	=	150 m
Diámetro de la Luna	=	3,5 mm
Velocidad de la Tierra	=	0,03 mm/seg
Velocidad de la Luna	=	0,001 ''
Velocidad de la luz	=	0,3 m/seg

Planeta	Diámetro	Distancia respecto al Sol	Velocidad
Mercurio ..	5,1 mm	58 m	0,048 mm/seg
Venus	12,6 ''	108 ''	0,035 ''
Marte	6,9 ''	228 ''	0,024 ''
Júpiter	143,6 ''	777 ''	0,013 ''
Saturno ...	120,6 ''	1428 ''	0,010 ''
Urano	53,4 ''	2871 ''	0,007 ''
Neptuno ..	50 ''	4498 ''	0,005 ''
Plutón	3 ''	5904 ''	0,005 ''

El Sol se ha convertido en un globo de 1,4 m de diámetro, el planeta gigante Júpiter en una toronja muy grande de 14 cm de diámetro separada por 777 m del globo. La Tierra es una cereza de 13 mm de diámetro, separada por 150 m del globo (Sol). La Luna está situada cerca de la cereza (Tierra) como si fuera un guisante, a una distancia de 40 cm.

¿Y qué decir sobre las velocidades de los planetas? La máxima velocidad orbital corresponde a Mercurio. En 20 seg recorre 1 mm de su elipse. Plutón necesita 10 veces más tiempo para el mismo recorrido. El sistema solar en conjunto recorrería en 50 seg aproximadamente 1 mm en la dirección de Hércules.

La velocidad de la luz sería ahora de 30 cm/seg. Es fácil hacerse una idea de estas magnitudes y esta reducción, que permite imaginarse el sistema planetario, se denomina escala planetaria. Si aplicamos esta escala a la estrella fija más próxima, su distancia es de 40 000 km; la densidad media de estrellas del sistema solar es de una estrella en 60 000 km^3, y la Vía Láctea tendría un diámetro de 1000 millones de km. En este caso resulta imposible hacerse una idea de estas dimensiones y se hace necesario utilizar la reducción que implica el Modelo II.

Si se reduce el modelo I según la relación 1:1 millón, cada km del Modelo I se convierte en 1 mm. Por tanto, en relación con la realidad la escala es 1:1000 billones, es decir 1000 millones de km del universo se transforman en 1 mm. Entonces se tiene el modelo siguiente:

Modelo II. Escala 1:1000 billones, escala galáctica
(1 000 000 000 km en el universo = 1 mm en el modelo)

Nuestro sistema solar se reduce mucho. El diámetro del Sol pasa a ser del orden de magnitud de la longitud de onda de la luz roja ($\lambda = 0{,}8 \cdot 10^{-3}$ mm). La Tierra es sólo una partícula minúscula con un diámetro que sólo es $^{1}/_{100}$ de esta longitud de onda.
El planeta gigante Júpiter es una partícula algo mayor con un diámetro de $^{1}/_{10\,000}$ mm, que describe órbitas a 1 mm del Sol. El planeta más externo, Plutón, en este modelo estaría situado a una distancia de 6 mm del Sol. El sistema solar ocuparía el mismo espacio que una cereza. Y la luz recorrería $^{1}/_{1000}$ mm en 3 seg.

Diámetro de la Tierra	= $1{,}3 \cdot 10^{-5}$	mm
Diámetro del Sol	= $1{,}4 \cdot 10^{-3}$	"
Distancia Tierra-Luna	= $0{,}4 \cdot 10^{-3}$	"
Distancia Tierra-Sol	= 0,15	"
Diámetro de la Luna	= $0{,}35 \cdot 10^{-5}$	"
Diámetro de Júpiter	= $1{,}4 \cdot 10^{-4}$	"
Distancia Sol-Júpiter	= 0,78	"

Con este modelo (sistema solar = cereza), se pasa ahora a estudiar la distancia de las estrellas fijas. Proxima Centauri se encontraría a una distancia de 40 m de la cereza (= sistema solar) y en cada 64 000 m^3 se encontraría una estrella, que sería una partícula de $^{1}/_{1000}$ mm (del tamaño de una bacteria). La Vía Láctea sería un sistema lenticular de 1000 km de diámetro y 160 km de grosor. En este espacio, que resulta fácil imaginar, las estrellas equivaldrían a algunos miles de millones de bacterias.
La isla más próxima del universo, la Nebulosa de Andrómeda, se encontraría a una distancia de 24 000 km, pero la nebulosa espiral siguiente estaría situada a millones de km, distancia difícil de imaginar.
Si se reduce el modelo según la relación 1:1 millón, entonces 1 km del modelo II se transformaría en 1 mm del modelo III. En relación con la realidad esta escala sería de 1:1000 trillones, es decir, 1000 billones de km del universo (aprox. 100 años-luz) se convertirían en 1 mm. Entonces se tendría el modelo siguiente:

Modelo III. Escala 1:1000 trillones, escala extragaláctica
(1000 billones de km = 100 años-luz en el universo = 1 mm en el modelo)

El diámetro de la Tierra se reduciría a 10^{-12} cm, valor próximo a la dimensión de los electrones, que según los físicos es de $2 \cdot 10^{-13}$ cm.
La distancia Tierra-Sol, la unidad astronómica anterior, se transforma en $1{,}5 \cdot 10^{-8}$ cm, que corresponde al diámetro de la molécula de hidrógeno. Plutón se encuentra a una distancia de unas 40 moléculas del Sol. La estrella fija más próxima está situada a sólo $^{1}/_{20}$ mm, y de no ser mayor que el Sol, su diámetro sería de unos 10^{-10} cm, unas 1000 veces mayor que un electrón, pero todavía 100 veces menor que la molécula. La densidad media del espacio sería de una estrella por cada 0,000064 mm^3, y la Vía Láctea entera tendría un diámetro de 1 m. A una distancia de 24 m se encontraría la nebulosa espiral más cercana, la Nebulosa de Andrómeda, y todas las demás nebulosas espirales conocidas se encontrarían en un espacio que llegaría hasta una distancia de 100 km respecto al sistema de la Vía Láctea. La luz recorrería en 100 años 1 mm.

Lista de 186 nombres propios de las estrellas más brillantes del firmamento junto con su brillo correspondiente.

Muchas de las estrellas más brillantes poseen nombre propio, de ordinario procedente del árabe. La lista siguiente es una recopilación de los nombres más importantes junto con las denominaciones latinas y los brillos.

				m
1.	Akrab	β	Scorpius	2,76
2.	Alamak	γ	Andromeda	2,20
3.	Alaraph	β	Virgo	3,80
4.	Albireo	β	Cygnus	3,10
5.	Alción	η	Taurus	2,96
6.	Alcor	g	Ursa maj.	4,02
7.	Alchiba	α	Corvus	4,18
8.	Aldebarán	α	Taurus	1,06
9.	Alderamín	α	Cepheus	2,60
10.	Aldhafera	ζ	Leo	2,30
11.	Alfarat	α	Andromeda	2,15
12.	Alfard, Alferat	α	Hydra	2,16
13.	Algenib	γ	Pegasus	2,87
14.	Algenib	α	Perseus	1,90
15.	Algieba	γ	Leo	2,30
16.	Algol	β	Perseus	2,2-3,5
17.	Algorab	δ	Corvus	3,11
18.	Alhajot	α	Auriga	0,21
19.	Alhena	γ	Gemini	1,93
20.	Alioth	ε	Ursa maj.	1,68
21.	Alkaid	η	Ursa maj.	1,91
22.	Alkalurops	μ	Bootes	4,33
23.	Alkes	α	Crater	4,20
24.	Alove	β	Perseus	2,2-3,5
25.	Alphard	α	Hydra	2,16
26.	Alrukaba	α	Ursa min.	2,12
27.	Alschain	β	Aquila	3,90
28.	Alula	ν	Ursa maj.	2,54
29.	Ancha	ϑ	Aquarius	4,32
30.	Antares	α	Scorpius	1,22
31.	Apollo	α	Gemini	1,58
32.	Arcturus	α	Bootes	0,24
33.	Arided	α	Cygnus	1,33
34.	Asellus austr.	δ	Cancer	4,17
35.	Asellus bor.	γ	Cancer	4,73
36.	Aspidiske	ξ	Puppis	3,47
37.	Atair	α	Aquila	0,89
38.	Atik	o	Perseus	3,94
39.	Atlas	f	Taurus	4,28
40.	Azelfafage	π	Cygnus	4,26
41.	Azimech	α	Virgo	1,21
42.	Baten Kaitos	ζ	Cetus	3,92
43.	Bellatrix	γ	Orion	1,70
44.	Benetnash	η	Ursa maj.	1,91
45.	Betelgeuse	α	Orion	0,1-1,2
46.	Cabeza de Gorgona	β	Perseus	2,2-3,5
47.	Cabeza de la Medusa	β	Perseus	2,3-3,5
48.	Canícula	α	Can. maj.	-1,58
49.	Capella	α	Auriga	0,21
50.	Cástor	α	Gemini	1,58
51.	Corynephoros	β	Hercules	2,81
52.	Cursa	β	Eridanus	2,92
53.	Cynosura	α	Uras min.	2,12
54.	Cheph	β	Cassiopeia	2,42
55.	Deneb	α	Cygnus	1,33
56.	Deneb Algedi	γ	Capricorn.	3,80
57.	Deneb Kaitos	β	Cetus	2,24
58.	Denebola	β	Leo	2,23
59.	Diphda	β	Cetus	2,24
60.	Dubhe	α	Ursa maj.	1,95
61.	Elakrab	β	Scorpius	2,76
62.	Elarneb	α	Lepus	2,69
63.	Elgomaisa	α	Canis min.	0,48
64.	Elkaid	η	Ursa maj.	1,91
65.	Elkhiffa austr.	α	Libra	2,90
66.	Elkhiffa bor.	β	Libra	2,74
67.	Elmuthalleth	α	Triangul.	3,58
68.	Elnath	α	Aries	2,23
69.	Elschera-tain	β, γ	Aries	4,04; 2,72
70.	Enar	α	Eridanus	2,92
71.	Enif	ε	Pegasus	2,54
72.	Esel merid.	δ	Cancer	4,17
73.	Esel septen.	γ	Cancer	4,73
74.	Espiga	α	Virgo	1,21
75.	Espiga de la Virgen	α	Virgo	1,21
76.	Ettanin	γ	Draco	2,42
77.	Fomahand	α	Pisc. austr.	1,29
78.	Fomalhaut	α	Pisc. austr.	1,29
79.	Gemma	α	Cor. bor.	2,31
80.	Giedi	α	Capricorn.	3,77
81.	Grumium	ξ	Draco	3,90
82.	Haedus I	ζ	Auriga	3,94
83.	Haedus II	η	Auriga	3,28
84.	Hamal	α	Aries	2,23
85.	Híadas	α, ϑ, γ, δ, ε	Taurus	1,06; 3,62; 3,86; 3,93; 3,63
86.	Izar	ε	Bootes	2,59
87.	Kabeleced	α	Leo	1,34
88.	Kiffa austr.	α	Libra	2,90
89.	Kiffa bor.	β	Libra	2,74
90.	Kochab	β	Ursa min.	2,24
91.	Koxa	ϑ	Leo	3,41
92.	Lesath	λ	Scorpius	1,71

				m
93.	Lucida Anseris	6	Vulpecula	4,63
94.	Maasym	λ	Hercules	4,48
95.	Marfik	α	Perseus	1,90
96.	Markab	α	Pegasus	2,57
97.	Matar	η	Pegasus	3,10
98.	Mebsuta	ε	Gemini	3,18
99.	Megrez	δ	Ursa maj.	3,44
100.	Mekbuda	ζ	Gemini	3,7-4,1
101.	Menkalinan	β	Auriga	2,07
102.	Menkar	α	Cetus	2,82
103.	Menkhib	ξ	Perseus	4,05
104.	Merak	β	Ursa maj.	2,44
105.	Meres	ε	Bootes	3,63
106.	Mesa	α, β, γ	Pegasus	2,57; 2,61; 2,87
		α	Andromeda	2,15
107.	Mesarthim	γ	Aries	4,04
108.	Mikar	ε	Bootes	2,59
109.	Mintaka	δ	Orion	2,48
110.	Mira	ο	Cetus	2,0-10,1
111.	Mirach	β	Andromeda	2,37
112.	Mirak	ε	Bootes	2,59
113.	Mirfak	α	Perseus	1,90
114.	Mirzam	γ	Orion	1,70
115.	Mirzam	β	Canis maj.	1,99
116.	Mirzam	β	Canis min.	3,09
117.	Misam	h u. χ	Perseus	—
118.	Mizar	ζ	Ursa maj.	2,17
119.	Muliphein	γ	Canis maj.	4,07
120.	Muphrid	η	Bootes	2,80
121.	Muscida	ο	Ursa maj.	4,76
122.	Naos	ζ	Puppis	2,27
123.	Nashira I	γ	Capricorn.	3,80
124.	Nashira II	δ	Capricorn.	2,98
125.	Nath	β	Taurus	1,78
126.	Nekkar	β	Bootes	3,63
127.	Nihal	β	Lepus	2,96
128.	Nodus I	ζ	Draco	3,22
129.	Nodus II	δ	Draco	3,24
130.	Nusakan	β	Cor. bor.	3,72
131.	Palilicium	α	Taurus	1,06
132.	Perla de la corona	α	Corona	2,31
133.	Phakt	α	Columba	2,75
134.	Phekda	γ	Ursa maj.	2,54
135.	Pherkad	γ	Ursa min.	3,14
136.	Phurud	ζ	Canis maj.	3,10
137.	Polaris	α	Ursa min.	2,12
138.	Pólux	β	Gemini	1,21
139.	Proción	α	Canis min.	0,48
140.	Protrygetes	ε	Virgo	2,95
141.	Ras Algethi	α	Hercules	3,31
142.	Ras Alhague	α	Ophiuchus	2,14
143.	Ras Elased austr.	ε	Leo	3,12
144.	Ras Elased bor.	μ	Leo	4,10
145.	Regulus	α	Leo	1,34
146.	Rigel	β	Orion	0,34
147.	Rucba	δ	Cassiopeia	2,80
148.	Rukkabah	α	Ursa min.	2,12
149.	Rutilicus	β	Hercules	2,81
150.	Sabik	η	Ophiuchus	2,63
151.	Sadachbia	γ	Aquarius	3,97
152.	Sadalmelek	α	Aquarius	3,19
153.	Sadalsud	β	Aquarius	3,07
154.	Schaula	λ	Scorpius	1,71
155.	Sertan	α	Cancer	4,27
156.	Sheat	β	Pegasus	2,61
157.	Sheddi	δ	Capricorn.	2,98
158.	Shedir	α	Cassiopeia	2,1-2,6
159.	Sheliak	β	Lyra	3,4-4,3
160.	Sirius	α	Can maj.	1,58
161.	Sirrah	α	Andromeda	2,15
162.	Spica	α	Virgo	1,21
163.	Subra	ο	Leo	3,76
164.	Sulaphat	γ	Lyra	3,30
165.	Tarazed	γ	Aquila	2,80
166.	Teyat posterior	μ	Gemini	3,19
167.	Teyat prior	η	Gemini	3,2-4,2
168.	Thuban	α	Draco	3,64
169.	Toliman	α	Centaurus	0,33
170.	Unuk Elhaija	α	Serpens	0,33
171.	Vara de Jacob	δ, ε, ζ	Orion	2,46; 1,75; 1,91
172.	Vasat	δ	Gemini	3,51
173.	Vega	α	Lyra	0,14
174.	Vespertilio	α	Scorpius	1,22
175.	Vezen	δ	Canis maj.	1,98
176.	Vindemiatrix	ε	Virgo	2,95
177.	Vigía	α, β	Urs. min	2,12; 2,24
178.	Yed I	δ	Ophiuchus	3,03
179.	Yed II	ε	Ophiuchus	3,34
180.	Zaurak	γ	Eridanus	3,19
181.	Zavijava	β	Virgo	3,80
182.	Zosma	δ	Leo	2,58
183.	Zuben Elakrab	σ	Libra	3,41
184.	Zuben el genubi	α	Libra	2,90
185.	Zuben el gubi	γ	Libra	4,02
186.	Zuben el shemali	β	Libra	2,74

Los mayores telescopios del mundo

Todos los astrónomos aficionados que poseen un instrumento pequeño a menudo piensan en alguno de los instrumentos gigantes que se encuentran en los observatorios y por motivos económicos están fuera de su alcance.

Cuando se estudia la distribución de los telescopios sobre la Tierra, se observa que la mayoría de los instrumentos están situados en el hemisferio norte, en tanto que el hemisferio sur parece relegado a segundo término. Pero la contemplación de las estrellas del sur es muy importante y desde hace algunas décadas se procura instalar instrumentos en el hemisferio sur. El tamaño de un instrumento se designa mediante el diámetro del objetivo o del espejo en pulgadas o centímetros. Las designaciones 200 pulgadas o 508 cm hacen referencia al mismo instrumento.

El primer tipo de telescopio es el refractor clásico. El tamaño de los refractores está limitado técnicamente, por cuanto no se puede fabricar un objetivo de más de 1 m de diámetro sin tensiones y exento de burbujas. Durante algunos años el refractor de Lick, en el Monte Hamilton, con una abertura de 91 cm, fue el mayor del mundo. Funciona desde 1888. El refractor de mayor tamaño en la actualidad, con abertura de 102 cm, se puso en servicio en 1897 en el observatorio Yerkes de Williams Bay, en el estado de Michigan. Todavía hay otros tres refractores con una abertura de más de 76 cm; se encuentran en Meudon (83 cm), cerca de París, en Potsdam (80 cm) y en Nizza (76 cm). Los movimientos del aire impiden que estos instrumentos alcancen ampliaciones superiores a 750-1000 aumentos. Todavía es importante cierto tipo de telescopio fotográfico, el denominado *astrógrafo*, que como máximo puede captar un campo visual de $10 \times 10°$ sin defectos sobre una placa de 30×30 cm. Los objetivos presentan una abertura de 40 cm y una distancia focal corta para así alcanzar una buena intensidad de luz.

En la actualidad tienen una gran importancia los *telescopios de espejo*, en los que la luz incidente es reflejada por un espejo cóncavo. Presentan diversas ventajas con respecto a los refractores; por ejemplo, sólo es preciso esmerilar una superficie. Pero al construir el espejo debe atenerse a la forma previamente calculada con una precisión de 1/10 000 mm.

Sin embargo, existen límites técnicos insuperables para la construcción de espejos perfectos y de gran diámetro. Durante décadas, los espejos telescópicos mayores fueron el del telescopio de Monte Palomar (EE UU, 5 metros de diámetro) y el de Zelenchukskaya (URSS, 6 metros de diámetro). Los refinamientos tecnológicos modernos han permitido fabricar espejos monolíticos de hasta 8 metros de diámetro (proyecto Gemini, proyecto europeo VLT). La construcción de telescopios de dimensiones aún mayores requiere, no obstante, el ensamblaje de espejos no monolíticos, formados por multitud de piezas independientes que, reunidas con gran precisión, permiten formar espejos de tamaño superior a 10 metros (telescopios Keck en Hawai, proyecto Grantecán en Canarias). El futuro de la astronomía óptica pasa por la aplicación de técnicas interferométricas: con este fin se está construyendo en Cerro Paranal (Chile) el complejo de telescopios VLT del Observatorio Europeo Austral. La tabla siguiente muestra los principales telescopios del mundo, con su diámetro y el año de inauguración.

Telescopios reflectores en servicio con diámetro superior a 3 metros
(el año indicado corresponde a la puesta en servicio)

Tel. Keck (Mauna Kea, Hawai, EE UU)	10 m	1993
Tel. VLT (Cerro Paranal, Chile)	8 m	1998
Gran Tel. Acimutal (Zelenchukskaya, Rusia)	6 m	1975
Tel. Hale (Monte Palomar, EE UU)	5 m	1948
Observ. Whipple (Monte Hopkins, EE UU)	4,5 m	1979
Tel. William Herschel (La Palma, España)	4,2 m	1987
Observatorio Interamericano (Cerro Tololo, Chile)	4 m	1974
Observatorio de Kitt Peak (EE UU)	4 m	1973
Observatorio Angloaustraliano (Australia)	3,9 m	1975
Tel. UKIRT (Mauna Kea, Hawai, EE UU)	3,8 m	1979
Telescopio Francocanadiense (Mauna Kea, Hawai)	3,6 m	1979
Observatorio Europeo Austral (La Silla, Chile)	3,6 m	1976
Tel. NTT (La Silla, Chile)	3,6 m	1989
Observatorio CAHA (Calar Alto, España)	3,5 m	1983
Observatorio Apache Point (Nuevo México, EE UU)	3,5 m	1993
Observatorio Lick (California, EE UU)	3 m	1959

Nota: en el momento de confeccionar esta tabla están en fase avanzada de construcción algunos telescopios de los proyectos Gemini y Very Large Telescope, que constan de varios instrumentos de 8 metros de diámetro, y a punto de inaugurarse la segunda unidad del Keck en Hawai, y se halla en fase de proyecto el Gran Telescopio de Canarias (10 m de diámetro).

Movimientos de los grandes planetas brillantes

Los grandes planetas brillantes, conocidos desde hace siglos, no pueden incluirse en las cartas estelares, porque sus posiciones cambian de modo continuo. Para poder seguir con facilidad sus movimientos, deben tenerse en cuenta 2 cosas: a excepción de Mercurio, son inusitadamente brillantes y por otra parte su luz no vacila como la de las estrellas brillantes. Además están situados más o menos cerca de la eclíptica.
Si cerca de la eclíptica se encuentra una estrella inusitadamente brillante, cuya luz no vacila, y que no aparece en las cartas estelares, casi siempre se tratará de uno de los grandes planetas brillantes.
Vistos desde la Tierra, se repiten las posiciones y los movimientos de los grandes planetas después de un *recorrido sinódico* que hace que alcancen aproximadamente la misma posición respecto al Sol. Las fases individuales de este recorrido tienen para los *planetas internos* (cuya órbita está situada dentro de la del Sol), Mercurio y Venus, un curso distinto que para los *planetas externos* (cuya órbita está situada fuera de la del Sol), Marte, Júpiter y Saturno.
Los planetas internos, *Mercurio* y *Venus*, pueden alejarse del Sol a una gran distancia angular (máxima elongación) por ambos lados. Además logran presentar conjunción *superior* e *inferior* con el Sol. En ambos casos se encuentran, vistos por nosotros, en la dirección Tierra-Sol; en la primera ocasión del otro lado del Sol y en la segunda ocasión entre la Tierra y el Sol; en el primer caso su distancia es máxima y en el segundo mínima. Pero estos planetas internos *no* pueden presentar oposición con respecto al Sol.
Los planetas *externos* (Marte, Júpiter y Saturno) cuando presentan *conjunción* siempre se encuentran en la dirección Tierra-Sol, pero del otro lado del Sol. (Esto corresponde a la conjunción superior de los planetas internos.) Los planetas externos no presentan conjunción inferior. Pero presentan *oposición* con respecto al Sol y entonces alcanzan su máxima proximidad con respecto a la Tierra. Entre la conjunción y la oposición transcurre la mitad del tiempo del recorrido sinódico.

Los datos siguientes son valores medios que también están sujetos a desviaciones. Las razones principales de éstas residen en que las órbitas son más o menos elípticas y que los movimientos sufren perturbaciones debido a la atracción de los planetas.

En el caso del movimiento de los planetas internos
(cálculos realizados a partir de la conjunción superior)

Aparición	Mercurio	Venus	
	Número de días		
Conjunción superior	0	0	
Aparición como **estrella vespertina**	12	35	
Máxima **elongación** oriental	36	221	Movimiento retrógrado
Puesta como **estrella vespertina**	53	286	Movimiento retrógrado
Conjunción inferior	58	292	Movimiento retrógrado
Aparición como **estrella matutina**	63	298	Movimiento retrógrado
Máxima **elongación** occidental	80	362	Movimiento retrógrado
Puesta como **estrella matutina**	104	549	
Conjunción superior	116	584	

En el caso del movimiento de los planetas externos
(cálculos realizados a partir de la conjunción)

Aparición	Marte	Júpiter	Saturno	
	Número de días			
Conjunción	0	0	0	
Aparición en el **cielo matutino**	54	13	18	
Principio del movimiento retrógrado	354	140	121	Movimiento retrógrado
Oposición	390	200	189	Movimiento retrógrado
Final del movimiento retrógrado	426	260	257	Movimiento retrógrado
Aparición en el **cielo vespertino**	726	386	360	
Conjunción	780	399	378	

Posiciones destacadas de los planetas brillantes, 1999-2010

Se dan las fechas de las máximas elongaciones de Mercurio y Venus, y las de oposición de Marte, Júpiter y Saturno

Año	Mercurio		Venus		Oposición de		
	como estrella matutina (máx. elong. occidental)	como estrella vespertina (máx. elong. oriental)	como estrella matutina (máx. elong. occidental)	como estrella vespertina (máx. elong. oriental)	Marte	Júpiter	Saturno
1999	16 abril 27,5° 14 agosto 19° 3 diciembre 20°	3 marzo 18° 28 junio 25,5° 24 octubre 24°	30 octubre 46,5°	11 junio 45°	24 abril	23 octubre	6 noviembre
2000	28 marzo 28° 27 julio 20° 15 noviembre 19°	14 febrero 18° 9 junio 24° 6 octubre 25,5°				28 diciembre	19 noviembre
2001	11 marzo 27,5° 10 julio 21° 29 octubre 18,5°	28 enero 18,5° 22 mayo 22,5° 18 septiembre 26,5°	7 junio 46°	17 enero 47°	13 junio		3 diciembre
2002	21 febrero 26,5° 21 junio 22,5° 13 octubre 18°	12 enero 19° 4 mayo 21° 1 septiembre 27° 26 diciembre 20°		22 agosto 46°		1 enero	17 diciembre
2003	4 febrero 25° 3 junio 24° 26 septiembre 18°	16 abril 19,5° 14 agosto 27° 9 diciembre 21°	11 enero 47°		28 agosto	2 febrero	31 diciembre
2004	17 enero 24° 14 mayo 26° 9 septiembre 18° 30 diciembre 22°	29 marzo 19° 26 julio 27° 21 noviembre 22°	18 agosto 46°	29 marzo 46°		4 marzo	
2005	26 abril 27° 24 agosto 18,5° 12 diciembre 21°	12 marzo 18° 9 julio 26° 3 noviembre 23°		3 noviembre 47°	7 noviembre	3 abril	13 enero
2006	8 abril 27,5° 7 agosto 19° 25 noviembre 20°	24 febrero 18° 20 junio 25° 17 octubre 24°	25 marzo 46,5°			4 mayo	27 enero
2007	21 marzo 28° 20 julio 20° 8 noviembre 19°	7 febrero 18° 2 junio 23° 29 septiembre 26°	28 octubre 46,5°	9 junio 45°	24 diciembre	5 junio	10 febrero
2008	3 marzo 27° 2 julio 21,5° 22 octubre 18°	22 enero 18,5° 14 mayo 22° 10 septiembre 27°				9 julio	24 febrero
2009	13 febrero 26° 13 junio 23° 5 octubre 18° 18 diciembre 20°	4 enero 19° 26 abril 20° 24 agosto 27°	5 junio 46°	15 enero 47°		14 agosto	8 marzo
2010	27 enero 24,5° 26 mayo 25° 19 septiembre 18°	8 abril 19° 6 agosto 27° 1 diciembre 21,5°		19 agosto 46°	29 enero	21 septiembre	22 marzo

Compendio de los eclipses de Sol y de Luna entre 1999 y 2010

Eclipses solares anulares y totales 1999-2010 (cada año se producen como mínimo dos y como máximo cinco eclipses solares, sean parciales, anulares o totales; los parciales carecen de interés científico)

Fecha	Duración	Visibilidad
16 2 1999*	0 m 36 s	Australia
11 8 1999	2 m 26 s	Atlántico N., Europa cent., Or. medio, India
21 6 2001	5 m 1 s	Centro de África
14 12 2001*	3 m 48 s	Pacífico y América central
10 6 2002*	0 m 19 s	Pacífico norte
4 12 2002	2 m 7 s	Sur de África, Índico, Australia
31 5 2003*	3 m 34 s	Groenlandia
8 4 2005	0 m 46 s	Pacífico y norte de Sudamérica
3 10 2005*	4 m 27 s	Gibraltar, noreste de África
29 3 2006	4 m 10 s	Norte de África, Cáucaso, Asia central
22 9 2006*	7 m 5 s	Norte de Brasil
1 8 2008	2 m 30 s	Polo N, Siberia, Mongolia, China
26 1 2009*	7 m 48 s	Indonesia
22 7 2009	6 m 43 s	India-China
15 1 2010*	11 m 4 s	África central, Índico, Indochina
11 7 2010	5 m 24 s	Sur del Pacífico

* = eclipse anular

Eclipses totales de Luna 1999-2010

Fecha	Entrada en la sombra	Medio	Salida de la sombra	Visibilidad en Europa occidental
21 1 2000	2 h 57 m	4 h 44 m	6 h 31 m	Visible inicio y medio
16 7 2000	12 h 3 m	13 h 55 m	15 h 47 m	No visible
9 10 2001	18 h 36 m	20 h 21 m	22 h 6 m	Visible entero
16 5 2003	1 h 55 m	3 h 39 m	5 h 23 m	Visible el inicio
9 10 2003	23 h 38 m	1 h 18 m	2 h 58 m	Visible entero
4 5 2004	18 h 43 m	20 h 30 m	22 h 17 m	Visible medio y final
28 2 2004	1 h 17 m	3 h 4 m	4 h 51 m	Visible entero
3 3 2007	21 h 36 m	23 h 21 m	1 h 6 m	Visible entero
28 8 2007	8 h 45 m	10 h 35 m	12 h 25 m	No visible
21 2 2008	1 h 44 m	3 h 27 m	5 h 10 m	Visible entero
21 12 2010	6 h 30 m	8 h 16 m	10 h 2 m	Visible el inicio

(Horas en T.U. = Tiempo Universal)

Épocas de las lunas nuevas 1999-2010

	Ene.	Feb.	Mar.	Abr.	May.	Jun.	Jul.	Ago.	Sep.	Oct.	Nov.	Dic.
1999	17	16	17	16	15	13	13	11	9	9	8	7
2000	6	5	6	4	4	2	1; 31	29	27	27	25	25
2001	24	23	25	23	23	21	20	19	17	16	15	14
2002	13	12	14	12	12	10	10	8	7	6	4	4
2003	2	1	3	1	1; 31	29	29	27	26	25	23	23
2004	21	20	20	19	19	17	17	16	14	14	12	12
2005	10	8	10	8	8	6	6	5	3	3	2	1; 31
2006	29	28	29	27	27	25	25	23	22	22	20	20
2007	19	17	19	17	16	15	14	12	11	11	9	9
2008	8	7	7	6	5	3	3	1; 30	29	28	27	27
2009	26	25	26	25	24	22	22	20	18	18	16	16
2010	15	14	15	14	14	12	11	10	8	7	6	5

20 variables brillantes

(Estas estrellas aparecen en las constelaciones de las págs. 19-30.)

Constelación	Estrella	Brillo	Período en días	Tipo de cambio de brillo	Año del descubrimiento y descubridor	Observaciones
		m m	d			
Águila	η	3,7—4,4	7,1767	δ-Ceph.	1784 Pigott	—
Ballena	o	2,0—10,1	331,6	Mira	1596 Fabricius	Estrella doble: compañera de mag 10, dist < 1''. Dist. 250 años-luz, diám. 400 $\odot$.
Casiopea	α	2,1—2,6	—	μ-Ceph.	1831 Birt	Quizá estén solapados períodos de 26 d y 360 d
,,	γ	1,6—3,0	—	irregular	1936 Baize	(apareció ya en nov. de 1984)
Cefeo	δ	3,7—4,4	5,3663	δ-Ceph.	1784 Goodrike	Distancia 600 años-luz. Diám. med. 33 $\odot$;
,,	μ	4,0—4,8	—	μ-Ceph.	1848 Hind	Los periodos de 730 d, 904 d y 4930 d se solapan; estrella granate, diám. 70 $\odot$;
Cisne	χ	4,2—14,0	412,9	Mira	1686 G. Kirch	—
Cochero	ϵ	3,3—4,1	9883	Ocultación	1821 Fritsch	2 estrellas gigantes; última ocultación en 1983
,,	ζ	4,9—5,6	972	,,	1925 Bottlinger	Supergigante del tipo K o caliente del tipo B; 32 + 13 $\odot$;
Gemelos	ζ	3,7—4,1	10,1510	ζ-Gem.	1847 Schmidt	—
,,	η	3,2—4,2	233,6		1844 Schmidt	—
Hércules	α	3,1—3,9	—	μ-Ceph.	1795 W. Herschel	Estrella doble: compañera de mag. 6,1; distancia de 4,6''
Lira	R	4,0—4,5	—	μ-Ceph.	1855 Baxendell	—
,,	β	3,4—4,3	12,9301	Ocultación	1784 Goodrike	Doble óptica: compañera de mag. 6,7; distancia de 46''
Orión	α	0,1—1,2	2070	μ-Ceph.	1836 J. Herschel	Oscilaciones irregulares de algunas semanas y meses. Dist. 650 años-luz. Gigante roja, diám. 400 $\odot$;
Osa Menor	α	2,1—2,3	3,9686	ζ-Gem.	1910 Hertzsprung	Estrella doble: compañera de mag. 9,0; distancia de 18''
Perseo	β	2,2—3,5	2,8763	Ocultación	1667 Montanari	Algol, diám. 3,2 y 3,6 $\odot$; dist. 105 años-luz
,,	ϱ	3,2—4,1	9?0 (?)	μ-Ceph.	1853 Schmidt	Quizá se solapan los periodos de 33,3 y 910 d
Serpiente	R	3,5—10,1	441,7	Mira	1704 Maraldi	—
Toro	λ	3,8—4,1	3,95295	Ocultación	1848 Baxendell	—

Lista de algunas estrellas dobles

(Todas las estrellas dobles incluidas en esta lista se encuentran en las constelaciones que aparecen en las págs. 19-30, a excepción de β en el Unicornio y ζ en la Flecha.)

Constelación	Estrella	Brillos	Separación	Observaciones
Grupo I: Perceptibles a simple vista (indicadas con una flecha en las cartas)				
		m m		
Lira	ϵ	4,5 4,7	208''	Esta estrella sirve para demostrar buena vista; cada componente es doble, véase Gr. IV.
Osa Mayor	ζ	2,4 4,0	705	Mizar-Alcor; dist. 76 años-luz, véase Grupo III.
Toro	ϑ	3,6 3,9	337	Fácil de percibir con buena vista.
Grupo II: Perceptibles con gemelos de teatro y prismáticos (indicadas con una flecha en las cartas)				
Boyero	μ	4,5 6,7	108	Compañera doble, véase Gr. IV; ambas estrellas blancas.
"	δ	3,5 7,7	105	Estrella principal amarillo pálida, compañera azul brillante.
Cabellera de Berenice	24	5,2 6,7	20	Estrella principal amarilla, compañera azul.
Cangrejo	ι	4,2 6,6	30	Estrella principal anaranjado pálido, compañera azul.
Capricornio	β	3,2 6,0	205	Estrella principal anaranjada, compañera azul.
Cisne	β	3,2 5,4	35	Estrella principal anaranjada, compañera azul; dist. 320 años-luz.
"	μ	4,5 6,2	204	Estrella principal blanca, compañera azul; la estrella principal es una doble con componentes poco separadas; período de rotación de 508 años.
"	o_2	4,0/6,5/5,0	107 337	Triple; estrella principal y primera compañera azules; segunda compañera anaranjada.
Dragón	ν	5,0 5,0	62	—
Lira	β	3,4 6,7	46	Estrella principal variable; véase Variables; dist. 540 años-luz.
"	ζ	4,3 5,5	44	Estrella principal amarilla, compañera verdosa.
Orión	ϑ	4,9 5,0	135	Contiene el famoso Trapecio, véase Gr. III.
"	δ	2,5 6,8	53	Estrella principal blanca, compañera violeta; dist. 1100 años-luz.
Peces	ζ	5,6 6,5	24	Estrella principal blanca, compañera gris; dist. 150 años-luz.
"	ψ_1	5,5 5,8	30	Ambas estrellas blancas; además de mag 10,5 con una separación de 94''.
Serpiente	ϑ	4,5 5,4	22	Ambas estrellas amarillas.
Zorra	6	4,4 5,7	400	—
(no están indicadas con flechas en las cartas)				
Acuario	ψ_1	4,5 9,1	50	La componente más pálida es una doble con componentes poco separadas.
Balanza	α_2	2,9 5 3	230	—
Capricornio	α	3,8 4,6	375	Ambas componentes amarillas y dobles.
Jirafa	β	4,2 8,8	80	—
Toro	τ	4,3 7,8	63	—
Grupo III: Perceptibles con un telescopio pequeño de hasta 2 pulgadas de abertura				
Andrómeda	γ	2,3 5,1	10	Estrella principal rojo-amarillenta; compañera verde-azulada; la compañera es una doble con componentes poco separadas; período de rotación 56 años.
Cangrejo	ζ	5,6 6,0	5,5	Triple (par de componentes poco separadas); período de rotación de 1137 años; todas las estrellas amarillas.
Carnero	γ	1,0 1,0	0	Ambas estrellas blancas. Dist. 200 años-luz.
Casiopea	η	3,7 7,3	11	Estrella principal amarilla, compañera rojiza; período de rotación de 480 años; dist. 18 años-luz. Masas 0,7 y 0,5 $\odot$.
Cefeo	β	3,3 8,0	13	Estrella principal blanca, compañera azul.

Constelación	Estrella	Brillos	Separación	Observaciones
Grupo III: Perceptibles con un telescopio pequeño de hasta 2 pulgadas de abertura				
		m m		
Cefeo	ξ	4,6 6,5	7''	Estrella principal amarilla, compañera azul.
Corona Boreal	ζ	5,1 6,0	6	Estrella principal blanca, compañera amarilla; dist. 142 años-luz.
Delfín	γ	4,5 5,5	10	Estrella principal amarilla, compañera verde-azulada; dist. 110 años-luz.
Escorpión	ξ	4,2 7,2	7	La estrella principal es una doble con componentes poco separadas; período de rotación de 46 años.
Flecha	ζ	5,0 8,7	9	La estrella principal es una doble con componentes poco separadas. Período de rotación 25 años.
Gemelos	α	2,0 2,8	2	Cástor, período 420 años; ambas estrellas dobles espectroscópicas; quinta estrella de mag 9,5 a 73'', perteneciente al sistema, y variable de ocultación.
Hércules	α	3,5 5,4	5	Estrella principal amarillo-rojiza, compañera azul; la estrella principal es variable.
''	δ	3,2 8,3	10	Doble óptica; estrella principal verdosa, compañera azulada; dist. 100 años-luz.
''	μ	3,5 10,0	34	Estrella principal amarilla, compañera azul. La compañera es una doble con componentes poco separadas; período de rotación 43 años.
''	ϱ	4,5 5,5	4	Estrella principal blanca, compañera verde.
''	γ	3,5 9,5	38	Estrella principal blanca, compañera rojiza.
León	γ	2,6 3,8	4	Estrella principal amarillo-rojiza, compañera azul; lla; período de rotación de 620 años; dist. 172 años-luz.
''	54	4,5 6,3	6	Estrella principal blanca, compañera azul.
Lira	η	4,5 8,6	28	Estrella principal azul, compañera rojiza.
Nave de Argo	$\varkappa$	4,5 4,6	10	Ambas estrellas blancas.
Orión	β	0,3 7,3	9	Estrella principal amarillo-blancuzca, compañera azul.
''	ι	2,9 7,0	11	Estrella principal blanca, compañera azul pálida; dist. 155 años-luz.
''	λ	3,7 5,6	4	Estrella principal amarilla, compañera púrpura. Tercera estrella de mag 10.
''	σ	3,8 7,5	13	Quíntuple; 3 estrellas perceptibles con telescopio de 2 pulgadas; cuarta estrella de mag 6,3 a 42'' de sep; quinta estrella de mag 10,3 a 11'' de sep.
''	ϑ_1	5-8	8-24	El famoso Trapecio de Orión (4 estrellas).
Osa Mayor	ζ	2,4 4,0	14	Ambas estrellas amarillo blancuzcas. Alcor a una separación de 705''; véase Gr. I
Osa Menor	α	2,1 9,0	18	Estrella principal amarilla, compañera blanca.
Perros de Caza	12	2,9 5,4	20	Estrella principal blanca, compañera amarilla; dist. 142 años-luz.
Perseo	ϵ	2,9 8,1	9	Estrella principal blanca, compañera azulada.
''	ζ	2,9 9,5	13	Cuádruple; con telescopio de 2 pulgadas sólo 2 estrellas. Estrella principal blanca, compañera azul.
''	η	3,9 8,4	28	Estrella principal anaranjada, compañera azul; además una estrella de mag 10,0 separada a 66''. Dist. 540 años-luz.
Serpentario	70	4,2 5,9	4	Estrella principal amarilla, compañera rojiza, período de rotación de 88 años.
Serpiente	β	3,7 9,5	31	Estrella principal blanco-azulada.
''	δ	4,2 5,2	1	
Unicornio	β	4,7/5,2/5,6	7 y 3	Triple. Dist. 470 años-luz. Estrellas blancas.
Virgen	γ	3,6 3,7	5	Ambas estrellas amarillo-blancuzcas. Período de rotación de 172 años; dist. 37 años-luz.
Grupo IV: Perceptibles con telescopio de 3-4 pulgadas de abertura				
Acuario	ζ	4,1 6,6	2	Ambas estrellas amarillo-blancuzcas. Período de rotación de unos 600 años.

Constelación	Estrella	Brillos	Separación	Observaciones
Grupo IV: Perceptibles con telescopio de 3-4 pulgadas de abertura				
		m m		
Ballena	γ	3,6 7,4	3''	Estrella principal amarilla, compañera azul.
Boyero	μ	7,2 7,8	2	Período de rotación de 260 años.
"	ϵ	2,7 5,1	3	Estrella principal rojo-amarillenta. Dist. 251 años-luz.
Cefeo	$\varkappa$	4,4 8,4	7	—
Cisne	δ	3,0 6,5	2	Período de rotación de 540 años.
Dragón	ϵ	4,0 7,6	3	Estrella principal amarilla, compañera azul.
"	η	2,9 8,3	5	—
Escorpión	α	1,2 6,5	3	Estrella principal roja, compañera azul. Diámetro 480 $\odot$; dist. 172 años-luz.
Gemelos	δ	3,5 8,5	6	Estrella principal amarilla, compañera azul; dist. 67 años-luz.
"	$\varkappa$	3,7 8,2	7	Estrella principal anaranjada, compañera azul pálido.
"	λ	3,2 10,3	10	Estrella principal blanca, compañera amarillenta.
Jirafa	19 H	4,5 9,0	10	Estrella principal amarilla, compañera azul.
Liebre	$\varkappa$	4,4 7,9	2,5	—
Lince	38	3,9 6,6	3	— } véase Gr. I
Lira	ϵ_1	5,1 6,1	3	— } véase Gr. I
"	ϵ_2	5,1 5,4	2	— } véase Gr. I
Orión	ζ	2,0 4,2	2,5	Triple; estrella principal amarilla, compañera azul; tercera estrella de mag 10 a 57''.
Osa Mayor	ι	3,1 10,3	6	La compañera es una doble de componentes poco separadas. Período de rotación de 17 años.
" "	ξ	4,4 4,9	2	Período de rotación de 60 años.
" "	ν	3,7 10,1	7	—
Peces	α	4,3 5,2	2	Estrella principal amarillo-blancuzca, compañera blanca? Período de rotación de unos 1000 años.
"	φ	4,6 10,0	8	—
Perseo	ϑ	4,2 10,0	18	Además la estrella de mag 9,5 a 80''.
Serpiente de Mar	ϵ	3,5 6,9	3	Estrella principal amarilla, compañera amarillo-rojiza. La estrella principal es una doble con componentes poco separadas. Período de rotación de 15,3 años.
Virgen	ϑ	4,4 9,0	7	Triple; tercera estrella de mag 10 a 71''.
Grupo V: Perceptibles con telescopios de mayor tamaño				
Boyero	ζ	4,4 4,8	1,2	Período de rotación de 123 años.
Caballito	δ	5,2 5,3	0,3	Período de rotación de 5,7 años; tercera estrella de mag 10,2 a 55''.
Cabellera de Berenice	35	5,2 8,0	1,0	Período de rotación de 674 años.
Cisne	μ	4,7 6,1	1,6	Período de rotación de 500 años (véase Gr. II).
Cochero	ϑ	2,7 7,2	3,3	—
Corona Boreal	γ	4,0 7,0	0,5	Período de rotación de 90 años.
Delfín	β	4,1 5,1	0,5	Período de rotación de 27 años.
Gemelos	η	3,2 7,3	1,4	Estrella principal variable.
León	ι	4,1 7,3	1,0	Período de rotación de 205 años.
Orión	η	3,8 4,8	1,5	—
Perros de Caza	25	5,1 7,0	1,7	Período de rotación de 220 años.
Serpentario	λ	4,0 6,1	0,7	Período de rotación de 132 años.

Cúmulos y nebulosas (indicados en las cartas con una flecha)

Los valores del brillo presentan variaciones muy intensas en diversas fuentes. Además las condiciones de visibilidad de los objetos siguientes dependen mucho de las condiciones de lugar.

Grupo I: perceptibles a simple vista

Constelación	Nombre o número de Messier (M) o número en NGC	Brillo	Diámetro en minutos	Distancia años-luz	Diámetro	V.R. km/seg	Número de variables	Observaciones
1. Cúmulos abiertos								
		m						
Can Mayor	M 41 (2287)	4,9	30	1 600	14	—	—	150 estrellas de mag 8-11, 4° al S de Sirius
Cangrejo	Praesepe M 44	3,8	95	500	14	—	—	577 estrellas de mag 6-17, velocidad espacial 30 km/seg
Nave de Argo	(2422)	4,6	25	2 300	17	—	—	50 estrellas
Perseo	h (869)	4,4	36	4 400	46	—	—	350 estrellas de mag 7-12
,,	χ (884)	4,7	36	4 400	46	—	—	350 estrellas de mag 7-12
Toro	Pléyades M 45	1,0	100	500	15	—	—	160 estrellas de mag 3-14
Unicornio	(2244)	4,8	40	1 500	17	—	—	16 estrellas, cúmulo nebuloso alrededor de la estrella 12
2. Cúmulos globulares								
Acuario	M 2 (7089)	6,3	8	46 000	107	—3	10	—
Hércules	M 13 (6205)	5,8	10	34 000	99	—228	7	30 000 estrellas contadas: masa estimada en 110 000 ⊙
,,	M 92 (6341)	6,1	8	36 000	84	—118	14	—
Perros de Caza	M 3 (5272)	6,4	10	40 000	116	—150	200	Masa de unos 70 000 Soles
Sagitario	M 22 (6656)	5,7	17	22 000	109	—	21	70 000 estrellas contadas (en posición baja en el S para nosotros)
,,	M 55 (6809)	6,4	10	29 000	84	—	2	(para nosotros, en posición muy baja en el S)
Serpiente	M 5 (5904)	6,2	13	36 000	136	+45	70	15 000 estrellas contadas
3. Nebulosa espiral								
Andrómeda	M 31 (224)	4,3	400×91	1 800 000	75 000	—300	>700	Más de 130 novas, masa estimada en $3,7 \times 10^{11}$ ⊙
4. Nebulosa de gas								
Orión	M 42 (1976)	1,8	3°	1 700	89	—	—	Masa estimada en 10 Soles recientemente

Grupo II perceptibles mediante prismáticos

Constelación	Nombre o número de Messier (M) o número en NGC	Brillo	Diámetro en minutos	Distancia años-luz	Diámetro	V.R. km/seg	Número de variables	Observaciones
1. Cúmulos abiertos								
		m						
Andrómeda	(752)	5,8	45	1 300	17	—	—	70 estrellas
Cangrejo	M 67 (2682)	6,2	15	3 700	16	—	—	67 estrellas
Cisne	M 39 (7092)	5,2	30	500	4	—	—	25 estrellas
Escorpión	M 6 (6405)	4,7	25	1 200	9	—	—	50 estrellas } para nosotros en posición
,,	M 7 (6475)	4,9	60	800	14	—	—	50 estrellas } muy baja en el cielo del S.
Escudo	M 11 (6705)	5,8	10	4 000	12	—	—	200 estrellas
Gemelos	M 35 (2168)	5,8	40	1 600	19	—	—	120 estrellas
Nave de Argo	M 46 (2437)	5,6	24	3 700	26	—	—	150 estrellas
Serpentario	(6633)	5,7	20	1 000	6	—	—	65 estrellas
Unicornio	M 50 (2323)	6,2	10	1 600	5	—	—	100 estrellas
,,	(2548)	5,3	30	2 000	17	—	—	80 estrellas
,,	(2301)	6,2	15	1 600	7	—	—	60 estrellas
2. Cúmulos globulares								
Cabellera de Berenice	M 53 (5024)	7,6	3	60 000	52	—112	42	—
Capricornio	M 30 (7099)	8,4	6	47 000	82	—164	3	para nosotros permanece en posición baja en el S
Escorpión	M 4 (6121)	6,2	14	23 000	94	—	33	para nosotros en posición baja en el S
Pegaso	M 15 (7078)	6,5	7	42 000	88	—114	74	—
Serpentario	M 10 (6254)	6,7	8	36 000	84	+ 73	—	—
,,	M 12 (6218)	6,6	9	36 000	94	+ 36	—	—
,,	M 19 (6273)	6,6	4	53 000	62	+102	—	para nosotros permanece en posición baja en el S
3. Nebulosas espirales								
Cabellera de Berenice	M 100 (4321)	10,6	3	14 Mill.	13 200	+1650	—	—
León	M 96 (3368)	9,1	7	11,4 Mill.	23 200	+940	—	—
Perros de caza	M 51 (5194)	8,1	12	6,0 Mill.	21 000	+250	—	unas 10^{10} masas del Sol
Triángulo	M 33 (598)	6,7	60	1 800 000	26 800	—167	55	6 novas, masa de unos 10^{10} Soles
4. Nebulosa de gas								
Sagitario	M 8 (6523)	5,8	25	4 500	15	+ 8	—	para nosotros en posición baja en el S.

Algunos números relativos a los astros

1. La Tierra

Longitud del eje de la Tierra (diámetro polar)	12 713,8	km
Longitud del diámetro ecuatorial	12 756,8	km
Achatamiento	1:297,0	
Superficie de la Tierra	509 950 700	km
Superficie de agua	71%	
Superficie de tierra	29%	
Masa global de la Tierra en g	$5{,}97 \times 10^{27}$	g
Volumen global de la Tierra	$1{,}08 \times 10^{12}$	km^3
Densidad media de la Tierra	5,53	
Máxima altura sobre el mar	8882	m
Máxima profundidad marina	10 793	m
Velocidad media en la órbita alrededor del Sol	29,8	km/seg
Período del movimiento del polo ecuatorial alrededor del polo de la eclíptica (precesión)	26 000	años
Oblicuidad de la eclíptica (1970,0)	23°26'35,47"	
Edad de la Tierra	como mínimo 4 500 millones de años	

2. La Luna

Distancia media respecto a la Tierra (60,266 veces el radio de la Tierra)	384,404	km
Diámetro aparente a una distancia media	31'5,16"	
Diámetro verdadero	3476	km
Superficie (Relación respecto a la Tierra)	1:13,5	
Volumen (Relación respecto a la Tierra)	1:49,4	
Densidad (Relación respecto a la Tierra)	0,606	
Masa (Relación respecto a la Tierra)	1:81,83	
Altura máxima de las elevaciones lunares	8500	m
Velocidad en la órbita alrededor de la Tierra	1,023	km/seg
Inclinación de la órbita lunar respecto a la eclíptica	5°8'43,3"	
Período sideral (en relación con las estrellas fijas)	27,32166	días
Período sinódico (en relación a la misma fase)	29,53059	días
Brillo de la luna llena	mag —12,55	
Relación de intensidad luna llena/Sol	1:468 000	
Número de cráteres lunares observados desde la Tierra en la cara anterior de la Luna	unos 33 000	
Edad de la Luna	como mínimo 4 500 millones de años	

3. El Sol

Distancia media respecto a la Tierra (unas 110 veces el diámetro del Sol)	149 598 000	km
Diámetro aparente a una distancia media	31'59,26"	
Diámetro verdadero (unas 109 veces el diámetro de la Tierra)	1 391 000	km
Superficie (Relación respecto a la Tierra)	11 918	
Volumen (Relación respecto a la Tierra)	1 301 200	
Densidad (Relación respecto a la Tierra)	0,255	
Masa (Relación respecto a la Tierra)	322 270	
Masa en g	$1{,}991 \times 10^{33}$	g
Temperatura en la superficie solar	5950	°C
Temperatura en el núcleo solar	unos 20 millones	°C
Temperatura en las manchas solares	unos 4700	°C
Período de las manchas solares	11,07	años
Ultimo mínimo de las manchas solares	1997	
Último máximo de las manchas solares	1991	
Máximo diámetro observado en las manchas solares	230 000	km
Período de la rotación solar	unos 25-30	días
Máxima elevación de las protuberancias solares	1 600 000	km
Máxima velocidad observada en las protuberancias solares	unos 700	km/seg
Constante solar en calorías-gramo por cm^2 por minuto	1,93	
Velocidad del Sol en su trayectoria alrededor del centro de la Vía Láctea	220	km/seg
Edad del Sol	como mínimo de 4,5 a 5 mil millones de años	

4. Los planetas

	Mercurio	Venus	Tierra	Marte	Júpiter	Saturno	Urano	Neptuno	Plutón
Distancia media al Sol en millones de km	57,9	108,2	149,6	227,9	778,3	1425,7	2878	4509	5956
Distancia media al Sol (Sol-Tierra = 1)	0,387	0,723	1,000	1,524	5,203	9,530	19,24	30,14	39,81
Diámetro ecuatorial en km	4878	12 104	12 756	6 794	142 796	120 000	52 640	48 600	2240
Período sidéreo en días o años	87,97	224,70	365,26	1,88a	11,86a	29,42a	84,36a	165,5a	251,2a
Inclinación del plano orbital respecto a la eclíptica	7,01°	3,39°	0°	1,85°	1,30°	2,49°	0,77°	1,77°	17,14°
Volumen (Tierra = 1)	0,06	0,88	1,00	0,15	1347	770	51	43	0,005
Masa (Tierra = 1)	0,05	0,82	1,00	0,11	317,9	95,2	14,56	17,24	0,002
Densidad (Tierra = 1)	0,98	0,95	1,00	0,71	0,23	0,13	0,20	0,31	0,38
Número de satélites (1998)	0	0	1	2	16	18	17	8	1
Brillo medio (*)	–1,7m	–3,8m	–	–2,0m	–2,6m	+0,7m	+5,5m	+7,8m	+14,9m

* Para Mercurio y Venus en la máxima elongación, para los demás planetas en la oposición media

5. Los tipos más importantes de estrellas

Tipo	Nombre	Tipo espectral	Diámetro verdadero ⊙ = 1	Diámetro aparente ''	Masa ⊙ = 1	Densidad del agua = 1
Super-gigantes	Antares	M	285*	0,040	30	3×10^{-7}
	Betelgeuse	M	300–420*	0,048	15	6×10^{-7}
Gigantes	Capella	G	12	0,007	4,2	0,0024
	Arcturus	K	23*	0,020	8	0,0003
	Aldebarán	K	36*	0,020	4	2×10^{-5}
Enanas	Sirius	A	1,8	0,006	2,4	0,42
	α Centauri	G	1,0	0,007	1,1	1,1
	70 Ophiuchi	K	1,0	0,002	0,9	0,9
Enanas blancas	o^2 Eridamus B	A	0,019		0,44	1×10^{5}
	Sirius B	wA	0,030		0,85	4×10^{4}
	v. Maanens*	F	0,017		0,14	4×10^{5}

* Diámetros medidos interferométricamente
1 año-luz = 9,460 × 10^{12} km
1 parsec = 3,260 años-luz = 3,084 × 10^{13} km

6. Las 18 estrellas más próximas

Nombre	Brillo aparente	Brillo absoluto	Paralaje	Dist. en años-luz	Movimiento propio	Tipo espect.
	m	m	''		''	
Prox. Centauri	11,3	15,7	0,762	4,3	3,36	M
α Centauri A	0,3	4,7	0,756	4,3	3,36	G
'' B	1,7	6,1	0,756	4,3	3,85	K
+4.° 3561	9,5	13,1	0,543	6,0	3,67	M
Luyten 726-8A	12,4	16,2	0,500	6,5	3,67	M
Luyten 726-8B	13,0	16,7	0,500	6,5	10,25	M
Wolf 359	13,5	16,5	0,403	8,0	4,76	M
+36.2147	7,5	10,4	0,388	8,4	4,78	M
Sirius A	–1,6	1,4	0,375	8,6	1,32	A
Sirius B	8,5	11,4	0,375	8,6	1,32	wA
Ross 154	10,5	13,2	0,350	9,3	0,67	M
Estrella de Inne	12	14,7	0,340	9,6	2,69	—
L. 789-6	12,3	14,9	0,328	9,9	3,27	M
Ross 248	12,2	14,7	0,314	10,4	1,82	M
ϵ Eridani	3,8	6,2	0,305	10,7	0,98	K
τ Ceti	3,7	6,0	0,298	10,9	1,92	G
61 Cygni A	5,4	7,7	0,296	11,0	5,20	K
'' B	6	8,4	0,296	11,0	5,20	K

7. Lista de las lluvias de meteoros más importantes visibles desde Europa
(ordenadas según la fecha del máx. por C. Hoffmeister)

Denominación	Radiante	Intervalo de observación	Fecha y tipo del máximo		Observación
Cuadrántidas	227° + 46°	—	3 Enero	puntiagudo	Carácter desconocido
Hídridas	184 —27	12 marzo-5 abril	25 marzo	plano	Rama de las Virgínidas[1]
Virgínidas	200 — 6	1 marzo-10 mayo	3 abril	plano	Surge de la eclíptica
Líridas	273 + 35	12 abril-24 abril	22 abril	puntiagudo y estrecho	Cometa 1861 I[2]
Acuáridas de mayo	338 — 1	29 abril-21 mayo	5 Mayo	puntiagudo	Cometa Halley[3]
Sagitáridas del Escorpión	270 —30	20 abril-30 julio	14 junio	mediano	Surge de la eclíptica
Acuáridas de julio	343 —17	25 julio-10 agosto	3 agosto	puntiagudo	Surge de la eclíptica
Perseidas	43 + 56	20 julio-19 agosto	11 agosto	puntiagudo	Cometa 1862 III[4]
Cígnidas	324 + 51	25 julio-8 sept.	16 agosto	muy plano	planetaria[5]
Cefeidas	308 + 64	—	18 agosto	muy plano	Rama de las Cígnidas
Píscidas	0 + 4	16 agosto-8 oct.	12 sept.	plano	Surge de la eclíptica
Oriónidas	94 + 16	11-30 octubre	19 oct.	medianamente puntiagudo	Cometa Halley
Táuridas	58 + 21	25 sept.-10 dicbre.	13 nov.	medianamente plano	Surge de la eclíptica
Leónidas	151 + 21	11-20 noviembre	16 nov.	medianamente puntiagudo	Cometa 1866 I (inestable[6])
Gemínidas	113 + 30	5-19 diciembre	12 dic.	puntiagudo	Surge de la eclíptica

1) No muy conspicua; 2) duración breve; el máximo no puede observarse cada año; 3) en latitudes altas difícil de observar; 4) es la lluvia más intensa del año; 5) es la lluvia más débil del año; 6) a consecuencia de las perturbaciones de la órbita causadas por Júpiter, ahora no es importante esta lluvia.

Lista completa de los objetos de Messier

1 Messier	2 Nº. en el NGC	3 Tipo	4 Objeto	5 Brillo	6 Medida en minutos de arco	7 Constelación	8a Ascensión recta 1950	8b Declinación 1950
M 1	1952	Nebulosa planetaria	F	9^m	6′ × 4′	Toro	$05^h31^m,5$	+ 21° 59′
M 2	7089	Cúmulo globular	F	7	12	Acuario	21 30,9	− 01 03
M 3	5272	Cúmulo globular	F	7	19	Perros de Caza	13 39,9	+ 28 38
M 4	6121	Cúmulo globular	A	6	23	Escorpión	16 20,6	− 26 24
M 5	5904	Cúmulo globular	F	6	20	Serpiente	15 16,0	+ 02 16
M 6	6405	Cúmulo abierto	F	6	26	Escorpión	17 36,7	− 32 11
M 7	6475	Cúmulo abierto	A	5	50	Escorpión	17 50,6	− 34 48
M 8	6523	Nebulosa difusa	F	6	90 × 40	Sagitario	18 00,7	− 24 23
M 9	6333	Cúmulo globular	T	6	8	Serpentario	17 16,2	− 18 28
M 10	6254	Cúmulo globular	F	7	12	Serpentario	16 54,5	− 04 02
M 11	6705	Cúmulo abierto	A	6	12	Escudo	18 48,4	− 06 20
M 12	6218	Cúmulo globular	F	7	12	Serpentario	16 44,6	− 01 52
M 13	6205	Cúmulo globular	F	6	23	Hércules	16 39,9	+ 36 33
M 14	6402	Cúmulo globular	T	9	7	Serpentario	17 35,0	− 03 13
M 15	7078	Cúmulo globular	F	7	12	Pegaso	21 27,6	+ 11 57
M 16	6611	Cúmulo abierto + Nebulosa difusa	F	7	8	Serpiente	18 16,0	− 13 48
M 17	6618	Cúmulo abierto + Nebulosa difusa	T		46 × 37	Sagitario	18 17,9	− 16 12
M 18	6613	Cúmulo abierto	F	7	7	Sagitario	18 17,0	− 17 09
M 19	6273	Cúmulo globular	F	8	5	Serpentario	16 59,5	− 26 11
M 20	6514	Nebulosa difusa	F		29 × 27	Sagitario	17 59,6	− 23 02
M 21	6531	Cúmulo abierto	F	7	12	Sagitario	18 01,6	− 22 30
M 22	6656	Cúmulo globular	A	6	17	Sagitario	18 33,3	− 23 58
M 23	6494	Cúmulo abierto	F	7	27	Sagitario	17 53,9	− 19 01
M 24	6603	Cúmulo abierto	A	5	90	Sagitario	18 14,0	− 18 30
M 25	C 4725	Cúmulo abierto	F	6	35	Sagitario	18 28,8	− 19 17
M 26	6694	Cúmulo abierto	T	8	9	Escudo	18 42,5	− 09 27
M 27	6853	Nebulosa planetaria	T	8	8 × 4	Zorra	19 57,5	− 22 35
M 28	6626	Cúmulo globular	T	8	15	Sagitario	18 21,5	− 24 54
M 29	6913	Cúmulo abierto	F	7	7	Cisne	20 22,1	+ 38 22
M 30	7099	Cúmulo globular	F	8	9	Capricornio	21 37,5	− 23 25

M 31	224	Galaxia espiral	A	4	160 × 40	Andrómeda	00 40,0	+ 41 00
M 32	221	Galaxia elíptica	T	9	3 × 2	Andrómeda	00 40,0	+ 40 36
M 33	598	Galaxia espiral	F	6	60 × 40	Triángulo	01 31,1	+ 30 24
M 34	1039	Cúmulo abierto	F	6	30	Perseo	02 38,8	+ 42 34
M 35	2168	Cúmulo abierto	A	6	29	Gemelos	06 05,8	+ 24 21
M 36	1960	Cúmulo abierto	F	6	16	Cochero	05 32,8	+ 34 06
M 37	2099	Cúmulo abierto	F	6	24	Cochero	05 49,1	+ 32 32
M 38	1912	Cúmulo abierto	F	7	18	Cochero	05 25,3	+ 35 48
M 39	7092	Cúmulo abierto	A	5	32	Cisne	21 30,4	+ 48 13
M 40	—	Grupo de estrellas	T	9	—	Osa Mayor	12 20,0	+ 58 22
M 41	2287	Cúmulo abierto	F	6	32	Can Mayor	06 44,9	– 20 41
M 42	1976	Nebulosa difusa	F		66 × 60	Orión	05 32,9	– 05 25
M 43	1982	Nebulosa difusa	F			Orión	05 33,1	– 05 18
M 44	2632	Cúmulo abierto	A	4	90	Cangrejo	08 37,2	+ 20 10
M 45	(Pléyades)	Cúmulo abierto	A		100	Toro	03 44,5	+ 23 57
M 46	2437	Cúmulo abierto	F	7	27	Nave de Argo	07 39,6	– 14 42
M 47	2422	Cúmulo abierto	F	5	25	Nave de Argo	07 34,3	– 14 22
M 48	2548	Cúmulo abierto	F	6	30	Serpiente de Mar	08 11,3	– 05 38
M 49	4472	Galaxia elíptica	T	9	4	Virgen	12 27,3	+ 08 16
M 50	2323	Cúmulo abierto	F	6	16	Unicornio	07 00,6	– 08 16
M 51	5194-5	Galaxia espiral	T	9	12 × 6	Perros de Caza	13 27,8	+ 47 27
M 52	7654	Cúmulo abierto	T	8	13	Casiopea	23 22,0	+ 61 19
M 53	5024	Cúmulo globular	T	8	14	Cabellera de Berenice	13 10,5	+ 18 26
M 54	6715	Cúmulo globular	T	8	6	Sagitario	18 52,0	– 30 32
M 55	6809	Cúmulo globular	T	6	15	Sagitario	19 36,9	– 31 03
M 56	6779	Cúmulo globular	T	9	5	Lira	19 14,6	+ 30 05
M 57	6720	Nebulosa planetaria	T	9	1 × 1	Lira	18 51,8	+ 32 58
M 58	4579	Galaxia espiral	T	10	4 × 3	Virgen	12 35,1	+ 12 05
M 59	4621	Galaxia elíptica	T	10	3 × 2	Virgen	12 39,5	+ 11 55
M 60	4649	Galaxia elíptica	T	10	4 × 3	Virgen	12 41,1	+ 11 49
M 61	4303	Galaxia espiral	T	10	6	Virgen	12 19,4	+ 04 45
M 62	6266	Cúmulo globular	T	7	6	Serpentario	16 58,1	– 30 03
M 63	5055	Galaxia espiral	T	9	8 × 3	Perros de Caza	13 13,5	+ 42 17
M 64	4826	Galaxia espiral	T	8	8 × 4	Cabellera de Berenice	12 54,3	+ 21 57
M 65	3623	Galaxia espiral	T	10	8 × 2	León	11 16,3	+ 13 23
M 66	3627	Galaxia espiral	T	9	8 × 2	León	11 17,6	+ 13 17

Lista completa de los objetos de Messier

1 Messier	2 Nº en el NGC	3 Tipo	4 Objeto	5 Brillo	6 Medida en minutos de arco	7 Constelación	8a Ascensión recta 1950	8b Declinación
M 67	2682	Cúmulo abierto	F	7	18	Cangrejo	08 48,5	+ 12 00
M 68	4590	Cúmulo globular	T	9	9	Serpiente de Mar	12 36,8	– 26 29
M 69	6637	Cúmulo globular	T	8	4	Sagitario	18 28,1	– 32 23
M 70	6681	Cúmulo globular	T	8	4	Sagitario	18 40,0	– 32 21
M 71	6838	Cúmulo globular	T	8	6	Flecha	19 51,5	+ 18 39
M 72	6981	Cúmulo globular	T	9	5	Acuario	20 50,7	– 12 44
M 73	6994	Grupo de estrellas	T	10	–	Acuario	20 56,2	– 12 50
M 74	628	Galaxia espiral	T	9	8	Peces	01 34,0	+ 15 32
M 75	6864	Cúmulo globular	T	9	5	Sagitario	20 03,2	– 22 04
M 76	650-1	Nebulosa planetaria	T	11	2 × 1	Perseo	01 39,1	+ 51 19
M 77	1068	Galaxia espiral	T	9	6	Ballena	02 40,1	– 00 14
M 78	2068	Nebulosa difusa	T	8	8 × 6	Orión	05 44,2	+ 00 02
M 79	1904	Cúmulo globular	T	8	8	Liebre	05 22,2	– 24 34
M 80	6093	Cúmulo globular	F	8	3	Escorpión	16 14,1	– 22 52
M 81	3031	Galaxia espiral	F	8	16 × 10	Osa Mayor	09 51,5	+ 69 18
M 82	3034	Galaxia espiral	T	9	9 × 4	Osa Mayor	09 51,9	+ 69 56
M 83	5236	Galaxia espiral	T	8	10 × 8	Serpiente de Mar	13 34,3	– 29 37
M 84	4374	Galaxia elíptica	T	9	2	Virgen	12 22,6	+ 13 10
M 85	4382	Galaxia elíptica	T	9	4 × 2	Cabellera de Berenice	12 22,8	+ 18 28
M 86	4406	Galaxia elíptica	T	9	2 × 1	Virgen	12 23,7	+ 13 13
M 87	4486	Galaxia elíptica	T	9	2	Virgen	12 28,3	+ 12 40
M 88	4501	Galaxia espiral	T	9	5 × 2	Cabellera de Berenice	12 29,5	+ 14 42
M 89	4552	Galaxia elíptica	T	10	2	Virgen	12 33,1	+ 12 50
M 90	4569	Galaxia espiral	T	9	7 × 3	Virgen	12 34,3	+ 13 26
M 91	4548	Galaxia espiral	T	10	4	Cabellera de Berenice	12 32,9	+ 14 46
M 92	6341	Cúmulo globular	F	7	12	Hércules	17 15,6	+ 43 12
M 93	2447	Cúmulo abierto	F	6	18	Nave de Argo	07 42,4	– 23 45
M 94	4736	Galaxia espiral	T	8	7 × 3	Perros de Caza	12 48,6	+ 41 23
M 95	3351	Galaxia espiral	T	9	3	León	10 41,3	+ 11 58
M 96	3368	Galaxia espiral	T	10	6 × 4	León	10 44,2	+ 12 05

M 97	3587	Nebulosa planetaria	T	11	3	Osa Mayor	11 11,9	+ 55 18
M 98	4192	Galaxia espiral	T	10	8 × 2	Cabellera de Berenice	12 11,3	+ 15 11
M 99	4254	Galaxia espiral	T	10	4	Cabellera de Berenice	12 16,3	+ 14 42
M 100	4321	Galaxia espiral	T	9	5	Cabellera de Berenice	12 20,4	+ 16 06
M 101	5457	Galaxia espiral	T	8	22	Osa Mayor	14 01,4	+ 54 35
M 102	5866	Galaxia espiral	T	11		Dragón	15 05,1	+ 55 57
M 103	581	Cúmulo abierto	F	6	6	Casiopea	01 29,9	+ 60 26
M 104	4594	Galaxia espiral	T	8	6 × 2	Virgen	12 37,3	– 11 21
M 105	3379	Galaxia elíptica	T	10	2	León	10 45,2	+ 12 51
M 106	4258	Galaxia espiral	T	8	19 × 8	Perros de Caza	12 16,5	+ 47 35
M 107	6171	Cúmulo globular	T	9	3	Serpentario	16 29,7	– 12 57
M 108	3556	Galaxia espiral	T	10	8 × 1	Osa Mayor	11 08,7	+ 55 57
M 109	3992	Galaxia espiral	T	10	7 × 4	Osa Mayor	11 55,0	+ 53 39
M 110	205	Galaxia elíptica	T	8	10 × 5	Andrómeda	00 37,6	+ 41 25

Observación: Los objetos impresos con media negrita son fáciles de encontrar con instrumentos pequeños.
Datos que figuran en la columna 4: A = perceptibles a simple vista en noches claras y sin luna
F = perceptibles mediante prismáticos
T = objetos telescópicos

M 1 = Nebulosa de Cangrejo
M 8 = Nebulosa de la Laguna
M 13 = Cúmulo de Hércules
M 17 = Nebulosa Omega
M 20 = Nebulosa Trífida
M 27 = Nebulosa Dumbbell
M 31 = Nebulosa de Andrómeda

M 42 = Gran Nebulosa de Orión
M 44 = Praesepe o el Pesebre
M 45 = Pléyades
M 51 = Nebulosa del Remolino
M 57 = Nebulosa del Anillo
M 97 = Nebulosa de la Lechuza
M 104 = Nebulosa del Sombrero

Bibliografía y direcciones útiles

Algunos libros básicos

Bakulin P.I., Kononovich E.V., Moroz V.I., *Curso de astronomía general.* Editorial Mir, Madrid/Moscú 1992.

Reeves, H. *Paciencia en el azul del cielo.* Ed. Granica, Barcelona 1982.

Roth, G.D., *Guía de las estrellas y los planetas,* segunda edición, Ed. Omega S.A., Barcelona 1998.

Sagan C., *Cosmos*, Ed. Planeta, Barcelona, 1981 y ediciones posteriores.

Seeds M.A., *Fundamentos de astronomía.* Ed. Omega, Barcelona 1989.

Smoluchowski R., *El Sistema Solar*, Prensa Científica-Editorial Labor, Barcelona 1986.

Manuales prácticos

Baker, *Guía de astronomía*, Ed. Omega S.A., Barcelona 1987.

Bourge P. y Lacroux J., *El cielo a simple vista y con prismáticos*, Ed. Omega S.A., Barcelona 1985.

Comellas J.L., *Guía del firmamento.* Ed. Rialp, Madrid 1987 y ediciones posteriores.

Lacroux J., Berthier D., *Manual de observación y fotografía astronómica.* Ed. Omega S.A., Barcelona 1990.

Menzel D.H. y Pasachoff J.M., *Guía de campo de las estrellas y los planetas*, Ed. Omega S.A., Barcelona 1995.

Newton J. y Teece P.: *Astronomía amateur.* Ed. Omega, Barcelona 1991.

Ridpath I., Tirion W., *Guía de las estrellas y los planetas*, Ed. Omega S.A., Barcelona 1984.

Ridpath I., Tirion W., *Guía celeste mensual*, Ed. Omega S.A., Barcelona 1989.

Roth G.D., *Guía de las estrellas y de los planetas* (segunda edición), Ed. Omega 1999.

Roth G.D., *Pequeña guía de las estrellas y constelaciones*, Ed. Omega S.A., Barcelona.

Schaefer y Day, *Guía de campo de la atmósfera*, Ed. Omega S.A., Barcelona 1983.

Mapas, atlas y catálogos

Celestia 2000: catálogo Hipparcos en CD-ROM, Agencia Espacial Europea (ESA), 1998.

Comellas J.L., *Catálogo de estrellas dobles visuales.* Ed. Equipo Sirius, Madrid.

Hirshfeld A., Sinnot R.W., *Sky Catalogue 2000.0*, Sky Publishing Corporation, Cambridge, EE UU 1982.

Hoffleit D., *Bright Stars Catalogue*, Yale University Observatory, New Haven, EE UU 1964.

Sinnot R.W., *NGC 2000.0*, Sky Publishing Corporation, Cambridge, EE UU 1987.

Tirion W., *Sky Atlas 2000.0*, Sky Publishing Corporation, Cambridge, EE UU 1981.

Tirion W., *Sky Atlas 2000.0*, Sky Publishing Corporation, Cambridge, EE UU 1987.

Tirion W., *The Cambridge Star Atlas,* Cambridge University Press, Cambridge, EE UU 1991, 1996.

Tirion W., Rappaport B., Lovi G., *Uranometria 2000.0*, Willmann-Bell Inc., Richmond, EE UU 1987, 1993.

Diapositivas y carteles de astronomía

Antares Ciencia y Ediciones, Apartado 5314, 08080 Barcelona (España).

Astronomical Society of the Pacific. 390 Ashton Avenue. San Francisco, CA 94112 (Estados Unidos).

European Southern Observatory, Information and Photographic Services, Karl-Schwarzschild Strasse 2. D-8046-Garching bei München (Alemania).

MMI Corporation Science Materials, PO Box 19907 Baltimore, MD 21211 (Estados Unidos).

Sky Publishing Corporation. PO Box 9111 Belmont, MA 02178-9111 (Estados Unidos).

Revistas de astronomía en lengua extranjera

Astronomy. PO Box 1612, Waukesha, WI 53187 (Estados Unidos). La revista de mayor tirada sobre temas astronómicos para aficionados. Edición mensual en inglés.

Ciel et Espace, 17 Rue Émile-Deutsch-de-la-Meurthe, F-75014-París (Francia). Revista publicada por la Association Française d'Astronomie, vendida en quioscos y por suscripción, edición mensual en francés.

Sky and Telescope. Revista para aficionados de Sky Publishing Corporation, PO Box 9111, Belmont MA 02178-9111 (Estados Unidos). Edición mensual en inglés.
Sterne und Weltraum. Revista astronómica con información sobre la Vereinigung der Sternfreunde e.V., de la editorial Sterne und Weltraum Dr. Vehrenberg GmbH, D-81545 Munich (Alemania), Portiastraße 10. Edición mensual en alemán.

Revistas de astronomía en lengua castellana

Universo, astronomía y astronáutica. Revista mensual editada por Antares Ciencia y Ediciones, Apartado 5314, 08080 Barcelona.
Tribuna de Astronomía. Revista mensual editada por Equipo Sirius. Desengaño, 12-4º-1, 28004 Madrid.

Anuarios astronómicos para astrófilos

Ahnerts Kalender für Sternfreunde. Breve anuario astronómico editado por Johann Ambrosius Barth Vg., Leipzig, Berlín, Heidelberg (Alemania).
Astronomical Almanac. United States Naval Observatory. Editado y distribuido por US Government Printing Office. Superintendent of Documents. Washington DC 20402 (Estados Unidos).
The Astronomical Almanac, Her Majesty's Stationery Office, Londres (Reino Unido).
Anuario del Observatorio Astronómico de Madrid. Editado por el Instituto Geográfico Nacional, General Ibáñez de Ibero 3, 28003 Madrid.
Efemérides Astronómicas. Anuario publicado por el Real Instituto y Observatorio de la Armada, Cecilio Pujazón, s.n., 11100 San Fernando, Cádiz.

Asociaciones de astronomía profesionales y de aficionados

Asociación profesional de astrónomos en España: Sociedad Española de Astronomía, Diagonal 647, 08028 Barcelona (España).

A continuación se relacionan las asociaciones de aficionados más importantes. Estas organizaciones ofrecen diversos servicios, entre los que suelen encontrarse cursillos básicos.

Agrupación Astronómica de Sabadell, Prat de la Riba s.n., Parque Catalunya, Apartado de correos 50, 08200 Sabadell, Barcelona (España).
Agrupación Astronómica de Barcelona ASTER, Paseo de Gracia, 71, ático, 08008 Barcelona (España).
Sociedad Astronómica de España y América SADEYA, Avenida Diagonal 377, 08008 Barcelona (España).
Sociedad de Observadores de Meteoros y Cometas de España, Apartado de correos 503, 07080 Palma de Mallorca (España).
Agrupación Astronómica de Madrid, Argumosa, 39, Apartado de correos 1039, 28080 Madrid (España).
Agrupación Astronómica de Gran Canaria, Apartado de correos 4240, 35080 Las Palmas de Gran Canaria (España).
Agrupación Astronómica de Tenerife, Apartado de correos 10654, 38080 Santa Cruz de Tenerife (España).
Asociación Valenciana de Astronomía, Mariano de Cavia, 45-34, 46014 Valencia (España).
Club de Astronomía de la Provincia de Buenos Aires "Ingeniero Félix Aguilar", Casa de la Cultura de Vicente López, Ricardo Gutiérrez, 1060, (1636) Olivos-Buenos Aires (Argentina).
Asociación Chilena de Astronomía y Astronáutica, Marcoleta, 485-2-H, Santiago de Chile (Chile).
Círculo de Astronomía de la Universidad de Lima, Campus Monterrico, Universidad de Lima (Perú).
Sociedad Universitaria de Astronomía "Doctor Luis Ugueto", Facultad de Ingeniería, Escuela de Geología, Minas y Geofísica de la Universidad Central de Venezuela, Avenida de los Ilustres, Caracas (Venezuela).
Asociación de Aficionados a la Astronomía, Planetario Municipal "Ing. Agr. Germán Barbato", Montevideo (Uruguay).
Liga Iberoamericana de Astronomía (LIADA), Luis G. López, Observatorio del Colegio Nacional de Buenos Aires, Bolívar, 263, Buenos Aires (Argentina).

Observatorios astronómicos en España y América

Los observatorios que se relacionan son centros de investigación profesional, aunque la mayoría admiten visitas culturales de grupos organizados.

Centro Astronómico Hispano-Alemán (con observatorio en Calar Alto, Almería). Apartado de correos 511. 04080 Almería (España).
Real Instituto y Observatorio de la Armada. Cecilio Pujazón, s.n. 11100 San Fernando, Cádiz (España).
Observatorio Internacional del Roque de los Muchachos (Observatorio en La Palma, Islas Canarias). Apartado de correos 321. 38780 Santa Cruz de la Palma, Tenerife, Islas Canarias (España).
Instituto de Astrofísica de Canarias (Observatorio en el Teide, Tenerife). Vía Láctea, s.n. 38200 La Laguna, Tenerife, Islas Canarias (España).
Observatori de Fabra. Camí de l'Observatori, s.n. 08017 Barcelona (España).
Observatorio Astronómico Ramón María Aller. Universidade de Santiago. Apartado de correos 197. 15703 Santiago de Compostela, La Coruña (España).
Observatorio Astronómico Nacional (Observatorio-museo en el Parque del Retiro). Alfonso XII, 3. 28014 Madrid (España).
European Southern Observatory (Observatorio Europeo Austral, con observatorios en La Silla y en Cerro Paranal). Oficinas en: El Santo, número 1538, La Serena, Chile.
Cerro Tololo Interamerican Observatory (Observatorio Interamericano de Cerro Tololo). Oficinas en La Serena, dirección: Casilla 603, La Serena, Chile.
Las Campanas Observatory, Carnegie Observatories (Observatorio de Las Campanas, Observatorios Carnegie). Oficinas en La Serena, Chile.

Planetarios y observatorios abiertos al público

Planetario y Observatorio Astronómico del Parque de las Ciencias, Avenida del Mediterráneo, s.n., 18006 Granada (España).
Planetario de Pamplona, Sancho Ramírez, s.n., 31008 Pamplona (España).
Hemisfèric, Planetario de la Ciudad de las Artes y de las Ciencias de Valencia (España).
Planetario de la Casa de las Ciencias de La Coruña, Parque de Santa Margarita, s.n., 15005 La Coruña (España).
Planetario de Madrid, Avenida del Planetario, 16, 28045 Madrid (España).
Planetario del Museo de la Ciencia de la Fundación La Caixa, Teodor Roviralta, 55, 08022 Barcelona (España).
Observatorio de la Agrupación Astronómica de Sabadell, Prat de la Riba, s.n., Parque Catalunya, 08200 Sabadell, Barcelona (España).
Observatori Astronòmic de Mallorca, Camino del Observatorio, s.n., 07411 Cóstix, Mallorca (España).
Observatorio "Los Molinos" del Círculo Astronómico Mediterráneo, ubicado en Crevillente. Gestionado por la Fundación Cultural CAM, San Fernando, 40, 03001 Alicante (España).
Observatorio CAIFA, Buchardo, 2556-(1640) Martínez, Buenos Aires (Argentina).

Índice alfabético

Este índice no contiene los nombres de las constelaciones, que pueden hallarse en las págs. 17-30. Los nombres de los cráteres lunares se encuentran en el reverso del mapa lunar del final del libro.